中等职业教育课程改革规划新教材

技能型紧缺人才培训教材

# 数控车床编程与实训

主　编：赵　莹

副主编：赵法钦　刘晓杰

上海交通大学出版社
SHANGHAI JIAO TONG UNIVERSITY PRESS

## 内容提要

本书概括 FANUC 0iT 数控系统、SINUMERIK801T 系统、JNC-10T 系统、HNC-21/22 系统，学习短轴、多台阶轴、锥面、圆弧、孔、槽、螺纹等程序的编辑及各系统的操作。

遵从中等职业技术学校的认知规律，力求教学内容为学生"乐学"和"能学"。在结构安排和表达方式上，强调由浅入深，循序渐进，强调师生互动和学生自主学习。并通过大量生产中的案例和图文并茂的表现形式，使学生能够比较轻松地学习。本书为职业中等职业学校数控专业专用教材。本书也可作为员工职业技术培训资料。

**图书在版编目（CIP）数据**

数控车床编程与实训 / 赵莹主编 . -- 上海 : 上海交通大学出版社 , 2019

ISBN 978-7-313-20863-7

Ⅰ . ①数… Ⅱ . ①赵… Ⅲ . ①数控机床 - 车床 - 程序设计 Ⅳ . ① TG519.1

中国版本图书馆 CIP 数据核字 (2019) 第 004595 号

**数控车床编程与实训**

---

主　　编：赵　莹

出版发行：上海交通大学出版社　　地　　址：上海市番禺路 951 号

邮政编码：200030　　电　　话：021-64071208

印　　制：定州启航印刷有限公司　　经　　销：全国新华书店

开　　本：787mm×1092mm　1/16　　印　　张：20

字　　数：490 千字

版　　次：2019 年 1 月第 1 版　　印　　次：2019 年 1 月第 1 次印刷

书　　号：ISBN 978-7-313-20863-7/TG

定　　价：49.00 元

# 前言

数控机床是综合应用了计算机、自动控制、自动检测以及机床新结构、新技术的典型机电一体化产品，是机械制造行业最先进的新型工艺装备。

随着科学技术的不断发展，机械产品的性能不断提高，对产品提出更高的质量要求。由于普通机床已不能满足高精度和高效率的生产要求，先进的数控机床就担当起此重任。近20年来数控机床的应用越来越多，许多企业都有先进的各类数控设备用作保证产品加工质量的重要技术设施，并且为企业带来了较大的经济效益。随着数控机床制造业和数控机床应用在我国的蓬勃发展，数控机床的品种、数量、加工范围和精度都取得惊人的成就。在我国加入世贸组织（WTO）后，许多大型跨国公司进入我国制造业领域，使我国逐渐成为“世界制造业中心”，企业对数控技术型人才的需要越来越多，这就需要培养大量的数控技术专业人才，以满足企业的需求。

数控车床是加工精度高、生产效率高，在国内使用量最大、覆盖面最广的一种数控机床。当前，在工厂和企业、技校和中专、职业学院和职业培训机构都在大量培养数控车床编程与操作方面的专门技术人才，以满足人才市场日益增长的需要。

为适应培养21世纪技能人才的需求，满足中等职业技术教育的教学需要，在本书的编写过程中，始终坚持了以下几个原则。

以学生就业为导向，以企业用人标准为依据。在专业知识的安排上，紧密联系培养目标的特征，坚持够用、实用的原则，摈弃“繁难偏旧”的理论知识。同时，进一步加强技能训练的力度，特别是加强基本技能与核心技能的训练。

在考虑学生实际的前提下，力求反映机械行业发展的现状和趋势，尽可能多地引入新技术、新工艺、新方法、新材料，使教材富有时代感。同时，采用最新的国家技术标准，使教材更加科学和规范。

遵从中等职业技术学校的认知规律，力求教学内容为学生“乐学”和“能学”。在结构安排和表达方式上，强调由浅入深，循序渐进，强调师生互动和学生自主学习。并通过大量生产中的案例和图文并茂的表现形式，使学生能够比较轻松地学习。

限于编者的水平和经验，书中存在的缺点和不足之处，敬请读者批评指正。

# 目 录

# 第一篇 数控机床基本知识

# 第一章　数控机床基本知识

## 第一节　数控机床基本常识

### 一、数控的定义

什么叫数控？简单地说就是数字程序控制。它是英文“Numerical Control”的缩写，简称为 NC。随着数控技术的发展，先进的数控机床都配置有小型计算机或微型计算机的数控装置，有的数控机床可以直接与外部计算机连接，由计算机进行自动编程，然后直接控制数控机床进行加工。带有小型计算机（Computer）数控装置的机床，简称为 CNC；由外部计算机及其外围设备对零件自动编程后直接控制数控机床进行加工，叫作直接数控，简称为 DNC。

对于数控设备来说，数字指令所控制的一般都是机械设备工作部分的位置和角度的变动。对其他数控设备而言可控制压力、温度、流量等物理参数值和方向的变动。最初，数控是从机床的加工控制进行研制和开发的，并且迅速发展和得到广泛应用。所以，“数控”一词直接与数控机床密切相关。当前普遍应用的数控机床有数控车床、数控铣床、加工中心、数控镗铣床、数控切割机床等。数字程序控制应用在其他领域也非常多，小到智能型玩具，大到机器人、数字通信、航天航空、卫星测控等，只是它们没有冠以“数控”两字而已。

数字程序怎样控制机床进行切削加工呢？举例说明在数控车床上车一段外圆，如图 1-1 所示。

如果在普通车床上加工，手动操作将车刀纵横向移动到 $A$ 点，然后纵向进给到 $B$ 点，外圆车削就完成了。具体加工工艺步骤如下：

（1）装夹工件，露出 160 mm，找正后并夹紧。

（2）安装 90° 车刀（右偏刀），刀尖对准工件旋转中心。

（3）调整主轴转速，$n$=700 r/min，并使主轴正转。

（4）对刀，（即摇动大中拖板使车刀刀尖与工件外圆接触或试车一刀，然后横向不动，纵向离开工件，停车测量。

（5）摇动中拖板，使车刀横向进刀至 $\phi$50。

（6）摇大拖板车 $\phi$50 外圆，长 150 mm。

（7）摇中拖板横向退刀，使车刀离开工件。

（8）摇大拖板纵向退刀，使车刀远离工件。

（9）停车（使主轴停转）。

（10）测量并卸件。

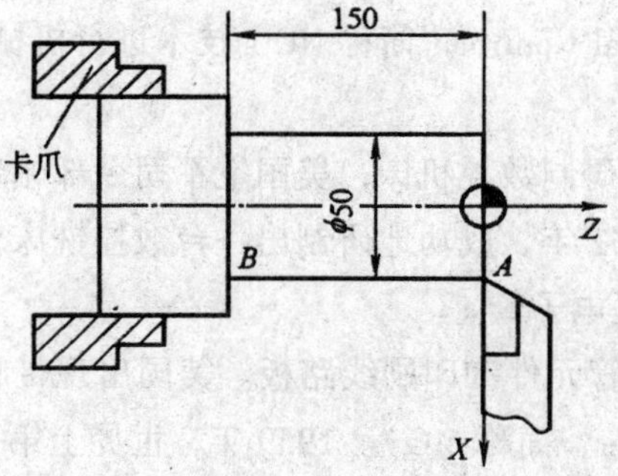


图 1-1　车外圆

如果在数控车床上加工，就是由数字程序指令来完成这些加工步骤的。刀架上已装好刀具并对好刀，启动程序就可进行自动加工。其程序（FANUC 0iT 系统）是：

| | |
|---|---|
| O0001; | （程序号） |
| N10 T0101; | （调 1 号刀，用 90° 车刀） |
| N20 M03 S700; | （主轴正旋转，速度 700 r/min） |
| N30 G00 X55 Z1; | （刀具快速靠近工件） |
| N40 G00 X50; | （刀具快速横向进刀至 *A* 点） |
| N50 G01 Z–150 F0.2; | （刀具以 0.2 mm/r 的进给速度切削到达 *B* 点） |
| N60 G00 X100; | （刀具快速横向退出） |
| N70 G00Z100; | （刀具快速纵向退出） |
| N80 M05; | （主轴停转） |
| N90 M30 ; | （程序结束） |

第一段程序是程序号，第二段程序要求刀架转到 1 号刀位，第三段程序要求主轴以 700 r/min 正方向旋转，第四段程序使车刀快速靠近工件，第五段程序是横向进刀至 *A* 点，第六段程序使车刀纵向以 0.2 mm/r 的进给速度切削到 *B* 点，第七段程序使车刀横向快速退出，第八段程序使车刀纵向快速退出，第九段程序要求主轴停转，第十段程序是整个程序结束，这就是车外圆的加工过程。

由例子说明，数控加工就是将数字、字母和符号等组成的控制指令输入到机床的数控装置中并转换成信息，用以控制机械设备的状态和加工过程。很显然，这里的数字有 03，700，01，0.2，150 等；字母有 G，M，S，T，X，F，Z 等；符号有“+”和“–”，只是“+”号不用写出。数字指令 M03 700 就是车床主轴以 700 r/min 正方向的旋转“状态”，G00 X50 和 G01 Z–150 F0.2 就是车刀以机床自身给定的速度快速运动到 *A* 点，再以 0.2 mm/r 的速度切削到 *B* 点的“工作过程”。数控加工就是通过许多这样的数字指令组成的程序进行连续加工，完成零件的加工任务。

## 二、数控机床的产生

采用数字控制（Numerical Control，简称 NC）技术进行机械加工的思想，最早是于 20 世纪 40 年代初提出来的。

早在 1949 年，美国开始研制数控机床，美国空军司令部帕森斯公司与麻省理工学院伺服机构研究所联合研制，于 1952 年，成功地研制出一台数控铣床，这是公认的世界上第一台数控机床，当时用的电子元件是电子管。

1958 年，开始采用晶体管元件和印刷线路板。美国出现带自动换刀装置的数控机床，称为加工中心（Machining Center，简称 MC）。1959 年，世界上第一台加工中心在美国克耐杜列克公司诞生。从 1960 年开始，其他一些工业国家，如联邦德国、日本也陆续开发生产出了数控机床。

1965 年，数控装置开始采用小规模集成电路，使数控装置的体积减小、功耗降低及可靠性提高。但仍然是硬件逻辑数控系统。

1967 年，英国首先把几台数控机床联接成具有柔性的加工系统，这就是最初的柔性制造系统（Flexible Manufacturing System，简称 FMS）。

1970 年，美国芝加哥国际机床展览会首次展出用小型计算机控制的数控机床，这是世界上第一台计算机数字控制（Computer Numerical Control，简称 CNC）的数控机床。

1974 年，微处理器用于数控装置，促进了数控机床的普及应用和数控技术的发展。

在 20 世纪 80 年代后期，出现了以加工中心为主体，再配上工件自动检测与装卸装置的柔性制造单元（Flexible Manufacturing Cell，简称 FMC）。FMC 和 FMS 技术是实现计算机集成制造系统（Computer Integrated Manufacturing System，简称 CIMS）的重要基础。数控技术已经成为衡量现代制造技术水平高低的标志，其拥有量代表着一个国家工业的整体实力。

我国 1958 年开始研究数控技术。1966 年研制成功晶体管数控系统，并将样机应用于生产。1968 年成功研制 X53K-1 立式铣床。20 世纪 70 年代初，成功研制出加工中心。1988 年，我国第一套 FMS 通过验收投入运行。

改革开放以后，我国的数控技术逐步取得实质性进展，“六五”（1981–1985 年）引进国外先进技术，“七五”（1986–1990 年）消化吸收，“八五”（1991–1995 年）国家组织科技攻关，“九五”（1996–2000 年）国家组织产业化攻关，“十五”（2001–2005 年）具有了自主知识产权的数控系统，并向国外出口，“十一五”（2006–2010 年）我国数控系统向高精尖发展。

## 三、数控机床的发展

### （一）数控机床的发展简况

第一代数控机床：1952–1959 年采用电子管元件构成的专用数控装置 NC。

第二代数控机床：从 1959 年开始采用晶体管电路的 NC 系统。

第三代数控机床：从 1965 年开始采用小中规模集成电路的 NC 系统。

第四代数控机床：从 1970 年开始采用大规模集成电路的小型通用电子计算机控制的系统 CNC。

第五代数控机床：从 1974 年开始采用微型计算机控制的系统 MNC。

### （二）数控机床的发展趋势

1. 高速度高精度

计算机技术应用在数控技术方面，加上带高分辨率检测元件的交流数字伺服系统等其他先进技术广泛应用于数控，使机床的精度和速度大大提高。

CPU：由 8 位到 16 位，到 32 位，再到 64 位，达到了最小位移单位 0.1 μm 或 0.01 μm，最大加工速度 100 m/min。

主轴转速 4 万 ~ 5 万 r/min，定位精度由 ±5 μm 提高到 ±1 μm，第 13 届欧洲国际机床展览上展示的数控机床主轴转速可达 7 万 ~ 10 万 r/min。

FANUC--15i/150i 系统具有纳米插补功能，编程单位为 μm，最小位移 0.1 μm，最高快移速度可达 240 m/min，还有智能控制功能。

2. 多功能化

数控加工中心（Machining Center，简称 MC）具有多种功能。可以将许多工序和工艺集中到一台机床上完成，实现自动换刀和自动更换工件，实现一机多用，最大限度地提高了机床的利用率。

3. 高效化

数控机床减少了工序和辅助时间以及机床的加工速度和机床的线速度很高，大大提高了生产效率。

4. 智能化

目前，人工智能技术如自适应控制、模糊控制、神经网络控制、专家控制、学习控制、前馈控制等应用于数控技术，实现人类的各种智能活动，这些技术的运用使数控系统的控制性能大大提高，达到了最佳效果。

5. 先进制造系统

柔性制造单元（Flexible Manufacturing Cell，简称 FMC）是一种几乎不用人参与而且能连续地对同一类型零件中不同零件进行自动化加工的最小加工单元，它既可以作为独立使用的加工设备，又可以作为柔性制造系统或柔性自动线的基本组成模块。

柔性制造系统（Flexible Manufacturing System，简称 FMS）是由加工系统、物料自动储运系统和信息控制系统三者相结合并能自动运转的制造系统。这种系统可按任意顺序加工一组不同工序与不同加工节拍的零件，工艺过程随加工零件的不同做适当调整，能在设备的技术范围内自动地适应加工零件和生产规模的变化。

计算机集成制造系统（Computer Intergrated Manufacturing System，简称 CIMS）是 1974 年

美国的约瑟夫·哈林顿首先提出的。CIMS 是一种企业经营管理的哲理，它强调企业的生产经营是一个整体，必须用系统工程的观点来研究解决生产经营中出现的问题。集成是核心，它不仅是设备的集成，更主要的是以信息为主导的技术集成和功能集成。计算机是集成的工具，计算机辅助的各单元技术是集成的基础，信息交换是桥梁，信息共享是目标。

## 四、数控机床的组成

### （一）控制界面

数控机床工作时，不需要操作工人直接操纵机床，但机床又必须执行人的意图，这就需要在人与机床之间建立某种联系，这种联系的中间媒介物即称为控制界面。

### （二）数控系统

数控装置是一种控制系统，是数控机床的中心环节。它能自动阅读输入载体上事先给定的数字，并将其译码，从而使机床进给并加工零件，数控系统通常由输入装置、控制器、运算器和输出装置 4 大部分组成。

### （三）伺服系统

伺服系统由伺服驱动电动机和伺服驱动装置组成，它是数控系统的执行部分。伺服系统接受数控系统的指令信息，并按照指令信息的要求带动机床的移动部件运动或使执行部分动作，以加工出符合要求的工件。每一个脉冲使机床移动部件产生的位移量叫脉冲当量。目前，所使用的数控系统脉冲当量通常为 0.001 毫米 / 脉冲。

### （四）辅助控制系统

辅助控制系统是介于数控装置和机床机械、液压部件之间的强电控制装置。

### （五）机床本体

机床本体是数控机床的主体，由机床的基础大件（如床身、底座）和各运动部件（如工作台、床鞍、主轴等）所组成。

## 五、数控机床的特点

### （一）数控机床与普通机床的区别

1. 数控机床具有手动加工、机动加工和程序控制自动加工功能

加工过程一般不需要人工干预，而普通机床只具有手动加工和机动加工功能，加工过程全部由人工干预。

2. 数控机床一般具有 CRT 屏幕显示功能

显示加工程序、工艺参数、加工时间、刀具运动轨迹及工件图形等，数控机床还具有自动报警功能，根据报警信号或报警提示，可以迅速查找到机床故障。而普通机床则不具备上述功能。

3. 数控机床的主运动和进给运动采用直流或交流无级调速伺服电动机

不需要主轴变速箱和进给变速箱，因此传动链短。而普通机床主运动和进给运动一般采用

三相交流异步电动机，由变速箱实现多级变速以满足工艺要求，机床传动链长。

4. 数控机床一般具有位移测量显示系统

在加工过程中不需要对工件尺寸进行人工测量，而普通机床在加工过程中，必须由人工不断地进行测量，以保证工件的加工精度。

数控机床与普通机床最显著的区别是：当加工对象（工件）改变时，数控机床只需要改变加工程序（软件），而不需要对机床作较大的调整，即能加工出各种不同的工件。

### （二）数控机床的加工特点

数控机床主要针对小批量的产品生产，由于生产过程中产品品种的变换频繁，批量小，加工方法的区别大，与其他加工设备相比，数控机床具有以下特点。

1. 适应性强，适合加工单个或小批量复杂工件

在数控机床上改变加工工件时，只需要重新编制新工件的加工程序，更换新的加工孔带或用手动输入工件程序就能实现工件加工，且不需要制作特别的工装夹具，也不需要重新调整机床。因此，特别适合单件、小批量及试制新产品的工件加工。

2. 加工精度高，产品质量稳定

数控机床的脉冲当量普遍可达 0.001 毫米 / 脉冲，传动系统和机床结构都具有很高的刚度和热稳定性，工件加工精度高，进给系统采用消除间隙措施，并对反向间隙与丝杠螺距误差等由数控系统实现自动补偿，所以加工精度高。特别是因为数控机床加工完全是自动进行的，这就排除了操作者人为产生的误差，使同一批工件的尺寸一致性好，加工质量十分稳定。

3. 生产率高

工件加工所需时间包括机动时间和辅助时间。数控机床加工工件时能有效地减少机动时间和辅助时间。因为数控机床主轴转速和进给量的调速范围都比普通机床的范围大，机床刚性好，快速移动和停止采用了加速、减速措施，因而既能提高空行程运动速度，又能保证定位精度，有效地降低了加工时间。数控机床更换工件时，不需要调整机床。同一批工件加工质量稳定，无须停机检验，故辅助时间大大缩短。

4. 适合加工复杂型面的零件

计算机具有较强的能力，可以准确迅速计算出每个坐标瞬间的运动量，因此可以加工型面复杂的零件，在航空、航天模具加工中应用比较广泛。

5. 工序集中，一机多用

有些机床功能较多，特别是加工中心，一次装夹几乎能完成全部的加工工序，能替代 5 ~ 7 台普通机床，可以实现工序集中，一机多用。

6. 减轻劳动强度，改善劳动条件

操作普通机床时，操作者眼、耳、手、脚、脑并用，始终处于紧张状态，数控机床由程序控制机床运动，可以从紧张状态中解脱出来，大大减轻了劳动强度。

7. 有利于生产管理现代化

数控机床由程序控制加工工件，容易实现机床之间的通信，可以实现机床与计算机之间的

通信。数控加工可以一机多用，减少了工序，减少了检验、工装和半成品的运输和管理等许多中间环节，有利于生产管理现代化。

8. 价格高

数控机床集机械、计算机、电子、自动控制、自动检测、软件技术于一体，采用高、精、尖先进的技术，因此价格较昂贵。

9. 调试和维修比较复杂，需专门的技术人员

10. 编程时间长，机床利用率低

**（三）数控机床的应用场合**

（1）形状复杂且加工精度高，普通机床无法加工或很难保证质量的零件。

（2）有复杂曲线或曲面轮廓的零件。

（3）批量小而又多次重复生产的零件。

（4）具有难测量、难控制进给和难控制尺寸，不开敞内腔的壳体或盒型零件。

（5）要求在一次装夹中综合完成铣、镗、铰或攻螺纹等加工工序较多的零件。

（6）精度高的价格昂贵的零件。

（7）需要多次更改设计后才能定型的零件。

（8）通用机床加工的生产率低或体力劳动强度大的零件。

## 第二节　数控车床基本常识

### 一、数控车床的功能及结构特点

数控车床就是数字程序控制的、加工轴类零件的车床。它是一种自动化程度高、加工精度高、生产效率高的先进设备。它是保证产品加工质量的关键性设备，当前在机械制造行业中得到越来越广泛的应用。

从总体上看，数控车床没有脱离卧式车床的结构形式，如图 1–2 所示。其结构上仍然是由主轴箱、刀架、进给系统、床身以及液压、冷却、润滑系统等部分组成，只是数控车床的进给系统与卧式车床的进给系统在结构上存在着本质的差别，卧式车床的进给系统是经过交换齿轮架、进给箱、溜板箱传到刀架实现纵向和横向运动的，而数控车床是采用伺服电动机经滚珠丝杠传到滑板和刀架，实现 Z 向（纵向）和 X 向（横向）进给运动，其结构较卧式车床大为简化。由于数控车床刀架的两个方向运动分别由两台伺服电动机驱动，所以它的传动链短，不必使用交换齿轮、光杠等传动部件。伺服电动机可以直挂，与丝杠联结带动刀架运动，也可以用同步齿形带联结。多功能数控车床一般采用直流或交流主轴控制单元来驱动主轴，按控制指令作无级变速，所以数控车床的主轴箱内的结构也比卧式车床简单得多。

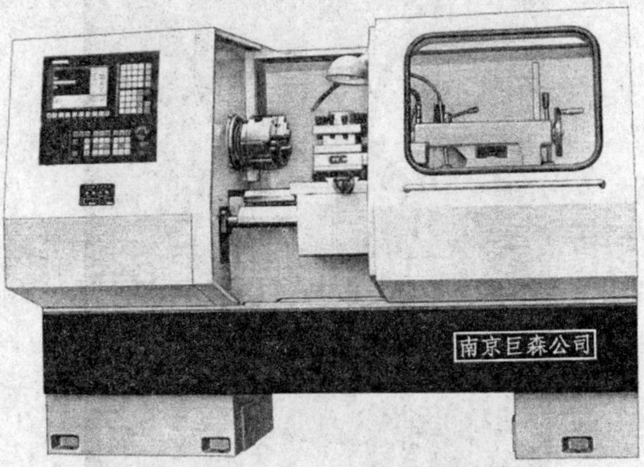


图 1-2 CK6132 数控车床

综上所述，数控车床机械结构特点为：

（1）采用高性能的主轴部件，具有传递功率大、刚度高、抗震性好及热变形小等优点。

（2）进给伺服传动一般采用滚珠丝杠副、直线滚动导轨副等高性能传动件，具有传动链短、结构简单、传动精度高等特点。

（3）高档数控车床有较完善的刀具自动交换和管理系统，工件在车床上一次安装后，能自动地完成多道加工工序。

## 二、数控车床的基本组成

数控车床主要由机床本体（主要包括床身、主轴、溜板、刀架等）、数控系统（主要包括显示器、控制面板等）和辅助装置（液压系统、冷却和润滑系统、排屑装置）等组成，如图 1-3，图 1-4 所示。

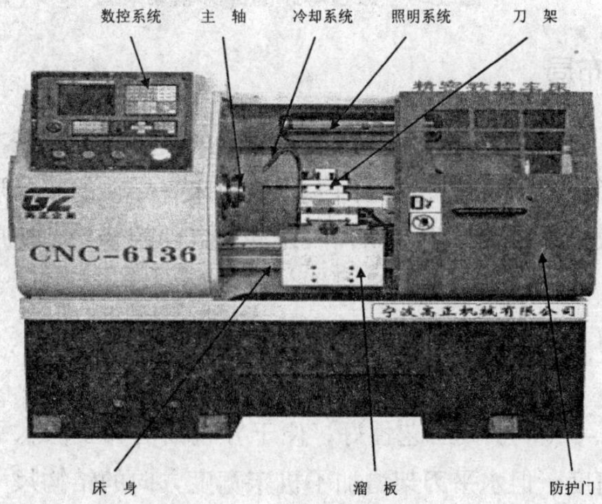


图 1-3 数控车床

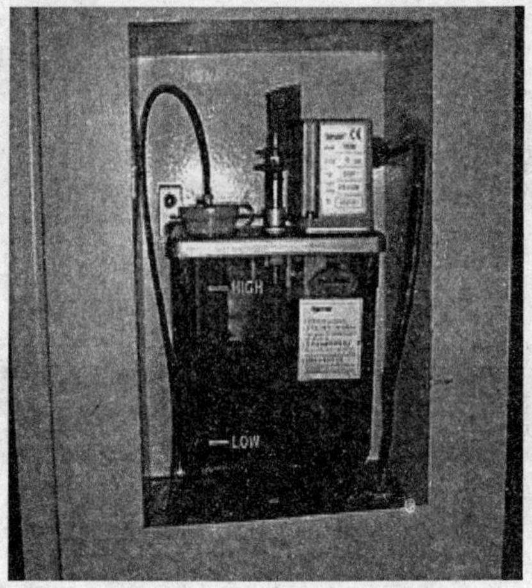


润滑油泵

排屑装置

图 1-4　数控车床的部分辅助装置

## 三、数控车床的布局

数控车床的主轴、尾座等部件相对床身的布局形式与卧式车床基本一致，但刀架和床身导轨的布局形式却发生了根本的变化。这是因为刀架和床身导轨的布局形式不仅影响机床的结构和外观，还直接影响数控车床的使用性能，如刀具和工件的装夹、切屑的清理以及机床的防护和维修等。

数控车床床身导轨与水平面的相对位置有四种布局形式。

### （一）水平床身

水平床身（见图 1-5（a））的工艺性好，便于导轨面的加工。水平床身配上水平放置的刀架可提高刀架的运动精度。但水平刀架增加了机床宽度方向的结构尺寸，且床身下部排屑空间小，排屑困难。

### （二）水平床身斜刀架

水平床身配上倾斜放置的刀架滑板（见图 1–5（b）)，这种布局形式的床身工艺性好，机床宽度方向的尺寸也较水平配置滑板的要小且排屑方便。

### （三）斜床身

斜床身（见图 1–5（c））的导轨倾斜角度分别为 30°，45°，75°。它和水平床身斜刀架滑板都因具有排屑容易、操作方便、机床占地面积小、外形美观等优点，而被中小型数控车床普遍采用。

### （四）立床身

从排屑的角度来看，立床身（见图 1–5（d））布局最好，切削可以自由落下，不易损伤导轨面，导轨的维护与防护也较简单，但机床的精度不如其他三种布局形式的精度高，故运用较少。

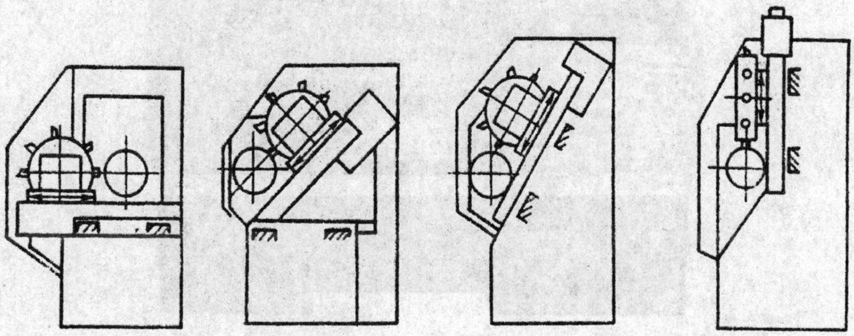

(a) (b) (c) (d)

图 1–5 数控车床的布局形式

（a）水平床身；（b）水平床身斜刀架；（c）斜床身；（d）立床身

## 四、数控车床的分类

数控车床品种繁多，规格不一，可按如下方法进行分类：

### （一）按数控车床主轴位置分类

1. 立式数控车床

立式数控车床的主轴垂直于水平面，并有一个直径很大的圆形工作台，供装夹工件用。这类数控车床主要用于加工径向尺寸较大、轴向尺寸较小的大型复杂零件。如图 1–6 所示。

2. 卧式数控车床

卧式数控车床的主轴轴线处于水平位置，它的床身和导轨有多种布局形式，是应用最广泛的数控车床。如图 1–7 所示。

图 1-6　立式数控车床

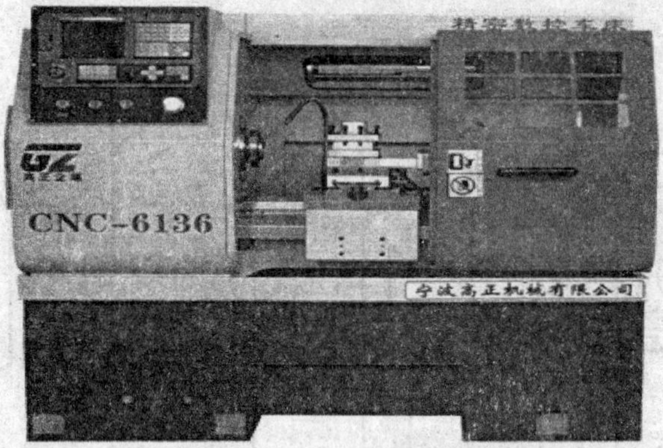


图 1-7　卧式数控车床

**（二）按加工零件基本类型分类**

1. 卡盘式数控车床

这类数控车床未设置尾座，主要适合于车削盘类（含短轴类）零件，其夹紧方式多为电动液压控制。

2. 顶尖式数控车床

这类数控车床设置有普通尾座或数控尾座，主要适合车削较长的轴类零件及直径不太大的盘、套类零件。

**（三）按刀架数量分类**

1. 单刀架数控车床

普通数控车床一般都配置有各种形式的单刀架，如四刀位卧式回转刀架和多刀位回转刀架。

2. 双刀架数控车床

这类数控车床中，双刀架的配置可以是平行交错结构，也可以是同轨垂直交错结构。如图 1-8 所示。

图 1-8　双刀架数控车床

### （四）按数控车床的档次分

1. 简易数控车床

简易数控车床一般是用单板机或单片机进行控制，属于低档次数控车床。机械部分由卧式车床略作改进而成。主电动机一般不作改动，进给多采用步进电动机，开环控制，四刀位回转刀架。简易数控车床没有刀尖圆弧半径自动补偿功能，所以编程时计算比较烦琐，加工精度较低。

2. 经济型数控车床

经济型数控车床一般有单显 CRT、程序储存和编辑功能，属于中档次数控车床。多采用开环或半闭环控制。它的主电动机仍采用普通三相异步电动机，所以它的显著缺点是没有恒线速度切削功能。

3. 全功能数控车床

全功能（或多功能）数控车床主轴一般采用能调速的直流或交流主轴控制单元来驱动，进给采用伺服电动机，半闭环或闭环控制，属于较高档次的数控车床。多功能数控车床具备的功能很多，特别是具备恒线速度切削和刀尖圆弧半径自动补偿功能。

4. 高精度数控车床

高精度数控车床主要用于加工类似 VTR 的磁鼓、磁盘的合金铝基板等需要镜面加工，并且形状、尺寸精度都要求很高的零部件，可以代替后续的磨削加工。这种车床的主轴采用超精密空气轴承，进给采用超精密空气静压导向面，主轴与驱动电动机采用磁性联轴器等。床身采用高刚性厚壁铸铁，中间填砂处理，支撑也采用空气弹簧三点支撑。总之，为了进行高精度加工，在机床各方面均采取了很多措施。

5. 高效率数控车床

高效率数控车床主要有一个主轴两个回转刀架及两个主轴两个回转刀架等形式，两个主轴和两个回转刀架能同时工作，提高了机床加工效率。

6. 车削中心

在数控车床上增加刀库和 C 轴控制后，除了能车削、镗削外，还能对端面和圆周面上任意部位进行钻、铣、攻螺纹等加工；而且在具有插补的情况下，还能铣削曲面，这样就构成了车削中心。如图 1-9 所示。

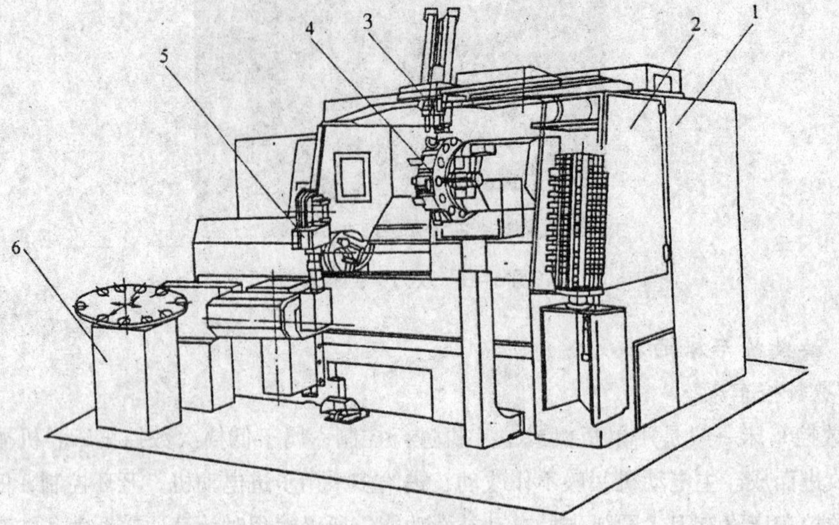


图 1-9　车削中心

1. 车床主机；2. 刀库；3. 自动换刀装置；4. 刀架；5. 工件装卸机械手；6. 载料机

7. FMC 车床

FMC 车床实际上是一个由数控车床、机器人等构成的柔性加工单元。它除了具备车削中心的功能外，还能实现工件的搬运、装卸的自动化和加工调整准备的自动化。如图 1-10 所示。

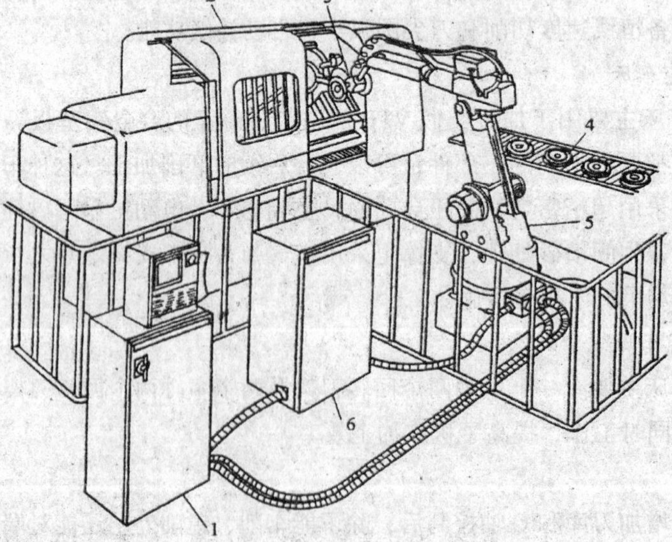


图 1-10　FMC 车床

1. 机器人控制柜；2. NC 车床；3. 卡爪；4. 工件；5. 机器人；6. NC 控制柜

# 第三节 数控车床的编程系统与编程方法

## 一、数控车床的编程系统

当今制造业领域的数控机床和数控技术的发展很快，数控编程系统也很多，应用最广泛的编程系统有德国的西门子（SIEMENS）编程系统和日本的法拉克（FANUC）编程系统。近年来，我国的数控机床和数控技术的发展迅速，引进了许多国外的先进技术，应用和开发出适合国产数控机床的编程系统。例如，广州数控设备厂生产的广数（GSK）编程系统、华中数控股份公司生产的华中（HNC）编程系统、南京巨森公司生产的巨森（JNC）编程系统等。无论是哪个编程系统，它都必须与配置的数控机床功能相适应。精度越高、性能越先进的数控机床就要配置技术先进和功能强大的数控编程系统。

数控车床的编程系统只是整个编程系统的一个分支，它的代号末尾用一个字母T表示。例如，德国产的数控车床的编程系统有西门子的SINUMERIK801T系统，日本产的数控车床的编程系统有FANUC 0iT系统，广州数控设备厂生产的有GSK980T系统，华中数控股份公司生产的HNC-21/22T系统，南京巨森公司生产的JNC-10T系统等。在这些编程系统中，有些G功能和M功能指令都符合ISO国际标准的规定，但有些指令不仅不相同，甚至完全不同。所以，在编程时一定要遵守所使用数控车床的编程系统的规定，才能避免编程错误。

## 二、数控车床的编程方法

数控加工编程方法是根据编程手段和自动化程度区分为手工编程和自动编程两种。

### （一）手工编程

手工编程就是由人工编写零件的加工程序。当被加工零件的几何形状不太复杂，编程工件量小，生产周期又短，可采用手工编程。此种情况下编程出错率少，快捷简便，减少生产周期。所以，手工编程在工艺准备工作中，特别是在生产现场的数控加工中仍然得到广泛应用。

### （二）自动编程

自动编程是指利用计算机和编程软件，再配备外围设备组成自动编程系统完成零件加工程序编制的方法，也叫计算机辅助制造CAM（Computer Aided Manufacturing）。

对于形状复杂零件的数控加工，如非圆曲线、各种曲面，编程工作量大，坐标计算比较复杂，用手工编程不仅耗时多，计算又容易出错，是很不经济的。如果采用功能强大的编程软件在计算机上进行自动编程，就能较快完成加工程序的编制，而且程序正确可靠，出错率极低。

自动编程与手工编程相比有如下优点：

（1）自动编程时，能利用计算机对零件加工轮廓进行精确绘制，保证编程的各坐标尺寸精确无误，避免了手工编程时可能出现的计算误差。

（2）自动编程时，先进的自动编程软件能够对加工零件的编程轨迹进行模拟运行，及时发现和纠正编程中的错误，保证加工程序正确性，也可减少手工编制的程序在数控机床上进行试运行检验所占用的生产时间。

（3）自动编程系统都配有打印机、穿孔机等外围设备。当零件程序编制完成后就可以打印出程序单和制作出程序纸带，利用程序纸带就可到机床上由阅读机读入程序进行加工。也可以将计算机与数控机床直接相连，将程序直接输入数控装置中控制零件的加工，也就是直接数控DNC。这就提高了编程自动化程度，减少了许多辅助时间，提高了生产效率。

尽管自动编程比手工编程有许多不可替代的优点，但手工编程在生产现场和工艺准备中仍得到广泛应用，它也是自动编程的基础。

# 第四节　数控车床的坐标知识

## 一、数控车床的坐标

根据卧式数控车床的结构，机床的运动部件有主轴的旋转运动和刀具沿水平导轨的纵向和横向移动（见图 1–11）。所以，数控车床的坐标系是由一个回转坐标和两个直线坐标组成的，根据坐标系的设定原则，按下面方法命名各坐标轴。

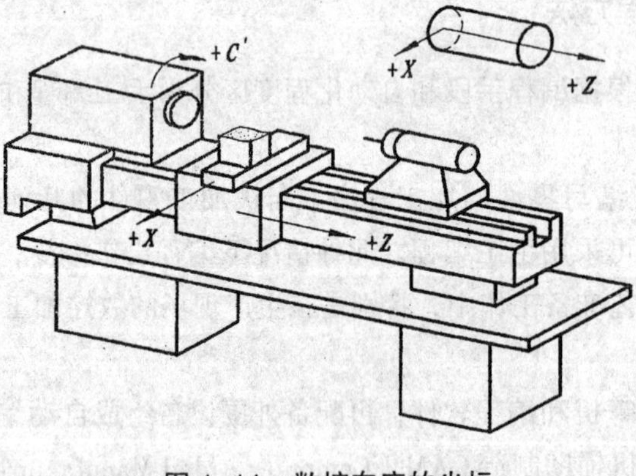


图 1–11　数控车床的坐标

### （一）Z 坐标轴

车床的主轴是传递运动功率的，所以将主轴的轴线命名为 Z 坐标轴。由于装卡在车床上的工件除了与主轴一起做旋转运动外，不做直线的运动，可看作静止的，以刀架上的刀具做纵向平行移动，以离开工件的方向定为 Z 轴的正方向。

在确定了 $Z$ 轴的正方向后，按右手定则方法确定 $Z$ 轴的旋转坐标轴的正方向，也就是主轴正转的方向。

（二）X 坐标轴

以刀架平行于工件装卡面的水平横向移动命名为 $X$ 坐标轴，它的运动方向是沿着工件径向并以远离工件方向为正方向。

## 二、常用数控车床的坐标系

常用的数控车床是卧式数控车床，它的坐标系有两种：

（1）具有水平导轨的数控车床，如图 1-12 所示。

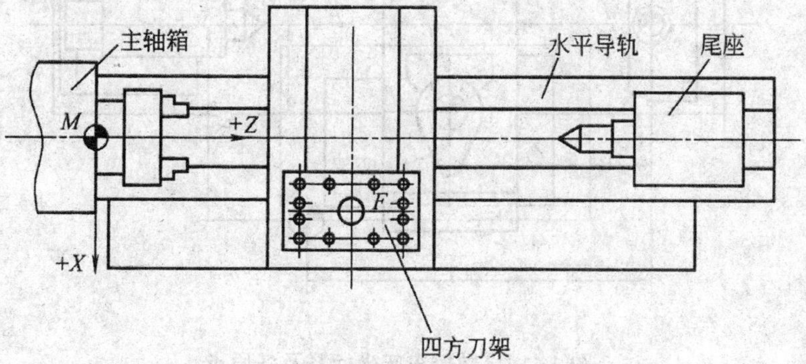


图 1-12　具有水平导轨的数控车床

（2）具有倾斜导轨的数控车床，如图 1-13 所示。

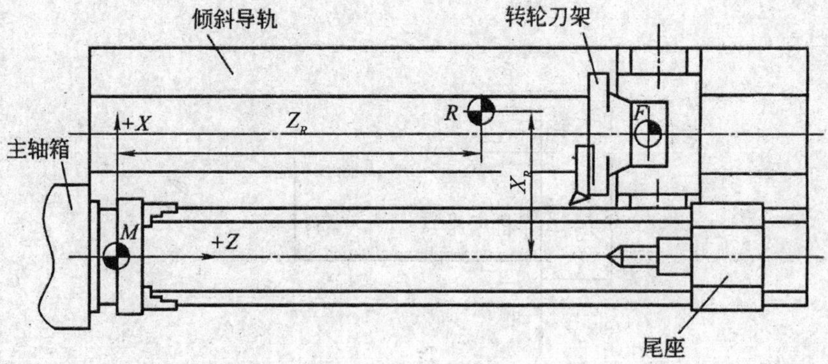


图 1-13　具有倾斜导轨的数控车床

在以上两图的数控车床的坐标系中可以看出，它们的 $Z$ 坐标轴相同，但 $X$ 坐标方向则相反。

## 三、数控车床坐标系中的各原点

如图 1–14 所示，图中标出了数控车床的机床坐标系和坐标原点 $M$，刀架的中心基准点 $F$，机床的参考点 $R$。数控车床的坐标原点和坐标轴方向对于数控编程和数控加工是很重要的。也就是加工零件时，每个坐标点的尺寸和方向都是由机床坐标系的原点 $M$ 和坐标轴方向决定的，每一个编程员和操作者都应有十分清楚的概念。数控车床坐标系中的各原点，如图 1–14 所示。

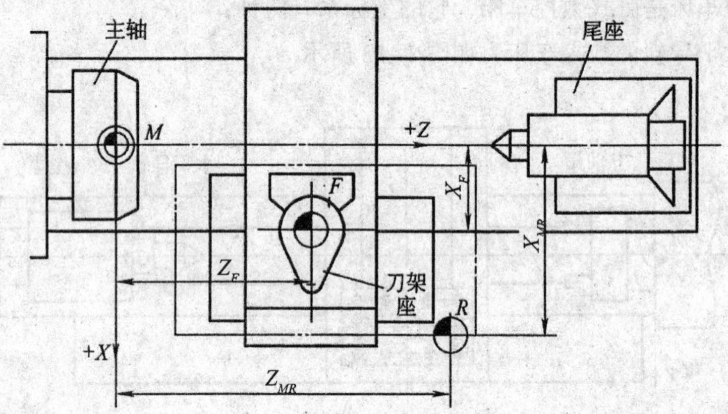


图 1–14　数控车床坐标系及各原点

### （一）机床原点 $M$

机床原点也叫作机床零点，也就是机床坐标系的原点。它的位置是由机床制造厂确定的，通常设置在主轴的轴心线与装配卡盘的法兰端面的交点，该点是确定机床固定原点的基准，如图 1–15 所示。

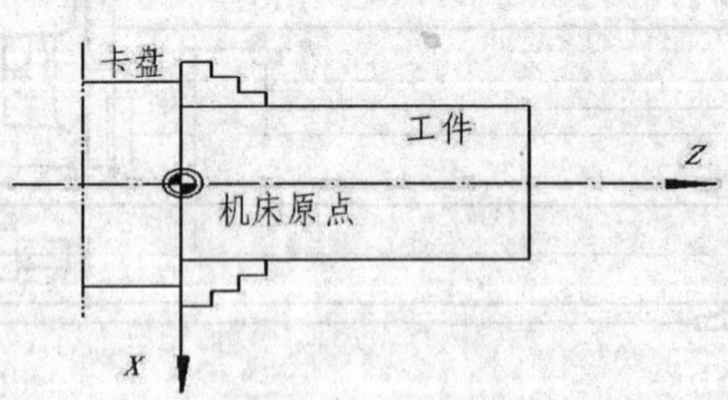


图 1–15　机床原点

### （二）机床参考点 $R$

机床参考点 $R$ 又称为机床固定原点或机械原点。机床参考点是机床上的一个特殊位置点，通常位于机床溜板正向移动的极限点位置，如图 1–14 中的 $Z_{MR}$ 和 $X_{MR}$ 就是到机床原点 $M$ 的最大距离。它由厂家测量并输入系统中，用户不得随意更改。机床参考点可以与机床原点重合，也可以不重合，它是相对于机床原点的一个可以设定的参数值，机床回到了参考点位置，也就知道了该坐标轴的原点位置，找到所有坐标轴的参考点，系统也就建立起了机床坐标系。

对于大多数数控机床，开机第一步是先使机床返回参考点，习惯上称作机床回零。

（三）刀架基准点 *F*

数控车床上无论是四方刀架还是转轮刀架，其上都有基准点 *F*，它是安装在刀架上刀具刀尖相对 *F* 点补偿值的测量基准，也是机床控制系统计算刀尖在程序加工中所在位置坐标尺寸的基准点。

当每次机床开动时，首先应使刀架到达参考点 *R*，此时基准点 *F* 与参考点 *R* 重合，实际上就使 $Z_F=Z_{MR}$ 和 $X_F=X_{MR}$。当刀架离开参考点 *R* 时，刀架基准点 *F* 到参考点 *R* 之间的坐标值就会自动记录在数控装置中，控制系统再根据机床零点 *M*，工件零点 *W*，参考点 *R* 的坐标值关系，加上程序中的刀尖长度和刀尖半径的偏移值，就能按程序准确地计算出刀尖运动的轨迹，加工出各种形状的零件。

（四）工件编程原点 *W*

在数控车床上对零件进行程序加工时，首先要在被加工的工件上建立工件坐标系，该坐标系的原点就是工件编程原点 *W*，也叫作编程零点。零件加工程序中各刀位点的坐标值计算和正负符号都是以工件零点来决定的。

工件编程零点是根据零件的结构和尺寸特点由编程员决定的。也就是说，编程零点可以设置在工件任何有结构特点的位置上，但考虑到刀具切削的特点和操作的方便，一般都将编程零点设置在零件轴心线与两端面的交点上，又以右端面的交点做编程零点较为方便，如图 1–16 所示。

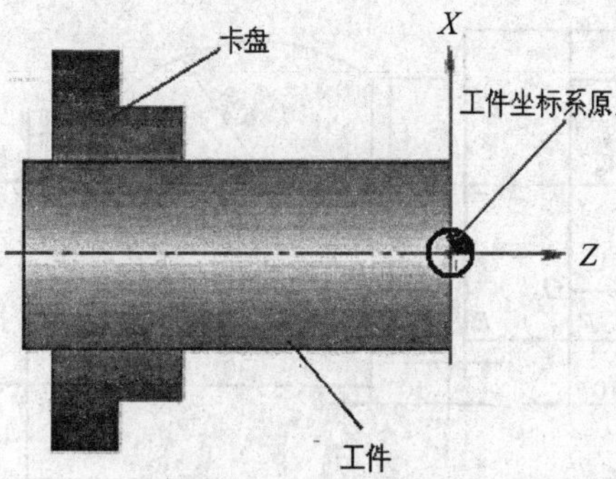


图 1–16　工件编程原点

选择工件编程零点的原则是：

（1）图纸上设计基准和尺寸明确，便于编程的坐标值计算；

（2）以该零点编制的程序简便，刀具路径最短，使用的刀具最少；

（3）便于设置刀具的换刀点，程序运行安全。

在设置工件编程零点时，不同的数控机床规定了不同工件零点的G指令，精度高的数控机床的编程系统具有多个工件零点的坐标值存储，如G54，G55，G56，G57，G58，G59等。

（五）程序原点

程序原点是指刀具执行程序运行时的起点，也叫程序起点。程序原点的位置与工件编程零点相关，也就是在设置工件编程零点时，同时设置程序的原点。在执行程序加工时，刀具从程序原点出发。程序结束时，刀具又回到程序原点，等待加工下一个相同零件。如果在程序加工中出现某个技术问题，在处理后也可让刀具返回到程序原点，重新开始程序的加工。

## 四、数控车床坐标系中坐标值的确定

在建立工件坐标系后，各刀位点坐标值的计算可以采用绝对坐标值，也可采用相对坐标值（又称增量坐标值）。

（一）绝对坐标值

绝对坐标值是指坐标系中某坐标点到工件零点之间的垂直距离。平行于$X$轴之间的垂直距离值用$Z$代表轴向尺寸，平行于$Z$轴之间的垂直距离值用$X$代表径向尺寸。如果$X$是直径编程，则$X$的坐标值应为垂直距离的2倍。

坐标值的正、负符号是由坐标值相对于坐标原点的位置决定的。在坐标轴正方向的坐标值为正，在坐标轴负方向的坐标值为负。

工件编程零点在工件上的位置不同，各刀位点到编程零点的坐标值也不同。一旦编程零点设定，工件上各刀位点的坐标值就确定了。为了能正确地计算各刀位点的坐标值和以后的编程方便，建议在工件编程轮廓的各刀位点上依次标明$A$，$B$，$C$，$D$等代号，然后列表计算出各点的坐标值。绝对坐标值的计算举例如图1–17所示。

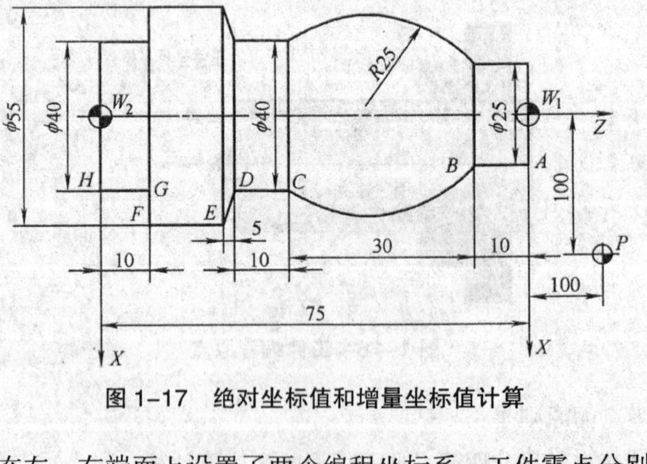


图1–17　绝对坐标值和增量坐标值计算

在图1–17中，在左、右端面上设置了两个编程坐标系，工件零点分别为$W_2$和$W_1$，将编程轨迹的各刀位点标出$A$，$B$，$C$，$D$，$E$，$F$，$G$，$H$等，编程时，用$X$和$Z$代$P$点坐标值，并设置程序原点为$P$。

以 $W_2$ 和 $W_1$ 为工件编程零点分别计算各刀位点的绝对坐标值见表 1–1，表 1–2。

表 1–1　$W_2$ 为编程原点

| 刀位点 | X | Z |
|---|---|---|
| P | 200 | 175 |
| A | 25 | 75 |
| B | 25 | 65 |
| C | 40 | 35 |
| D | 40 | 25 |
| E | 55 | 20 |
| F | 55 | 10 |
| G | 40 | 10 |
| H | 40 | 0 |

表 1–2　$W_1$ 为编程原点

| 刀位点 | X | Z |
|---|---|---|
| P | 200 | 100 |
| A | 25 | 0 |
| B | 25 | –10 |
| C | 40 | –40 |
| D | 40 | –50 |
| E | 55 | –55 |
| F | 55 | –65 |
| G | 40 | –65 |
| H | 40 | –75 |

上述 $W_2$ 和 $W_1$ 两个编程零点计算出各刀位点的绝对坐标值不相同，是由于 $W_2$ 和 $W_1$ 的 $Z$ 坐标原点处在轴线的不同位置。各刀位点在 $W_2$ 编程零点时，都位于 $Z$ 轴的正方向，所以坐标值为正。各刀位点在 $W_1$ 编程零点时，除 $P$ 和 $A$ 点在 $Z$ 轴正方向外，其余各点都在 $Z$ 轴原点的负方向，所以 $Z$ 坐标值为负。

### （二）增量坐标值

增量坐标又叫相对坐标，它在坐标系中，各刀位点的增量坐标值是相对于刀具运动轨迹前一点坐标之间的距离。FANUC OiT 系统的径向增量坐标用 $U$ 表示，轴向增量坐标用 $W$ 表示。

增量坐标值正负之分与坐标轴的方向有关。某刀位点的增量坐标值是从前一点指向该点的方向，它与坐标轴方向相同时为正值，相反时则为负值。

在图 1–17 中，各刀位点的增量坐标值计算见表 1–3。

表 1–3　各刀位点的增量坐标值

| 前一点 | 刀位点 | U | W | 前一点 | 刀位点 | U | W |
|---|---|---|---|---|---|---|---|
| P | A | –175 | –100 | D | E | 15 | –5 |
| A | B | 0 | –10 | E | F | 0 | –10 |
| B | C | 15 | –30 | F | G | –15 | 0 |
| C | D | 0 | –10 | G | H | 0 | –10 |

从各刀位点的增量坐标值可以看出，不管编程零点是 $W_2$ 还是 $W_1$，只要确定了程序原点，各刀位点的增量坐标值是相同的。也就是说，增量坐标值不受编程零点位置的影响，只与它前一点的坐标位置有关。

利用增量坐标编程的特点，可以不设工件坐标系，不用刀补，在确定刀具的加工位置后，用增量编程也能进行加工。但只能是一把刀具执行一次程序加工。

当数控车床的编程系统规定 $X$ 坐标为直径编程时，则 $X$ 轴的增量坐标也是直径编程。

# 第五节　数控车床的加工操作过程

如图 1–18 所示，选用 $\phi28$ 的棒料，材料为 45 号钢。

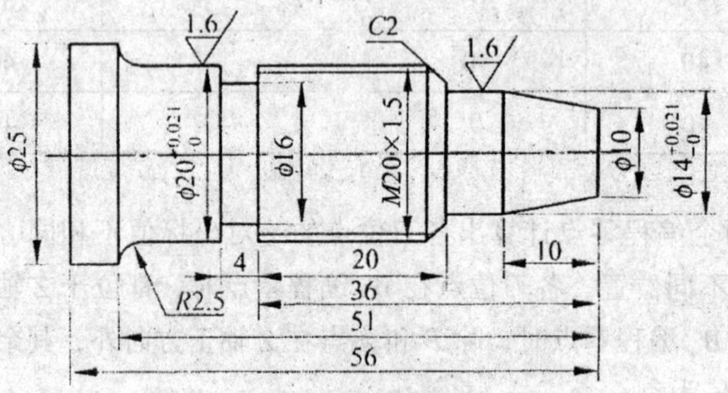


图 1–18　加工棒料

## 一、准备工作

在进行零件加工之前，必须做好一定的准备工作。如零件图的审核、工艺的分析、加工工艺路线的确定、刀具的选择、切削用量的确定、程序的编制等。具体操作步骤如下：

### （一）工艺的分析

（1）选用 $\phi28$ 的棒料，材料为 45 号钢。

（2）以工件左端及外圆为安装基准。

（3）以工件右端面回转中心为工件坐标系编程零点。

（4）该零件的加工面有外圆柱面、外圆弧面、圆锥面、螺纹和槽。

（5）对带公差值的尺寸取中间值加工。

（6）采用粗车和精车。粗车可采用循环加工进行，简化加工程序。

（7）工序安排如下：

① 先粗车外圆柱面、外圆弧面、圆锥面。

② 再精车外圆柱面、外圆弧面、圆锥面。

③ 接着车槽、车螺纹。

④ 最后车断。

**（二）工艺路线的确定**

（1）粗车：车右端面→车锥面→车 $\phi$14 外圆→车 M20×1.5 螺纹外圆→车 $\phi$20 外圆→车 R2.5 圆弧面→车 $\phi$25 外圆。

（2）精车：车锥面→车 $\phi$14 外圆→车 M20×1.5 螺纹外圆→车 $\phi$20 外圆→车 *R*2.5 圆弧面→车 $\phi$25 外圆。

（3）车 $\phi$16 处退刀槽。

（4）车 M20×1.5 螺纹。

（5）切断。

**（三）刀具的选择**

根据加工要求选用以下硬质合金车刀各一把。

（1）T0101：90° 外圆粗车刀。

（2）T0202：90° 外圆精车刀。

（3）T0303：切断刀，刀宽 4 mm。

（4）T0404：60° 外螺纹车刀。

**（四）确定切削用量**

如表 1-4 所示。

表 1-4　切削用量表

| 切削用量 / 工　序 | 切削速度 /（m/min） | 主轴转速 /（r/min） | 进给速度 /（mm/r） |
|---|---|---|---|
| 粗　车 | 80 | 500 | 0.3 |
| 精　车 | 120 | 1200 | 0.1 |
| 车槽、切断 | 60 | 600 | 0.1 |
| 车螺纹 | 80 | 500 | 1.5 |

**（五）编程**

```
O0001；
N10 T0101；
N20 M03 S500;
N30 G00 X30 Z5;
N40 G71 U2 R0.5;
N50 G71 P60 Q160 U1 W0 F0.3;
```

```
N60 G00 X10;
N70 G01 Z0 F0.1;
N80 X14 Z-10;
N90 Z-16;
N100 X16;
N110 X19.9 Z-18;
N120 Z-40;
N130 X20;
N140 Z-48.5;
N150 G02 X25 Z-51 R2.5;
N160 Z-56;
N170 G00 X100 Z100;
N180 M05;
N190 M00;
N200 T0202;
N210 M03 S1200;
N220 G00 X30 Z5;
N230 G70 P10 Q20;
N240 G00 X100 Z100;
N250 T0303;
N260 M03 S600;
N270 G00 X30 Z-40;
N280 G01 X16 F0.1;
N290 X30;
N300 G00 X100 Z100;
N310 T0404;
N320 M03 S500;
N330 G00 X30 Z-14;
N340 G92 X19.2 Z-38 F1.5;
N350 X18.6;
N360 X18.2;
N370 X18.04;
N380 G00 X100 Z100;
N390 T0303;
N400 M03 S600;
```

```
N410 G00 X30 Z-60;
N420 G01 X0  F2.1;
N430 X35;
N440 G00 X100 Z100;
N450 M05;
N460 M30;
```

## 二、数控车床的开机

数控车床在开机前，必须先检查机床的外部设施，观察是否正常，然后才能启动车床。

### （一）电源接通前的检查操作

在机床主电源开关接通之前，操作者必须做好下面的检查工作：

（1）检查机床的防护门、电柜门等是否关闭。

（2）检查各润滑装置上油标的液面位置是否充足。

（3）检查切削液是否充足。

（4）检查刀架、导轨、卡爪是否正常。

（5）检查切屑槽内的切屑是否已清理干净。

### （二）以上检查均符合要求时正式开机

（1）接通供给电源。首先确定设备的供给电源是否接通，如未接通，应合上闸刀接通电源。

（2）开启机床电源。面对机床，在其左后侧处（电器柜上）为电源开关。将电源钥匙拧开，再将手柄拨到启动挡，开启机床电源。此时电源指示灯亮，电器柜的冷却风扇（电器柜的侧上方）也随之启动，仔细听，可听到其运转的声音。

（3）接通系统电源。拧开操作面板上的系统电源钥匙，操作面板上的电源的指示灯亮，等待位置画面的显示。画面显示正常前，请勿动任何按钮。此时，机床液压泵也随之启动，可明显感觉到其启动的声音。

（4）驱动按钮打开。按下操作面板上的驱动按钮，驱动指示灯亮。

### （三）电源接通后的检查操作

机床通电之后，操作者应做好下面的检查工作：

（1）检查冷却风扇是否启动，液压系统是否启动。

（2）检查操作面板上各指示灯是否正常，各按钮、开关是否正确。

（3）显示屏上是否有报警显示，若有应及时予以处理。

（4）液压装置的压力表指示是否在正常的范围内。

（5）刀架夹紧是否可靠，刀具是否有损伤。

### （四）机床运转后的检查

（1）运转中，主轴、卡爪、刀架、滑板处是否有异常。

（2）有无其他异常现象。

## 三、手动润滑机床导轨

在机床正面的右下侧有一个润滑油杯，其上有一个手把，只要轻轻将其拉出，即可自动完成机床导轨的润滑。

## 四、数控车床的回零操作

数控车床开机后，必须进行回参考点操作。回参考点操作又称回零操作，机床参考点是数控车床上的一个固定基准点。开机后回零，可消除屏幕显示的随机动态坐标，使机床有个绝对的坐标基准。在连续重复的加工以后，回零可消除进给运动部件的坐标积累误差。回零方法是：

（1）按操作面板上的手动操作键，进入手动状态。

（2）$X$ 轴的回零。按操作面板上的回零键，出现回零提示，然后按 X 键，刀架就会沿 $X$ 轴回到机床的机械零点。

（3）$Z$ 轴的回零。按操作面板上的回零键，出现回零提示，然后按 Z 键，刀架就会沿 $Z$ 轴回到机床的机械零点。

## 五、安装刀具

目前，数控车床上广泛使用的是机械夹固式可转位刀具，普遍使用硬质合金涂层刀片。机夹式刀具的刀杆或刀片都符合 ISO 有关标准。数控车削常用的刀具有很多种，可根据零件的具体形状、尺寸来选择不同的刀具，重点注意刀具的副偏角的大小对被加工零件的形状的适应性。利用刀柄座、定位销、楔块、杠杆、垫块、压块等辅具与有关定位面的配合，很方便地就可实现刀杆或刀片的安装或更换。

安装刀具时，根据加工程序的需要选定各有关刀具的刀号，并将刀具装入刀架对应刀号的刀槽内。更换刀片时，可不卸下刀杆，只把刀柄的压块螺钉松至一定程度或拧下，然后转动刀片或更换刀片即可进行操作加工。

## 六、装夹工件

松开卡爪，将已准备好的棒料放入卡盘内，再以适当的夹紧力夹住工件，检查工件是否跳动，若跳动，必须要找正，直到符合要求为止，再把工件彻底夹紧。不然会影响后续加工的进行。

## 七、加工程序的输入与编辑

按下操作面板上的程序编辑功能键（PROG），在此状态下可通过手动数据输入方式或通过接口与外部设备（电脑或其他手持设备）连接，将加工程序输入机床数控系统内，同时对程序进行编辑和修改。具体操作可参考程序编辑一节。

## 八、对刀及工件坐标系的建立

对刀操作又称为刀偏设置。数控车床常用的对刀方法有三种：试车对刀法、机械对刀仪对刀法、光学对刀仪对刀法。普遍使用的是试车对刀法。

不同数控车床的对刀方法有差异，可查阅机床说明书，但其原理及目的是相同的，即通过对刀操作，计算出刀偏值后输入数控系统，或把对刀时屏幕显示的有关数值直接输入数控系统，由系统自动计算出刀偏值，存入数控系统并建立工件坐标系。

对刀操作必须在参数状态下，操作方法是按下操作面板上的参数功能键，进入参数设置状态，利用试车法，将刀架上的刀具的刀偏值 $X$，$Z$ 依据工件坐标系的有关尺寸，输入到对应的刀具号补偿值内。注意各把刀具都必须认真对刀，否则会影响被加工零件的尺寸精度。具体内容可参考参数设置一节。

## 九、图形试运行

图形试运行又叫作图形模拟加工，试运行操作必须在试运行状态下，操作方法是按下操作面板上的“试运行”功能键，进入试运行状态，然后进行模拟加工。如加工路径有错，回到加工程序编辑状态进行修改。修改后，再进行模拟加工，直到完全正确为止。具体操作可参考试运行一节。

## 十、自动加工

（1）按操作面板上的“自动”键，出现程序，然后选择要执行的零件程序并找到程序头。

（2）按下操作面板上的“循环加工启动”按钮，启动程序，使其自动运行。一般显示屏自动转换为程序检视状态，可以显示机床的各种动态参数和状态，如显示刀具执行的坐标变化情况，各种 $G$，$M$，$S$，$T$，$F$ 参数的实际运行数据。

（3）在自动加工中，如遇可疑事件，应按下“进给暂停”按钮，检查后，再按“自动循环”按钮一次，可恢复加工。若改变了参数，应复位后，重新启动加工。

（4）在自动加工中，如遇突发事件，应立即按下“急停”按钮。

## 十一、工件加工完毕

工件加工完毕后，程序结束，主轴停转。取下工件，擦洗干净，然后对工件进行全面检验，看是否符合图纸要求，否则，修改程序及有关参数。

## 十二、关闭机床电源

关闭机床电源前，应全面清扫机床，并手动润滑机床导轨面及卡盘，然后关闭机床电源。操作方法是：

（1）检查循环情况。控制面板上循环启动的指示熄灭，循环启动应在停止状态。

（2）检查可移动部件。车床的所有可移动部件都应处于停止状态。

（3）检查外部设备。如有外部输入 / 输出设备，应全部关闭。

（4）关闭驱动按钮。按驱动停止按钮，绿灯熄灭。

（5）关闭机床系统电源。关闭机床系统电源钥匙，电源指示灯熄灭，机床液压泵也随之关闭。

（6）关闭机床电源。将电源开关的手柄拧到关闭挡，关闭机床电源。此时电器柜的冷却风扇随之关闭。然后再关闭电源钥匙。

（7）关闭机床供给电源。如果较长时间不用机床，就可关闭。

# 第二章　安全文明生产与维护

## 第一节　安全生产和安全操作规程

根据国家生产安全规定和有关劳动保障条例，企业和院校实习车间必须贯彻“以人为本，安全第一”的方针，制定和执行生产中的各项规章制度，所有员工必须严格遵照执行。

### 一、有关安全文明生产的规定

**（一）进入生产和实习车间，必须穿戴好安全防护用品**

常用的安全防护用品主要有安全帽、工作服、劳保鞋、防护眼镜等

1.安全防护用品的作用

（1）穿好工作服能够防止不整齐的衣服、袖口卷入机床的主轴、刀具或工件上而造成人身伤害事故。

（2）戴好安全帽或发网能防止长头发卷入机床主轴、工件或刀具上，避免造成人身伤害事故。

（3）防护用品能够防止铁屑、油污飞溅到身上，保护身体不受伤害。

2.有关防护用品穿戴的规定

（1）未穿戴好安全防护用品不许上岗。

（2）必须穿工作鞋上岗，不能穿凉鞋、拖鞋上岗。

（3）不准穿裙子和高跟鞋进入生产现场和上岗。

（4）长发者必须戴安全帽或发网，并将长发包在安全帽或发网内。

**（二）严格遵守生产劳动纪律和搞好安全文明生产**

（1）按时到达生产岗位，不得迟到或早退。

（2）学员必须听从师傅或老师的讲解，要做到文明礼貌，服从师傅或老师的指挥。

（3）不得在生产现场相互吵闹或打斗，不得做与生产或实习无关的事情。

（4）在实习和学徒期间，未经师傅或老师的许可，不得随意开动机床，不得动用与本岗位无关的其他设备。

（5）搞好机床周边卫生，保持机床和地面洁净，工具箱内物品分类摆放整齐，实现安全文明生产。

## 二、数控车床的操作规程

（1）操作者应根据机床“使用说明书”的要求，熟悉本机床的基本性能和一般结构，禁止超性能使用。

（2）开机前，操作者必须清理好现场。机床导轨、机床的防护罩顶部不允许放置工具、工件及其他杂物。工具、工件等物品必须放在指定的位置。

（3）开机前，应对数控车床进行全面细致的检查。包括操作面板、导轨面、卡爪、尾座、刀架、刀具等，确认无误后方可操作。

（4）开机前，操作者应按机床使用说明书的规定给相关部位加油，并检查油标、油量、油路是否正常。

（5）机床开机时，应遵循先回零、手动、单动、自动的原则。机床运行应遵循先低速、中速、再高速的运行原则，其中低、中速运行时间不得少于 2 ~ 3 分钟。当确定无异常情况后，方能开始工作。

（6）程序输入后，应仔细核对代码、地址、数值、正负号、小数点及语法是否正确。

（7）机床开始加工之前，必须先采用试运行，检查所用程序是否与被加工零件相符，确认无误后，方可关好安全防护罩，开动机床进行零件加工。

（8）未装工件前，空运行一次程序，看程序能否顺利运行，刀具和夹具安装是否合理，有无超程现象。

（9）无论是首次加工的零件，还是重复加工的零件，都必须对照图样、工艺规程、加工程序和刀具调整卡，进行试车。

（10）试车或加工中，刃磨刀具和更换刀具后，要重新对刀并修改刀补值。

（11）严禁在卡盘上，顶尖间敲打、校直和修正工件。

（12）操作者在工作时更换刀具和工件、调整工件或离开机床时必须停机。

（13）对机床上的保险和安全防护装置，操作者不得任意拆卸和移动。

（14）加工过程中或主轴未停稳，严禁打开防护罩、测量工件和触摸工件。

（15）操作中若发生故障或不正常现象，如工件跳动、异常声音、夹具松动等，必须立即停车，可按下“急停”键。同时要保护现场，并立即报告有关人员。

（16）紧急停车后，应重新进行机床“回零”操作，才能再次加工。

（17）附件和量具、工具应妥善保管，保持完整与良好，丢失赔偿。

（18）加工完毕后应清扫机床，保持清洁，将拖板和尾座移至床尾位置，切断机床电源。

## 三、数控车床操作注意事项

### （一）加工前的检查准备工作

（1）检查切削液、液压油、润滑油的油量是否充足。自动润滑装置、液压泵、冷却泵是否正常工作。液压系统的压力是否指示在所要求的范围内。各控制箱的冷却风扇是否正常运转，空气滤清器是否有阻塞现象。

（2）车床导轨面是否清洁，车刀切屑槽内的切屑是否已清理干净。

（3）检查数控车床各手柄、变速挡是否处于正确的位置。手动方式下，启动主轴，观察主轴运转情况是否正常。对于手动变速车床，变速时应搬动卡盘，确保主轴箱内变速齿轮正确啮合。

（4）在控制系统启动过程中，操作面板上的各指示是否正常；各按钮、开关是否处于正确位置。CRT显示屏上是否有报警信息显示，若有问题应及时处理。

### （二）加工程序的校验与修改

（1）程序输入后，应认真校对代码、指令、地址、数值、正负号、小数点及语法，保证无误。有图形模拟功能的，应在锁住机床的状态下，进行图形模拟，以检查加工轨迹的正确性。

（2）程序修改时，对修改部分一定要仔细计算和认真核对。

（3）在程序运行中，要观察数控系统上的坐标显示，了解目前刀具运动点在机床坐标系及工件坐标系中的位置。

### （三）刀具的装夹

（1）检查各刀的安装顺序是否合理，刀尖是否对准工件的旋转中心，伸出长度是否合适，刀具是否夹紧。

（2）手动方式换刀，以检查换刀动作是否准确，注意刀具与工件、尾座是否有干涉现象。

（3）每把刀首次使用时，必须先验证它的实际长度与所给刀补值是否相符。

（4）试切和加工中，刃磨或更换刀具后，一定要重新测量刀长并修改好刀补值和刀补号。

### （四）装夹工件、对刀及工件坐标系的设定与检查

（1）按工艺规程找正、装夹工件。

（2）正确测量和计算工件坐标系，并对所得结果进行验证和验算。

（3）尽管不同的数控系统设定工件坐标系的指令各不相同，但基本原理是一致的。其实质是通过对刀及设定工件坐标系，将工件的位置传递给数控系统。

（4）将工件坐标系输入到偏置页面，并对坐标、坐标值、正负号、小数点进行认真核对。

### （五）首件试切

（1）无论是首次加工的零件，还是周期性重复加工的零件，首件都必须对照图样工艺、程序和刀具调整卡，进行单程序段加工。

（2）单段试切时，快速倍率开关必须打到低挡，无异常情况后，再适当增大。

（3）刀具偏值及补偿值可由小到大，边试边修改，直至达到加工精度要求。

（4）在进行手摇进给或手动连续进给操作时，必须检查各种开关所选择的位置是否正确，确认手动快速进给按键的开关状态，弄清正负方向，认准按键，然后再进行操作。

**（六）加工过程中**

（1）加工过程中禁止用手接触刀尖和铁屑，铁屑应用毛刷或铁钩子清理。

（2）加工过程中禁止用手或其他任何方式接触正在旋转的主轴、工件或其他运动部位；严禁在主轴旋转时进行刀具或工件的安装、拆卸。

（3）自动加工过程中，不允许打开机床防护门。

（4）加工镁合金工件时，应戴防护面罩，注意及时清理加工中产生的切屑。

（5）严禁盲目操作或误操作。

（6）工作时应穿好工作服、安全鞋，戴好工作帽、防护镜，不可戴手套、领带操作机床。

**（七）加工完成后**

（1）一批零件加工完成后，应核对刀具号、刀补值、始程序、偏值页面、调整卡及工艺中的刀具号、刀补值，并做必要的整理、记录。

（2）做好机床卫生清扫工作，擦净导轨面上的切削液，并涂上防锈油，以防止导轨生锈。

（3）检查润滑油、切削液情况，及时添加或更换。

（4）依次关闭机床操作面板上的电源开关和总电源开关。

## 第二节　数控车床的维护与保养

数控车床是自动化程度高、结构复杂且价格昂贵的先进加工设备，在现代化工业生产中发挥着巨大的作用。正确的操作是保证数控车床正常使用的前提，同时必要的维护与保养也是减少数控车床故障率的重要保障。数控系统是数控车床的控制指挥中心，对其进行维护与保养是延长元器件的使用寿命，防止各种故障，特别是恶性事故的发生，从而延长数控系统使用寿命的有效手段。

### 一、数控系统的维护与保养

不同数控车床的数控系统的使用、维护方法，在随机所带的说明书中一般都有明确的规定。总的来说，应注意以下几点：

（1）制定严格的设备管理制度。定岗、定人、定机，严禁无证人员随便开机。

（2）制定数控系统日常维护的规章制度。根据各种部件的特点，确定各自的保养条例。

（3）严格执行机床说明书中的通断电顺序。一般来讲，通电时先强电后弱电；先外围设备（如纸带机、通信 PC 机等），后数控系统。断电顺序与通电顺序相反。

（4）应尽量少开数控柜和强电柜的门。因机床加工车间空气中一般都含有油雾、飘浮的灰尘，甚至金属粉末，一旦它们落在数控装置内的印刷线路板或电子元器件上，容易引起元器件间绝缘电阻下降，并导致元器件及印刷线路板的损坏。为使数控系统能超负荷长期工作，采取打开数控装置柜门散热的降温方法更不可取，其最终结果是导致系统的加速损坏。因此，除进行必要的调整和维修外，不允许随便开启柜门，更不允许敞开柜门加工。

（5）定时清理数控装置的散热通风系统。应每天检查数控装置上各个冷却风扇工作是否正常。视工作环境的状况，每半年或每季度检查一次风道过滤网是否有堵塞现象。如过滤网上灰尘积聚过多，需及时清理，否则将会引起数控装置内部温度过高（一般不允许超过 55 ℃ ~ 60 ℃），致使数控系统不能可靠的工作，甚至发生过热报警现象。

（6）数控系统的输入 / 输出装置的定期维护。光电式纸带阅读机、软驱及通信接口等数控装置是与外部进行信息交换的一个重要途径，如有损坏将导致读入信息出错。为此，通信接口小门、软驱仓门应及时关闭；通信接口应有防护盖，以防止灰尘、切屑落入。

（7）经常监视数控装置用的电网电压。数控装置通常允许电网电压在额定值的 ±（10% ~ 15%）范围内，频率在 ±2 Hz 内波动。如果超出此范围就会造成系统不能正常工作，甚至会引起数控系统内的电子部件损坏。必要时可增加交流稳压器。

（8）存储器电池的定期更换。存储器一般采用 CMOS RAM 器件，设有可充电电池维持电路，防止断电期间数控系统丢失存储的信息。在正常电路供电时，由 +5 V 电源经一个二极管向 CMOS RAM 供电，同时对可充电电池进行充电。当电源停电时，则改由电池供电保持 CMOS RAM 的信息。在一般情况下，即使电池尚未失效，也应每年更换一次，以便确保系统能正常工作。注意，更换电池时应在 CNC 装置通电状态下进行，以避免系统数据丢失。

（9）数控系统长期不用时的维护。若数控系统处在长期闲置的情况下，要经常给系统通电，特别是在环境湿度较大的梅雨季节更是如此。在机床锁住不动的情况下，让系统空运行，一般每月通电 2 ~ 3 次，通电运行时间不少于 1 小时。利用电器元件本身的发热来驱散数控装置内的潮气，以保证电器元、部件性能的稳定、可靠及充电电池的电量。实践表明，在空气湿度较大的地区，经常通电是降低故障率的一个有效措施。

（10）备用印刷线路板的维护。印刷线路板长期不用是很容易出故障的。因此，对于已购置的备用印刷线路板应定期装到数控装置上通电运行一段时间，以防损坏。

## 二、数控车床的维护与保养

数控车床是一种综合应用了自动控制、计算机技术、精密测量和先进机床结构等方面的最新技术的高精度机床。与普通机床相比，它简化了机械结构，增加了电气控制及数控部分，使机床能按给定的指令（程序）加工出符合设计要求的零件。数控车床工作效率的高低、各附件的故障率、使用寿命的长短等，很大限度上取决于用户的正确使用与维护。良好的工作环境、技术水平高的操作者和维护者将大大延长无故障工作时间，提高生产效率，同时可减少机械部件的磨损，避免不必要的失误，提高机床无故障生产时间。

不同型号数控车床的维护要求不完全一样，各种机床的具体维护要求在其说明书中都有明确规定。通用数控车床的维护要求（见表 2-1）。

表 2–1　数控车床保养一览表

| 序　号 | 检查周期 | 检查部位 | 检查要求 | 实　施 |
|---|---|---|---|---|
| 1 | 每天 | 导轨润滑油箱 | 检查油量，及时添加润滑油，润滑油泵是否定时启动打油及停止 | 操作者 |
| 2 | 每天 | 主轴润滑恒温油箱 | 工作是否正常，油量是否充足，温度范围是否合适 | 操作者 |
| 3 | 每天 | 机床液压系统 | 油箱油泵有无异常噪音，工作油面高度是否合适，压力表指示是否正常，管道及各接头有无泄漏 | 操作者 |
| 4 | 每天 | 压缩空气压力 | 气动系统压力是否在正常范围内 | 操作者 |
| 5 | 每天 | $X$，$Z$ 轴导轨面 | 清除切屑和脏物，检查导轨面有无划伤损坏，润滑油是否充足 | 操作者 |
| 6 | 每天 | 各防护装置 | 机床防护罩是否齐全有效 | 操作者 |
| 7 | 每天 | 电气柜各散热通风装置 | 各电气柜中冷却风扇是否工作正常，风道过滤器有无堵塞，及时清洗过滤器 | 操作者 |
| 8 | 每周 | 各电气柜过滤网 | 清洗黏附的灰尘 | 操作者 |
| 9 | 不定期 | 冷却液 | 随时检查液面高度，及时添加，太脏应及时更换 | 操作者 |
| 10 | 不定期 | 排屑器 | 经常清理切屑 | 操作者 |
| 11 | 半年 | 检查主轴驱动皮带 | 按说明书要求调整松紧程度 | 维修人员 |
| 12 | 半年 | 各轴导轨压紧镶条 | 按说明书要求调整松紧程度 | 维修人员 |
| 13 | 一年 | 液压油路 | 清洗溢流阀、减压阀、滤油器、油箱、过滤液压油 | 维修人员 |
| 14 | 一年 | 主轴润滑、恒温油箱 | 清洗过滤器、油箱，更换润滑油 | 维修人员 |
| 15 | 一年 | 滚珠丝杠 | 清洗丝杠上旧的润滑脂，涂上新的润滑脂 | 维修人员 |

# 第II篇　FANUC 0iT 数控系统

# 第三章　FANUC 0iT 数控系统编程

## 第一节　编程的基础知识

编制加工程序是操作数控车床的必备能力。数控程序有特定的格式，是由具有不同含义的指令和代码组成。要完成零件加工程序的编制、输入与编辑，必须掌握编程的基础知识。

数控车床程序的编制方法有两种：手工编程和自动编程。本节主要介绍数控车床手工编程的方法。

### 一、数控程序的结构

每一个完整的数控程序都是由程序号、程序内容和程序结束三部分组成的。

```
O0098 ;                                  程序号
N10 M03 S500 T0101 F0.25 ;  ┐
N20 G00 X52. Z2 ;           │
N30 G71 U2.5 R0.2 ;         │
N40 G71 P50 Q90 U0.5 W0.08 ;├            程序内容
……                          │
N180 G00 X100. Z50 ;        ┘
                                         程序结束
N190 M30 ;
```

**（一）程序号**

程序号是由字母 O 后面接 4 位数字（不能全为 0）组成的，应单独占一行。

例如，O1058，O2009 等。

**（二）程序内容**

程序内容是整个加工程序的核心，它是由若干程序段组成的，程序段又是由一个或多个程序字组成的。每个程序字又是由字母、数字和符号组成。

**（三）程序结束**

程序结束部分由程序结束指令构成，它必须写在程序的最后，代表零件加工程序的结束。

为了保证最后程序段的正常执行，通常要求单独占用一行。

程序结束指令为 M02 或 M30。

## 二、程序指令字

一个程序指令字由地址符（指令字符）和带符号或不带符号的数字组成。程序中不同的指令字符及其后的数值确立了每个指令字符的含义。在数控车床程序段中包含的主要指令字符（见表 3-1）。

表 3-1　数控车床程序常用指令字符一览表

| 功　能 | 地　址 | 意　义 |
|---|---|---|
| 零件程序号 | O | 程序编号（0 ~ 9999） |
| 程序段号 | N | 程序段号（N0001 ~ N9999） |
| 准备功能 | G | 指令动作方式 |
| 尺寸字 | X，Y，Z，U，V，W，A，B，C | 坐标轴的移动 |
| | R | 圆弧半径 |
| | I，J，K | 圆弧终点坐标 |
| 进给速度 | F | 进给速度指定 |
| 主轴功能 | S | 主轴旋转速度指定 |
| 刀具功能 | T | 刀具编号选择 |
| 辅助功能 | M | 机床开、关及相关控制 |
| 暂停 | P，X | 暂停时间指定 |
| 子程序号指定 | P | 子程序号指定 |
| 重复次数 | L | 子程序的重复次数 |
| 参数 | P，Q，R，U，W，I，K，C，A | 车削复合循环参数 |
| 倒角控制 | C，R | 自动倒角参数 |

指令字符按照功能可以分为五种，分别是准备功能代码、辅助功能代码、主轴功能代码、刀具功能代码和进给功能代码。下面根据这些代码一一进行简要介绍。

### （一）准备功能

准备功能又称 G 功能或 G 指令，是由地址字 G 和后面的两位数字来表示的，用来规定刀具和工件的相对运动轨迹、工件坐标系、坐标平面、刀具补偿、坐标偏置等多种加工操作（见表 3-2）。

G 功能根据功能的不同又分成若干组，其中 00 组的 G 功能称非模态 G 功能，其余组的称模态 G 功能。

（1）模态功能代码是一组可相互注销的功能，这些功能一旦被执行，则一直有效，直到被同一组的其他功能代码注销为止。

（2）非模态功能代码只在所规定的程序段中有效，程序段结束时被注销，也称一次性代码。

不同组的几个 G 代码可以在同一程序段中指定且与顺序无关；同一组的 G 代码在同一程序段中指定，则最后一个 G 代码有效。不同系统的 G 代码并不一致，即使同型号的数控系统，G 代码也未必完全相同，编程时一定用系统的说明书所规定的代码进行编程。

表 3-2　FANUC 0iT 系统数控车床常用准备功能

| G 代码 | 组 | 功　能 |
|---|---|---|
| G00 | 01 | 快速定位 |
| ★ G01 | | 直线插补 |
| G02 | | 顺时针圆弧插补 |
| G03 | | 逆时针圆弧插补 |
| G04 | 00 | 暂停 |
| G20 | 06 | 英制输入 |
| ★ G21 | | 公制输入 |
| G27 | 00 | 检查参考点返回 |
| G28 | | 返回机床参考点 |
| G29 | | 由参考点返回 |
| G30 | | 返回第二参考点 |
| G32 | 01 | 螺纹切削 |
| ★ G40 | 07 | 取消刀尖圆弧半径补偿 |
| G41 | | 刀尖圆弧半径左补偿 |
| G42 | | 刀尖圆弧半径右补偿 |
| G50 | 00 | 主轴最高速度限定 |
| G52 | | 局部坐标系设定 |
| G53 | | 选择机床坐标系 |
| ★ G54 | 14 | 坐标系设定 1 |

| G 代码 | 组 | 功　能 |
|---|---|---|
| G55 | 14 | 坐标系设定 2 |
| G56 | | 坐标系设定 3 |
| G57 | | 坐标系设定 4 |
| G58 | | 坐标系设定 5 |
| G59 | | 坐标系设定 6 |
| G70 | 00 | 精车循环 |
| G71 | | 内、外径粗车复合循环 |
| G72 | | 端面粗车复合循环 |
| G73 | | 固定形状粗加工复合循环 |
| G74 | | 端面深孔钻削循环 |
| G75 | | 外径、内径切槽循环 |
| G76 | | 螺纹切削复合循环 |
| G90 | 01 | 单一形状内、外径切削循环 |
| G92 | | 螺纹切削循环 |
| G94 | | 端面切削循环 |
| G96 | 02 | 恒线速控制 |
| ★ G97 | | 取消恒线速控制 |
| G98 | 05 | 指定每分钟进给量 |
| ★ G99 | | 指定每转进给量 |

### （二）辅助功能

辅助功能也称 M 功能或 M 指令，用于控制零件程序的走向以及用来指令数控车床辅助动作及状态。它是由地址字 M 及其后面的数字组成，特点是靠继电器的通断来实现其控制过程（见表 3-3）。

表 3-3 FANUC 0iT 系统数控车床常用辅助功能

| 代 码 | 功 能 | 代 码 | 功 能 |
|---|---|---|---|
| M00 | 程序停止 | M10 | 车螺纹斜退刀 |
| M01 | 程序计划停止 | M11 | 车螺纹直退刀 |
| M02 | 程序结束 | M12 | 误差检测 |
| M03 | 主轴正转 | M13 | 误差检测取消 |
| M04 | 主轴反转 | M19 | 主轴准停 |
| M05 | 主轴停止转动 | M30 | 程序结束并返回起点 |
| M08 | 切削液打开 | M98 | 调用子程序 |
| M09 | 切削液关闭 | M99 | 子程序调用结束 |

1. M00 程序停止指令

执行 M00 指令后，车床所有动作都暂停，只有当重新按下循环启动按钮后，再继续执行 M00 指令后面的程序。该指令常用于粗精加工之间精度检验时的暂停。

2. M01 程序计划停止指令

M01 的执行过程和 M00 类似，只有按下机床控制面板上的“选择停止”开关后，该指令才有效，否则机床继续执行后面的程序。该指令常用于检查工件的某些关键尺寸。

3. M02 程序结束指令

执行 M02 程序结束指令后，表示加工程序内所有内容都已完成，执行光标停止在 M02 指令后。

4. M30 程序结束并返回起点指令

程序结束并返回起点指令 M30 的执行过程与 M02 相似。不同之处在于执行 M30 指令后，随即停止主轴的转动和切削液的流通等所有动作，并且光标返回到程序头，准备加工下一个工件。

5. M03/M04/M05 主轴功能指令

M03 用于主轴正转；M04 用于主轴反转；M05 用于主轴停止转动。

6. M08/M09 切削液开关指令

M08 用于打开切削液；M09 用于关闭切削液。

7. M98/M99 子程序调用指令

M98 用于调用子程序；M99 用于子程序调用结束并返回主程序。

### （三）主轴功能（S 功能）

主轴功能 S 控制主轴转速，其后的数值表示主轴转速，单位为 r/min。

（1）在使用恒线速度功能时（G96 表示恒线速切削，G97 表示取消恒线速切削），S 功能后的数值表示切削线速度，单位为 m/min。

（2）S 功能为模态指令，且 S 功能只有在主轴转速可调节的车床上有效。

（3）S 功能所限定的主轴速度还可借助机床操作面板上的主轴倍率开关来进行修调。

### （四）刀具功能（T 功能）

刀具功能也称 T 功能，T 代码主要用来选择刀具。它由地址符 T 和后续数字组成，有 T×× 和 T×××× 之分，具体对应关系由生产厂家确定，使用时应注意查阅厂家说明书。

（1）T0101 表示选择 01 号刀具并调用 01 号刀具补偿值。

（2）T0000 表示取消刀具选择及刀补。

（3）当一个程序段中同时指定 T 代码与刀具移动指令时，则先执行 T 代码指令选择刀具，而后执行刀具移动指令。

### （五）进给功能（F 功能）

进给功能也称 F 功能，F 指令表示坐标轴的进给速度，它的单位取决于 G98 或 G99 指令。G98 表示每分钟进给量，单位为 mm/min；G99 为每转进给量，单位为 mm/r 。

（1）F 指令也为模态值。在 G01，G02 或 G03 方式下，F 值一直有效，直到被新 F 值取代或被 G00 指令注销 。

（2）G00 指令工作方式下的快速定位速度是各轴的最高速度，由系统参数确定，与编程数值无关 。

## 三、编程示例

如图 3-1 所示零件，要求只加工右端三个台阶。

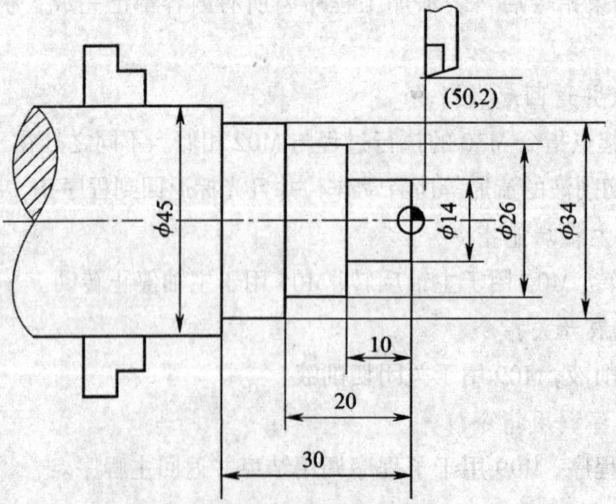


图 3-1　加工零件

**（一）材料及刀具准备**

1. 确定毛坯

毛坯为 $\phi$45 mm × 50 mm 的圆钢 。

2. 确定加工用刀具

粗精加工分别用刀尖圆弧半径为 0.4 mm 和 0.2 mm 的 93° 外圆车刀，如图 3–2 所示。

图 3–2 93° 外圆车刀

**（二）工艺分析**

1. 工件的装夹

直接用三爪自定心卡盘夹持毛坯外圆，工件伸出约 35mm，这样既能保证切削时车刀不碰到卡盘，又能保证工件被牢固装夹（见图 3–3）。

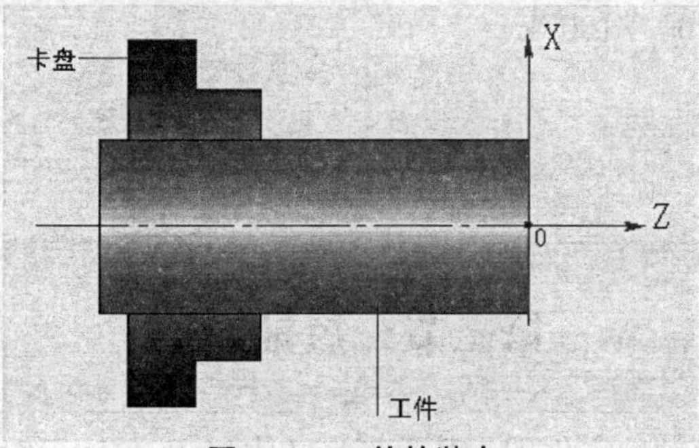


图 3–3 工件的装夹

2. 刀具的安装

粗加工刀具安装在 1 号刀位，精加工刀具安装在 2 号刀位。

3. 编程零点的设定

由于该工件的设计基准是右端面，我们以工件右端面与回转轴线的交点位置为编程零点。如上图所示。

4. 切削用量的选择

粗加工时：$n$=750 r/min，$a_p$=3 mm，$f$=0.3 mm/r。

精加工时：$n$=1 000 r/min，$a_p$=0.25 mm，$f$=0.08 mm/r。

**（三）编制程序**

O1238;

```
N10   M03   S750   T0101;
N20   G00   X50.0  Z2.0;
N30   G71   U3.0   Z2.0;
N40   G71   P50    Q120   U0.5   W0.1;
N50   G00   G42    X0;
N60   G01   Z0     F0.3;
N70   X14.0;
N80   Z-10.0;
N90   X26.0;
N100   Z-20.0;
N110   X34.0;
N120   Z-30.0;
N130   G00     X100.0   Z100.0;
N140   S1000   T0202    F0.08;
N150   G00     X50.0    Z2.0;
N160   G70     P50      Q120;
N170   G00     X100.0   Z100.0;
N180   M05;
N190   M30;
```

## 第二节　短轴加工

如图 3-4 所示为一短轴的零件图，其毛坯尺寸为 $\phi$35 mm × 45 mm，材料为 45 号钢。要求编写该零件的粗、精加工程序，并完成该零件的加工。

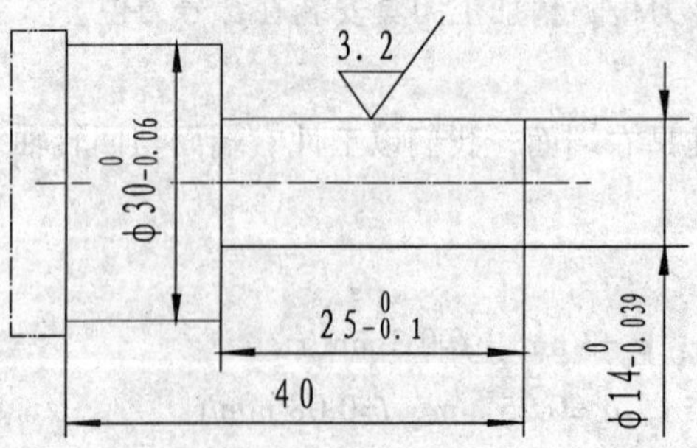


图 3-4　简单的短轴零件

## 一、相关知识

数控车床加工的动作在加工程序中用指令的方式予以规定。准备功能 G 指令用来规定刀具和工件的相对运动轨迹、机床坐标系、坐标平面、刀具补偿、坐标偏置等多种加工操作。为了完成加工任务，我们先学习几个基本加工指令代码。

### （一）快速点定位指令 G00

G00 指令是模态代码，它命令刀具以点定位控制方式从刀具所在点快速运动到下一个目标位置。它只是快速定位，而无运动轨迹要求，且无切削加工过程。

指令书写格式：

G00 X（U）____Z（W）____；

格式中：
- 如果省略 X(U)，则表示为外圆加工。
- 如果省略 Z(W)，则表示为端面加工。

注意事项：

（1）G00 为模态指令，可由 G01，G02，G03 或 G33 等功能注销。

（2）移动速度不能用程序指令设定，而是由厂家预先设置的，但可以通过面板上的快速倍率旋钮调节。

（3）G00 执行过程：刀具由程序起始点加速到最大速度，然后快速移动，最后减速到终点，实现快速点定位。

（4）刀具的实际运动路线有时是直线，有时是折线，使用时应注意刀具移动过程中是否和工件发生干涉。

（5）G00 一般用于加工前的快速定位或加工后的快速退刀。

### （二）直线插补指令 G01

G01 指令是模态代码，它是直线运动命令，规定刀具在两坐标或三坐标间以插补联动方式，按指定的 F 进给速度做任意的直线运动。

指令书写格式：

G01 X（U）____Z（W）____F____；

注意事项：

（1）G01 指令后的坐标值取绝对值编程还是取增量值编程，由编程者根据情况决定。

（2）进给速度由 F 指令决定。F 指令也是模态指令，可由 G00 指令取消。如果在 G01 程序段之前的程序段没有 F 指令，且现在的 G01 程序段中没有 F 指令，则机床不运动。因此，G01 程序段中必须含有 F 指令。

（3）程序中 F 指令的进给速度在没有新的 F 指令以前一直有效，不必在每个程序段中都写入 F 指令。

（4）G01 为模态指令，可由 G00，G02，G03 或 G33 等功能注销。

## 二、确定零件的加工工艺

### （一）加工零件的结构分析与精度分析

（1）结构分析：该轴类零件轮廓的结构形状不复杂，零件的尺寸精度要求不高 。

（2）精度分析：零件重要的径向加工部位有：$\phi$30 mm 外圆，$\phi$14 mm 外圆；零件重要的轴向加工部位有：零件右端 $\phi$14 mm 外圆的轴向长度 25 mm 和零件的总长度 40 mm。

由上述尺寸可确定零件的轴向尺寸应该以零件右端面为基准。

### （二）零件的装夹

用三爪自定心卡盘装夹零件，粗车零件右端外形，外圆留加工余量 2 mm。如图 3-5 所示。

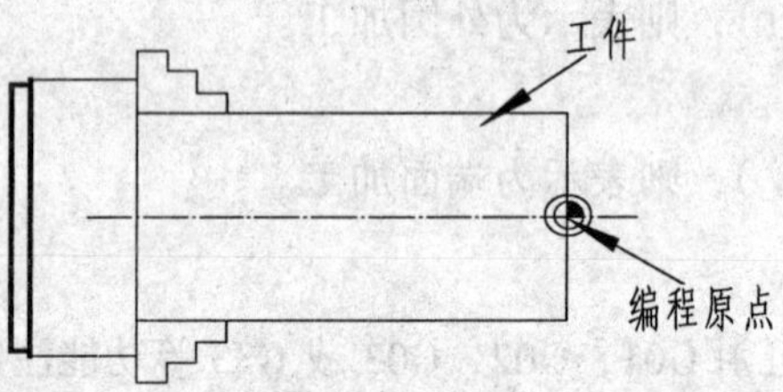


图 3-5　零件装夹示意图

### （三）填写工艺卡片

如表 3-4、3-5 所示。

表 3-4　零件的数控加工工艺卡片

| 工　序 | 名　称 | 工艺要求 | | 工作者 | 备　注 |
|---|---|---|---|---|---|
| 1 | 下料 | $\phi$35mm × 45mm | | | |
| 2 | 数控车 | 工步 | 工步内容 | 刀具号 | |
| | | 1 | 粗车外圆 | T01 | |
| | | 2 | 精车外轮廓 | T02 | |
| 3 | 检验 | 3 | | | |

表 3-5　零件的数控加工刀具卡

| 刀具号 | 刀具规格名称 | 数　量 | 加工内容 | 主轴转速（r/min） | 进给速度（mm/r） | 背吃刀量（mm） |
|---|---|---|---|---|---|---|
| T01 | 90° 外圆偏刀 | 1 | 粗车工件外轮廓 | 500 | 0.3 | 3.0 |
| T02 | 93° 外圆偏刀 | 1 | 精车工件外轮廓 | 600 | 0.1 | 0.5 |

### （四）编制加工程序

O0002；

| | |
|---|---|
| N10 G99 M03 T0101 S500； | 以 500 r/min 启动主轴正转，选择 1 号刀及 1 号刀补 |
| N20 G00 X40.0 Z10.0； | 快速移动至工件处 |
| N30 X31.0 Z5.0； | 进到第一刀切削点 |
| N40 G01 Z–40.0 F0.3； | 粗加工 $\phi$30 mm 外圆 |
| N50 G00 X36.0； | 快速退刀 |
| N60 Z2.0； | 退回到起刀点 |
| N70 X27.0； | 进到第二刀切削点 |
| N80 G01 Z–25.0 F0.3； | 粗加工 $\phi$14 mm 外圆 |
| N90 G00 X33.0； | 退刀 |
| N100 Z2.0； | 快速退回到起刀点 |
| N110 X21.0； | 进到第三刀切削点 |
| N120 G01 Z–25.0 F0.3； | 粗加工 $\phi$14 mm 外圆 |
| N130 G00 X33.0； | 退刀 |
| N140 Z2.0； | 快速退回到起刀点 |
| N150 X15.0； | 进到第四刀切削点 |
| N160 G01 Z–25.0 F0.3； | 粗加工 $\phi$14 mm 外圆 |
| N170 G00 X33.0； | 退刀 |
| N180 X100.0 Z50.0； | 退刀 |
| N190 M03 T0202 S600； | 换刀 |
| N200 G00 X40.0 Z2.0； | 快速到起刀点 |
| N210 X13.98； | 进到精加工切削点 |
| N220 G01 Z–25.0 F0.1； | 精加工 $\phi$14 mm 外圆 |
| N230 X29.97； | 退刀 |
| N240 Z–40.0； | 精加工 $\phi$30 mm 外圆 |
| N250 X37.0； | 退刀 |
| N260 G00 X100.0 Z10.0； | 回定刀点 |
| N270 M05； | 主轴停转 |
| N280 M30； | 主程序结束并复位 |

# 第三节　多台阶轴加工

如图 3-6 所示，为中间轴的零件图，其毛坯尺寸为 $\phi$35 mm×73 mm，材料为 45 号钢。本任务要求编写该零件的粗、精加工程序，并完成该零件的加工。

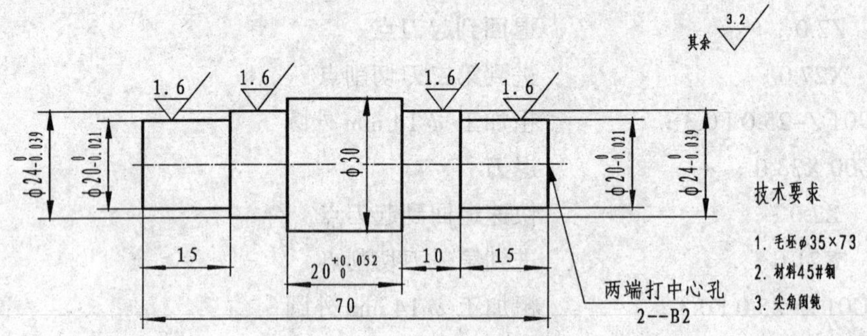


图 3-6　多台阶轴类零件

## 一、相关知识

数控车床上被加工工件的毛坯常用棒料或铸锻件，因此加工余量大，一般需要多次重复循环加工，才能去除全部余量。为了简化编程，数控系统提供不同形式的固定循环功能，以缩短程序的长度，减小程序所占内存。固定切削循环通常是用一个含 G 代码的程序段完成用多个程序段指令的加工操作，使程序得以简化，固定循环一般分为单一形状固定循环和复合形状固定循环。详细分类如下：

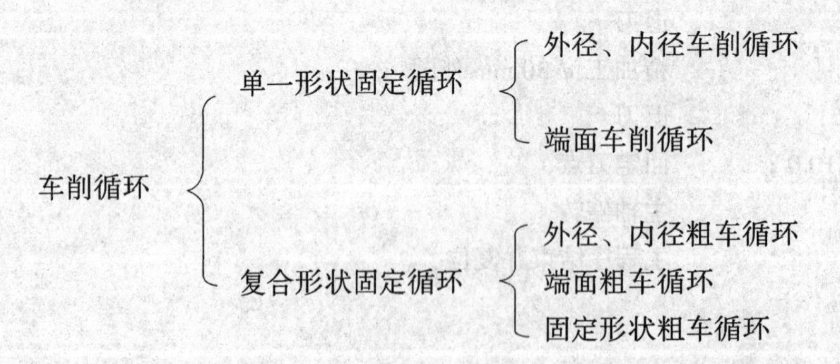

- 车削循环
  - 单一形状固定循环
    - 外径、内径车削循环
    - 端面车削循环
  - 复合形状固定循环
    - 外径、内径粗车循环
    - 端面粗车循环
    - 固定形状粗车循环

### （一）单一形状固定循环

1. 外径、内径切削循环——G90

（1）动作组成。动作组成如图 3-7 所示，刀具从循环起点开始按矩形循环，最后又回到循环起点。图中虚线表示快速运动，实线表示按 F 指定的工作进给速度运动。其加工顺序按 1,2,3，4 进行。

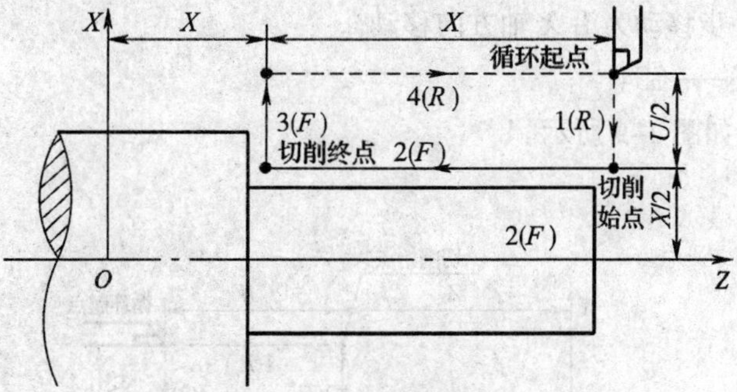


图 3-7　G90 循环路径

（2）指令格式。G90 X（U）____Z（W）____F____;

（3）参数意义：

X，Z 表示切削终点位置。

U，W 表示切削终点相对循环起点的增量坐标值。

F　　表示合成进给速度。

（4）G90 循环适用范围。适用于毛坯轴向余量比径向余量多

（5）G90 编程举例（见图 3-8）。

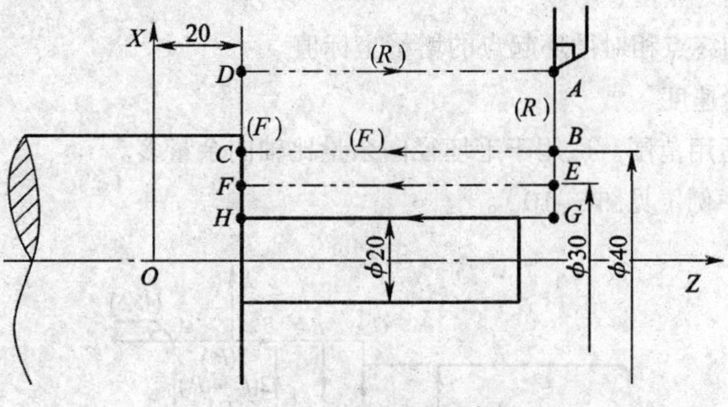


图 3-8　G90 加工示意图

……

N50　G90　X40.0　Z20.0　F0.3 ;　　（A → B → C → D → A）

N60　　　X30.0 ;　　（A → E → F → D → A）

N70　　　X20.0 ;　　（A → G → H → D → A）

……

（6）注意事项

① 在固定循环切削过程中，M，S，T 等功能都不能改变，如需改变，必须在 G00 或 G01

的指令下变更，然后再指令固定循环。

② G90 循环每一步吃刀加工结束后刀具均返回起刀点。

③ G90 循环第一步移动为沿 *X* 轴方向移动。

2. 端面切削循环——G94

（1）动作组成。如图 3-9 所示。

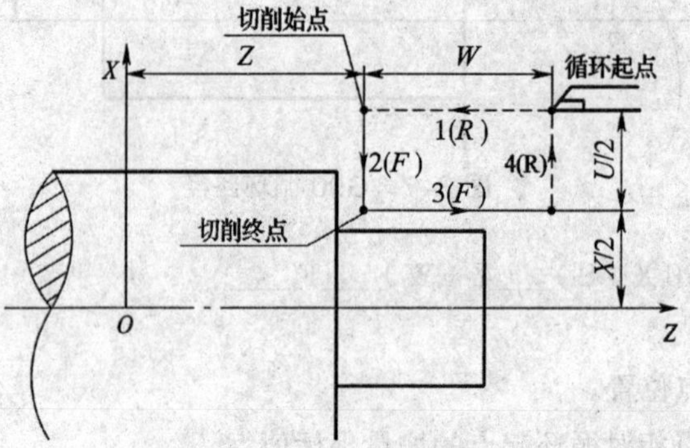


图 3-9　G94 循环路径

（2）指令格式：G94 X（U）____ Z（W）____ F____ ；

（3）参数意义。

X，Z 表示切削终点位置

U，W 表示切削终点相对循环起点的增量坐标值

F　　合成进给速度

（4）G94 循环适用范围。适用于毛坯径向余量比轴向余量多。

（5）G94 编程举例（见图 3-10）。

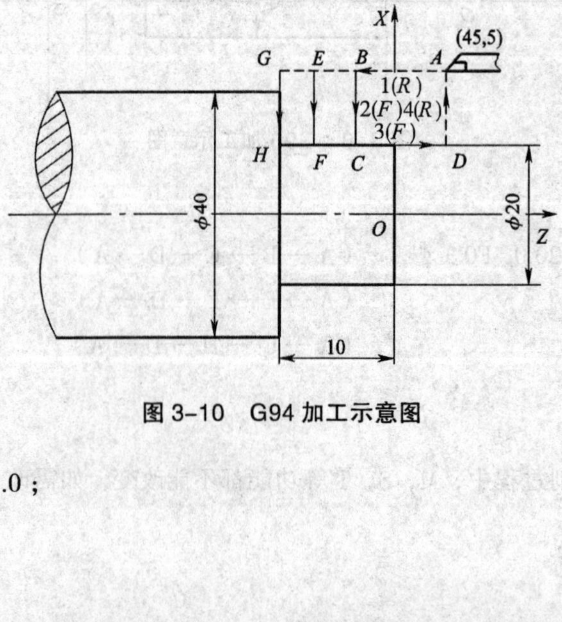


图 3-10　G94 加工示意图

N20 G00 X45.0 Z5.0 ;

N30 G94 X20.0 Z-3.5 F0.3； （A→B→C→D→A）
N40 Z-7.0； （A→E→F→D→A）
N50 Z-10.0； （A→G→H→D→A）
……

（6）单一形状固定循环注意事项。

① 在固定循环切削过程中，M、S、T 等功能都不能改变，如需改变，必须在 G00 或 G01 指令下变更，然后再指令固定循环。

② 固定循环每一步吃刀加工结束后，刀具均返回起刀点。

③ G94 与 G90 循环的最大区别在于，G94 第一步先走 Z 轴，而 G90 则是先走 X 轴。

（7）单一形状固定循环注意事项。

优点：一条指令完成四个动作，形成一个简单循环，切除一层金属，比用 G00，G01 写四段程序要简单得多。

缺点：一条 G90 指令不能实现多层切削，要实现多层切削，就必须多次重复使用该命令，显然编程很烦琐。

有没有一种办法，用一条指令就能完成粗加工多层切削，使毛坯形状接近工件形状呢？答案是肯定的。

### （二）复合形状固定循环

要完成一个多型面粗车过程，用简单车削循环编程需要人工计算分配车削次数和吃刀量，再一段段地用简单车削循环实现。比用基本加工指令要简单，但使用起来还是很麻烦。

若使用复合形状固定循环则只需指定精加工路线和吃刀量，系统就会自动计算出粗加工路线和加工次数，可大大简化编程工作。

1. 外径、内径粗车循环（G71）

（1）粗车外圆走刀路线。如图 3-11 所示。

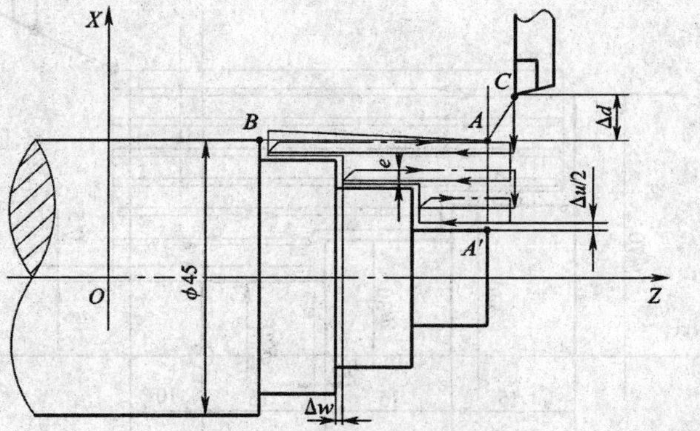


图 3-11 粗车外圆走刀路线

（2）指令格式：

G71 U$\underline{\Delta d}$ R$\underline{e}$；

G71 P$\underline{ns}$ Q$\underline{nf}$ U$\underline{\Delta u}$ W$\underline{\Delta w}$ F__S__T__；

（3）参数说明：

$\Delta d$：径向背吃刀量、半径值，不带正负号；

$e$：退刀量（无符号）；

$ns$：精加工轨迹中的第一个程序段号；

$nf$：精加工轨迹中的最后一个程序段号；

$\Delta u$：径向（X）的精车余量（该尺寸为直径值）；

$\Delta w$：轴向（Z）的精车余量；

F，S，T：粗加工时所用的进给速度、主轴转速、刀具号。

（4）G71 循环适用范围。适用于：切除棒料毛坯的大部分加工余量。

（5）G71 的特点。

①自动进行多次循环，实现多层切削，使毛坯形状接近工件形状。

②切削进给方向平行于 Z 轴。

③在 $ns \sim nf$ 程序段（即自循环开始至循环结束）内的指令 F，S，T 不起作用。在整个粗车循环中，只执行循环开始前指令的 F，S，T 功能，即进给速度、主轴转速、刀具均不能改变。在 G71 指令的程序段中，F，S，T 是有效的。

④只要指定精加工的加工路线及粗加工的吃刀量，系统会自动计算粗加工的加工路线和加工次数。

（6）G71 编程举例，如图 1-12 所示为棒料毛坯的加工示意图。粗加工背吃刀量为 4 mm，进给量为 0.3 mm/r，主轴转速为 500r/min，精加工余量 $X$ 向为 1 mm（直径值）,$Z$ 向为 0.5 mm，进给量为 0.15 mm/r，主轴转速为 800 r/min。程序起点如图 3-12 所示，编写加工程序。

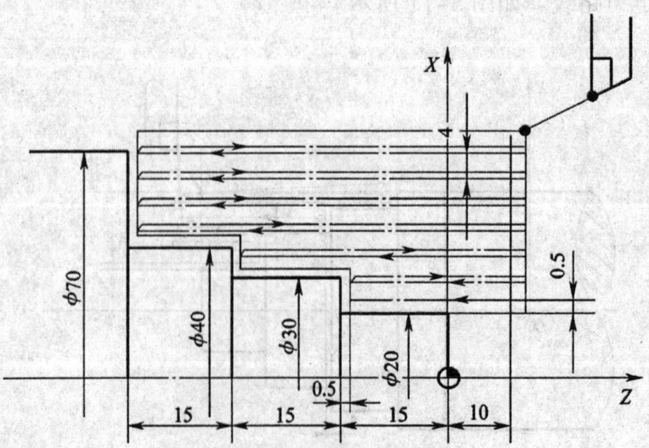


图 3-12　棒料毛坯加工示意图

```
O0005；
N10   G99   M03   T0101   S800；
N20   G00   X120.0   Z12.0；
N30   G71   U4.0   R1.0;
N40   G71   P50   Q120   U1.0   W0.5   F0.3   S500；
N50   G00   X20.0   S800；
N60   G01   Z-15.0  F0.15；
N70         X30.0；
N80         Z-30.0；
N90         X40.0；
N100        Z-45.0；
N110        X70.0；
N120        X75.0；
N130  G70   P50   Q120；
N140  G00   X100.0   Z100.0；
N150  M05；
N160  M30；
```

2. 端面粗车循环（G72）

（1）指令格式

G72 W$\underline{\Delta d}$ R$\underline{e}$；

G72 P$\underline{ns}$ Q$\underline{nf}$ U$\underline{\Delta u}$ W$\underline{\Delta w}$ F__S__T__；

（2）参数说明：

$\Delta d$：每次轴向背吃刀量（无符号）；

$e$：退刀量（无符号）；

$ns$：精加工轨迹中的第一个程序段号；

$nf$：精加工轨迹中的最后一个程序段号；

$\Delta u$：径向（X）的精车余量；

$\Delta w$：轴向（Z）的精车余量；

F，S，T：粗加工时所用的进给速度、主轴转速、刀具号。

（3）G72 循环适用范围。

适用于圆柱棒料毛坯的端面方向的粗车。

（4）G72 编程举例。

如图 3-13 所示为棒料毛坯的加工示意图。粗加工背吃刀量为 4 mm，进给量为 0.3 mm/r，主轴转速为 500 r/min，精加工余量 $X$ 向为 1 mm(直径值)，$Z$ 向为 0.5 mm，进给量为 0.15 mm/r，主轴转速为 800 r/min。程序起点如图 3-13 所示，用端面粗车循环 G72 指令编写加工程序。

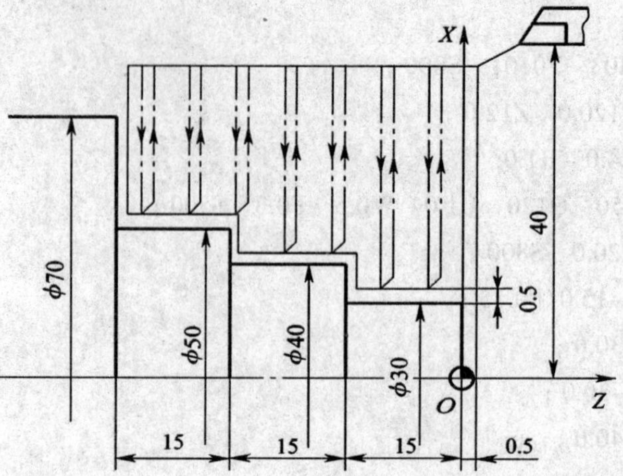


图 3-13　棒料毛坯加工示意图

```
O0006 ;
N10   G99  M03  T0101  S800 ;
N20   G00  X80.0  Z10.0 ;
N30   G72  W4.0  R1.0 ;
N40   G72  P50 Q110 U1.0 W0.5 F0.3 S500 ;
N50   G00  Z-45.0 S800 ;
N60   G01  X50.0   F0.15 ;
N70        Z-30.0 ;
N80        X40.0 ;
N90        Z-15.0 ;
N100       X30.0 ;
N110       Z0.5 ;
N120  G70  P50  Q110 ;
N130  G00  X100.0  Z100.0 ;
N140  M05 ;
N150  M30 ;
```

3. 固定形状粗车循环（G73）

（1）指令格式

G73 U$\underline{\Delta i}$ W$\underline{\Delta k}$ R$\underline{d}$ ;

G73 P$\underline{ns}$ Q$\underline{nf}$ U$\underline{\Delta u}$ W$\underline{\Delta w}$ F_ S__ T_ ;

（2）参数说明

$\Delta i$：粗切时径向切除的总余量（半径值）；

$\Delta k$：粗切时轴向切除的总余量；

*d*：循环次数；

*ns*：精加工轨迹中的第一个程序段号；

*nf*：精加工轨迹中的最后一个程序段号；

$\Delta u$：径向（X）的精车余量；

$\Delta w$：轴向（Z）的精车余量；

F，S，T：粗加工时所用的进给速度、主轴转速、刀具号。

（3）G73 循环适用范围。

适用于毛坯轮廓形状与零件轮廓形状基本接近的铸锻毛坯件。

其走刀路线如图 1–14 所示，执行 G73 功能时，每一刀的切削路线的轨迹形状是相同的，只是位置不同。每走完一刀，就把切削轨迹向工件移动一个位置，因此对于经锻造、铸造等粗加工已初步成型的毛坯，可高效加工。

（4）G73 编程举例。

如图 3–14 所示为棒料毛坯的加工示意图。粗加工背吃刀量为 9 mm，进给量为 0.3 mm/r，主轴转速为 500 r/min，精加工余量 *X* 向为 1 mm（直径值），进给量为 0.15 mm/r，主轴转速为 800 r/min。程序起点如图 3–14 所示，用固定形状粗车循环 G73 指令编写加工程序。

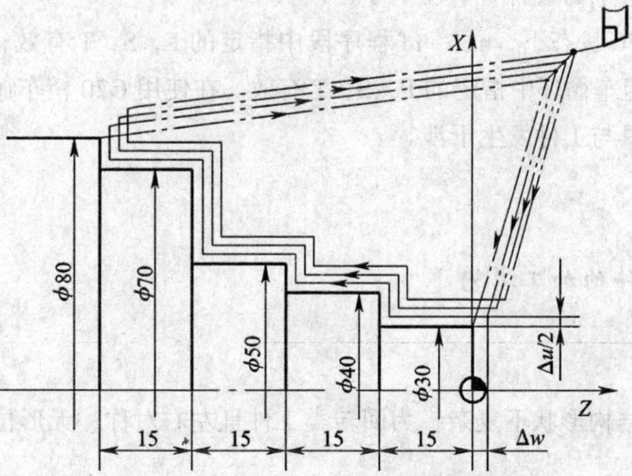


图 3–14　G73 走刀路线图

```
O0007；
N10   G99  M03  S800  T0101；
N20   G00  X120.0  Z30.0；
N30   G73  U9.0  W1.0  R3；
N40   G73  P50  Q130   U1.0  W0.5  F0.3 S500；
N50   G00  X30.0  Z5.0 S800；
N60   G01  Z–15.0  F0.15；
```

```
N70         X40.0 ;
N80         Z-30.0 ;
N90         X50.0 ;
N100        Z-45.0 ;
N110        X70.0 ;
N120        Z-60.0 ;
N130        X85.0 ;
N140  G70  P50  Q130 ;
N150  G00  X100.0  Z100.0 ;
N160  M05 ;
N170  M30 ;
```

4. 精车循环加工（G70）

当用 G71，G72，G73 粗车工件后，用 G70 来指定精车循环，切除精加工余量。其格式为：

G70 Pns Qnf；

ns：精加工轨迹中的第一个程序号；

nf：精加工轨迹中的最后一个程序号。

在精车循环 G70 状态下，ns ~ nf 程序段中指定的 F，S，T 有效；如果 ns ~ nf 程序段中不指定 F，S，T，粗车循环中指定的 F，S，T 有效。在使用 G70 精车循环时，要特别注意快速退刀路线，防止刀具与工件发生干涉。

## 二、编制程序

### （一）确定零件的加工工艺

1. 工艺分析

（1）结构分析。

该轴类零件的结构形状不复杂，为回转类工件且左右对称，无形位公差要求，但尺寸精度要求较高。

（2）精度分析。

零件重要的径向加工部位有：两端的 $\phi$20 mm 外圆、$\phi$24 mm 外圆；零件重要的轴向加工部位有：$\phi$30 mm 外圆的轴向长度 20 mm 和零件的总长度 70 mm。

由上述尺寸可确定零件的轴向尺寸应该以零件右端面为基准。

2. 零件的装夹

（1）用三爪自定心卡盘装夹零件，数控粗车加工零件右端外形，外圆留加工余量 1 mm。

（2）掉头装夹，粗车左端两外圆。

（3）精车 $\phi$20 mm，$\phi$24 mm，$\phi$30 mm 外圆。

（4）掉头装夹，精车右端 $\phi$20 mm，$\phi$24 mm外圆，尺寸达到图样技术要求。如图3-15所示。

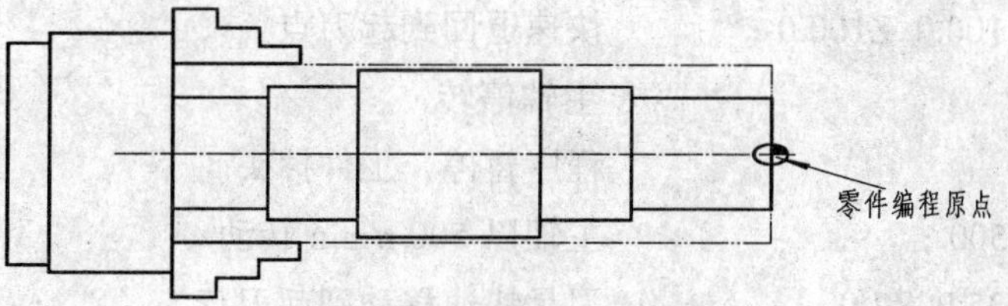


图 3-15 零件装夹示意图

3. 填写工艺卡片

如表 3-6、表 3-7 所示。

表 3-6 零件的数控加工工艺卡片

| 工 序 | 名 称 | 工艺要求 | | 工作者 | 备 注 |
|---|---|---|---|---|---|
| 1 | 下料 | $\phi$35 mm × 73 mm | | | |
| 2 | 数控车 | 工步 | 工步内容 | 刀具号 | |
| | | 1 | 粗车外轮廓 | T01 | |
| | | 2 | 粗车外轮廓 | T01 | |
| | | 3 | 精车外轮廓 | T02 | |
| | | 4 | 精车外轮廓 | T02 | |
| 3 | 检验 | | | | |

表 3-7 零件的加工刀具卡片

| 刀具号 | 刀具规格名称 | 数 量 | 加工内容 | 主轴转速（r/min） | 进给速度（mm/r） | 背吃刀量（mm） |
|---|---|---|---|---|---|---|
| T01 | 90° 外圆偏刀 | 1 | 粗车工件外轮廓 | 500 | 0.3 | 2.0 |
| T02 | 90° 外圆偏刀 | 1 | 精车工件外轮廓 | 600 | 0.1 | 0.5 |

（二）编制加工程序

```
O0008 ;                               建立程序号
N10  G99  M03  T0101  S500 ;          主轴正转，转速为 500 r/min，选择 1 号刀及刀补
N20  G00  X40.0  Z10.0 ;              刀具快速移动到定刀点
N30       X36.0  Z2.0 ;               移近工件
N40  G90  X31.0  Z-50.0  F0.3 ;       单一循环粗车第一刀
N50       X27.0  Z-25.0 ;             粗车第二刀
N60       X23.0  Z-15.0 ;             粗车第三刀
N70       X21.0  Z-15.0 ;             粗车第四刀
```

```
N80   G00  X100.0  Z100.0 ;          快速退回到起刀点
N90   M05 ;                          主轴停转
N100  M00 ;                          程序暂停，工件掉头
N110  M03  S500 ;                    主轴以 500 r/min 转动
N120  G00  X35.0  Z2.0 ;             刀具快速移动到起刀点
N130  G71  U2.0  R0.5 ;              复合循环指令
N140  G71  P150 Q190 U1.0 W0.5 F0.3 ;    指定循环路径
N150  G00  X19.99 ;                  精加工定刀点
N160  G01  Z-15.0  F0.1 ;            精车 φ20 mm 外圆
N170       X23.98 ;                  精车 φ24 mm 端面
N180       Z-25.0 ;                  精车 φ24 mm 外圆
N190       X31.0 ;                   精车 φ30 mm 端面
N195  G00  X100.0 Z50.0;             快速退回到起刀点
N200  M05 ;                          主轴停转
N210 ;                               返回程序开始
```

## 第四节　锥面加工

### 课题一　简单圆锥零件的精加工

如图 3-16 所示简单圆锥零件，其毛坯尺寸为 $\phi$55 mm × 52 mm，材料为 45 号钢，请编写零件的精加工程序。

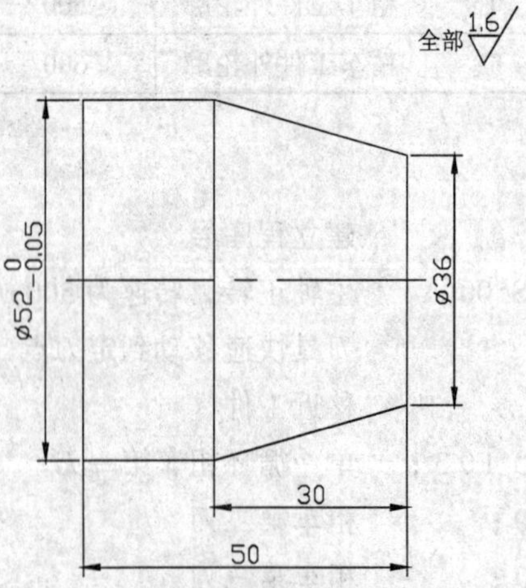


图 3-16　圆锥零件

## 一、相关知识

### （一）刀尖圆弧半径补偿的目的

理想状态下，我们总是将尖形车刀的刀位点假想成一点，该点即为假想刀尖，由于车刀的刀尖通常是一段半径很小的圆弧，刀位点实际上为刀尖圆弧的圆心，如图 3–17 所示。

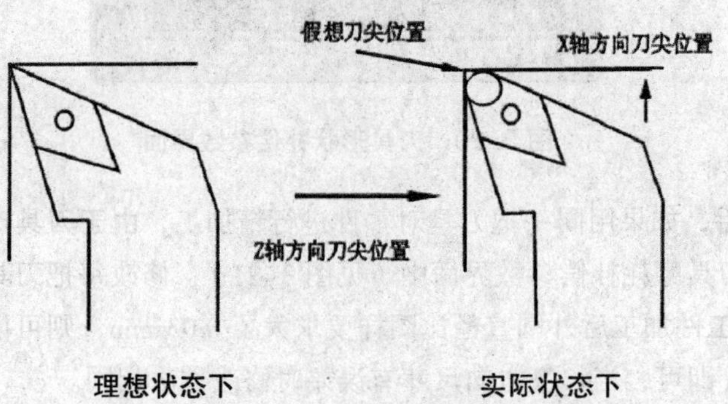


图 3–17　刀位点位置

因此，在加工圆锥面和圆弧面时，可能会产生过切削或欠切削的现象，产生加工表面的形状误差。如图 3–18，3–19 所示。

由此可见，在工件编程时加入刀尖圆弧半径补偿，使切削出来的工件获得正确的加工精度。

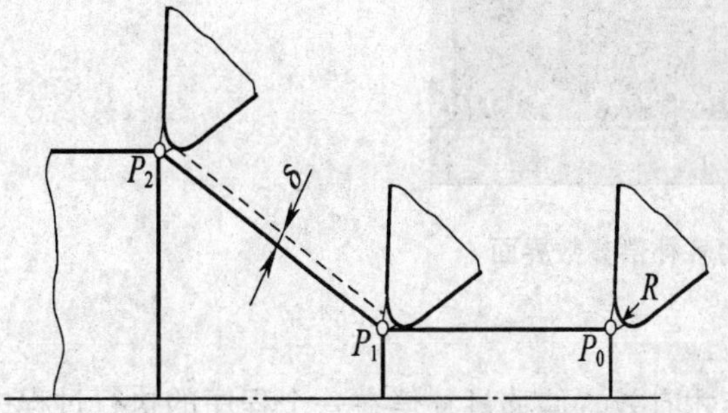


图 3–18　车削圆锥面时欠切削产生误差

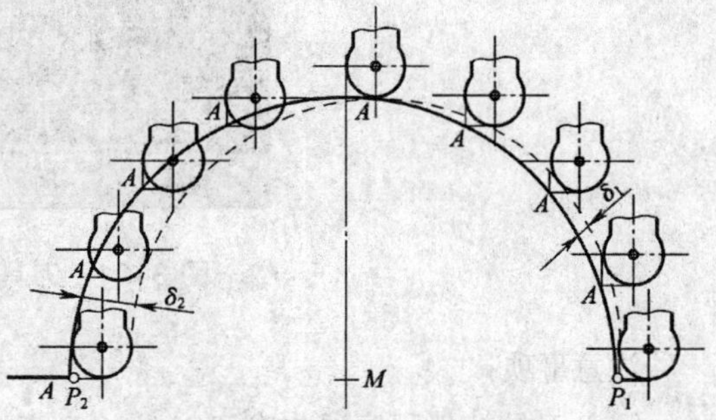


图 3–19　车削圆弧时产生的误差

### （二）刀具号补偿

刀尖圆弧半径补偿可以通过刀具号来实现，即在程序中用指定的 T 代码来实现。T 代码的形式为 T× × × ×。后面 4 位数字中，前两位为刀具号（如 01 表示用 1 号刀），后面两位为刀具补偿号（如 02 表示调用 2 号寄存器中的刀具补偿号值）。

刀具补偿号实际上是刀具补偿寄存器的地址号，该寄存器中存放着刀具的几何偏置量和磨损偏置量（*X* 轴偏置和 *Z* 轴偏置），如图 3–20 所示。

R 为刀尖圆弧半径

T 为假想刀尖号位置

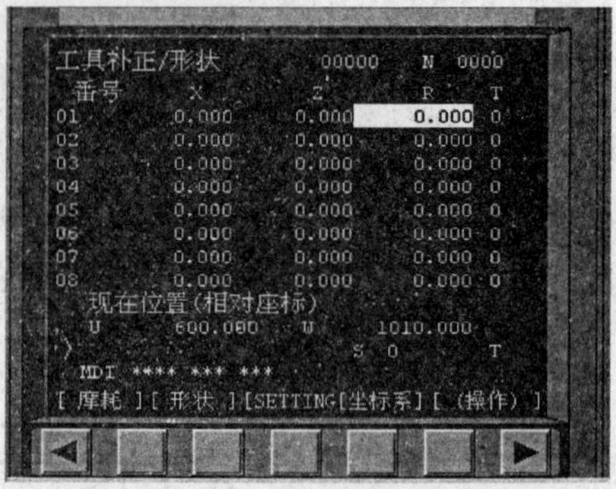


图 3-20　刀具形状补偿参数界面

在零件粗加工后，如果用同一把刀具对零件进行精加工，由于刀具产生磨损，使零件尺寸产生误差，只要在刀具磨耗补偿参数界面中（见图 3-21），修改每把刀具相应寄存器中的数值即可。 例如，当某工件加工后外圆直径比图样要求大了 0.03 mm，则可以修改相应寄存器中的数值，减去 0.03 mm 即可；当长度方向尺寸有误差时修改方法相同。

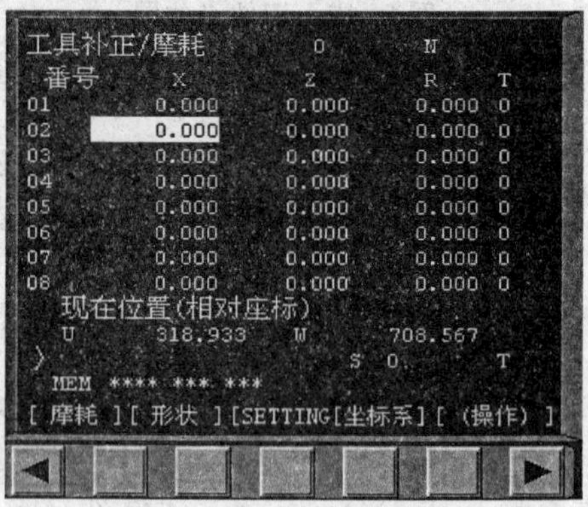


图 3-21　刀具磨耗补偿参数界面

注意事项：

（1）刀具补偿程序段内有 G00 或 G01 功能才有效。偏移量补偿在一个程序的执行过程中完成，这个过程是不能省略的。例如，“G00 X20.0 Z10.0 T0202；”表示调用 2 号刀具，且有刀具补偿，补偿量在 02 号寄存器内。

（2）必须在取消刀具补偿状态下调用其他刀具。

## （三）刀尖圆弧半径补偿

### 1. 刀尖圆弧半径的左右补偿指令

在编制工件切削程序时，一般以工件的轮廓尺寸为刀具轨迹编程，即假设刀具中心运动轨迹是沿工件轮廓运动的，而实际的刀具运动轨迹要与工件轮廓有一个偏移量（刀尖圆弧半径）。利用刀尖圆弧半径补偿功能可以方便地实现这一转变，简化程序。数控车床可以自动判断补偿的方向和补偿值的大小，自动计算刀尖圆弧半径补偿量，把刀尖移到正确的位置上。

根据不同的刀具运动路径，刀尖圆弧半径补偿的指令有：

（1）G41 刀尖圆弧半径左补偿。

（2）G42 刀尖圆弧半径右补偿。

（3）G40 取消刀尖圆弧半径左右补偿。

指令格式如下：

G41 G00/G01 X_Z_F_;

G42 G00/G01 X_Z_F_;

G40 G00/G01 X_Z_F_;

刀尖圆弧半径补偿偏置方向的判别，如图 3-22、图 3-23 所示：

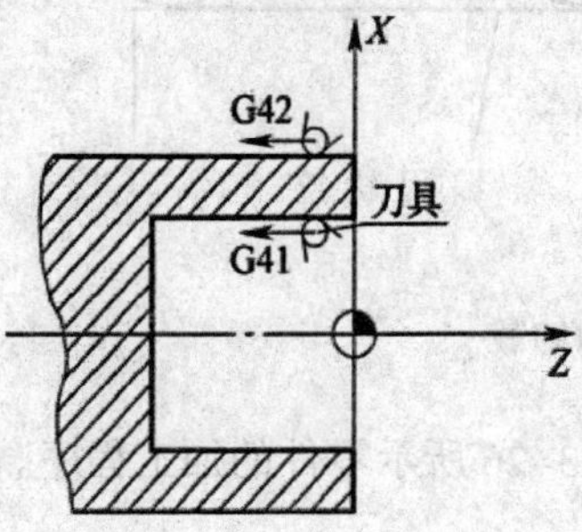


图 3-22 后置刀架，+$Y$ 轴向外

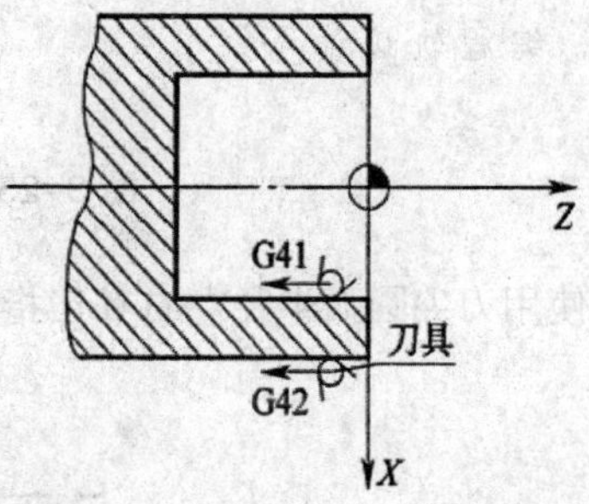


图 3-23 前置刀架，+$Y$ 轴向内

2. 刀尖号位置的确定

数控车床在采用刀尖圆弧半径补偿进行工件加工时，如果刀具的刀尖形状和切削时所处的位置不同，那么刀具的补偿量与补偿方向也不同。根据刀尖及刀尖位置的不同，数控车床刀具的刀尖号位置共有 9 种。如图 3-24 所示。

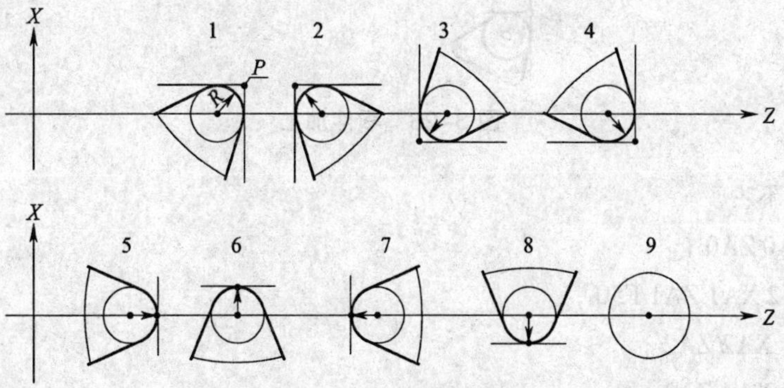


图 3-24 刀尖号位置

3. 刀尖圆弧半径补偿的编程实例

如图 3–25 所示。

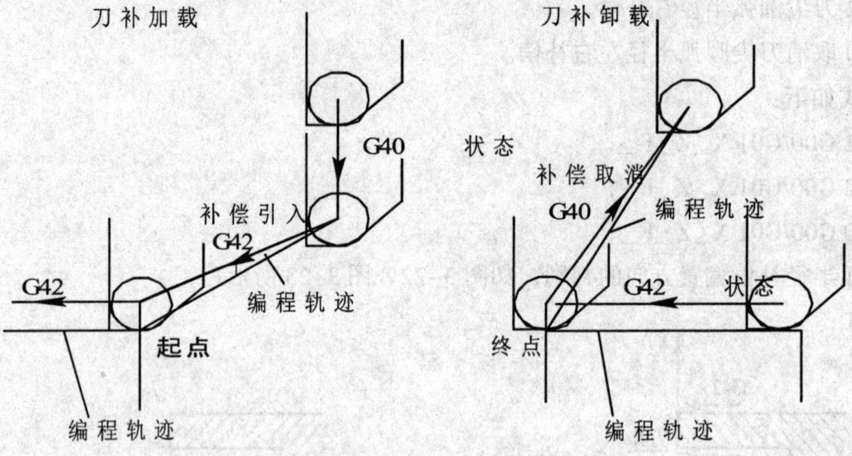


**图 3–25　刀补的加载和卸载**

例如，使用刀尖圆弧半径左右补偿指令，编制如图 3–26 所示零件的加工程序。

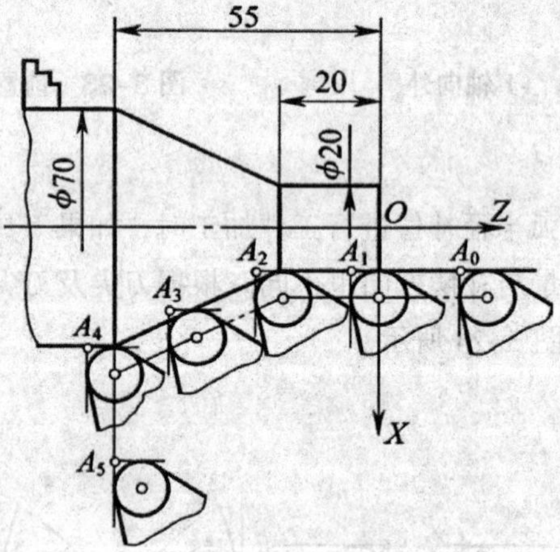


**图 3–26　零件加工**

编程指令如下：

N30 G00 XA0 ZA0 ;

N40 G01 G42 XA1 ZA1 F50 ;

N50　　　XA2 ZA2 ;

N60　　　XA4 ZA4 ;

N70 G00 G40 XA5 ZA5；

其中：A0 ~ A5 是刀具在工件移动轨迹中的坐标值。

4. 使用刀尖圆弧半径补偿时的注意事项

（1）G41，G42，G40 只能用在 G00，G01 指令的程序段内，不允许与 G02，G03 指令用在同一程序段内，以免产生报警。

（2）在编入 G41，G42，G40 的 G00，G01 前后的两个程序段中，X，Z 值至少有一个值变化，否则会产生报警。

（3）在调用新的刀具之前，必须取消前一个刀尖圆弧半径补偿，以免产生加工误差。

## 二、编制程序

### （一）确定加工工艺

如表 3-8 所示。

表 3-8　加工工艺

| 工步号 | 工步内容 | 刀具号 | 刀具规格名称 | 主轴转速（r/min） | 进给量（mm/r） | 备　注 |
|---|---|---|---|---|---|---|
| 1 | 精车工件外轮廓 | T01 | 93° 外圆精车刀 | 1000 | 0.08 | |

### （二）编制加工程序

如表 3-9 所示。

表 3-9　加工程序

| 程　序 | 说　明 |
|---|---|
| O0001； | |
| N10 G99 T0101； | 换 1 号外圆车刀，并建立 1 号刀补 |
| N20 M03 S1000； | 主轴正转，转速为 1000r/min |
| N30 G00 X56. 0 Z2.0； | 刀具快速定位 |
| N40 G01 G42 X36.0 Z0. F0.08； | 建立刀尖圆弧半径右补偿 |
| N50 X52.0 Z-30.0； | 车圆锥面 |
| N60 Z-50.0； | 车外圆 |
| N70 G00 G40 X56.0； | 退刀，并取消刀尖圆弧半径补偿 |
| N80 X100.0 Z100.0； | 返回换刀点 |

（续 表）

| 程　序 | 说　明 |
|---|---|
| N90 M05； | 主轴停转 |
| N100 M30； | 程序结束，并返回初始位置 |

## 课题二　大余量锥体加工

如图 3-27 所示为大余量圆锥体零件，其毛坯尺寸为 $\phi$52 mm × 80 mm，材料为 45 号钢，请用 G90 循环方式编写零件的加工程序。

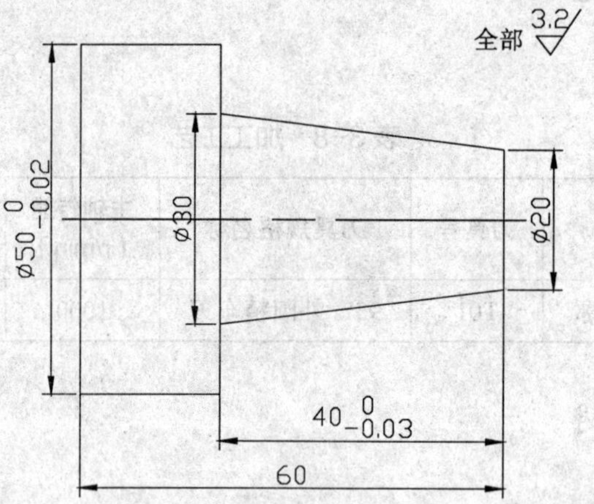


图 3-27　锥体零件

### 一、相关知识

#### （一）锥面循环加工指令 G90

1. 指令格式

G90 X（U）__ Z（W）__ I__ F__；

X，Z　　圆锥面切削终点的绝对坐标值

U，W　　圆锥面切削终点相对于循环起点的增量坐标值

I　　切削始点与圆锥面切削终点的半径差

F　　进给速度

说明：编辑时，应注意 I 的符号，确定的方法是：锥面起点坐标大于终点坐标时为正，反之为负。具体形式如图 3-28 所示。

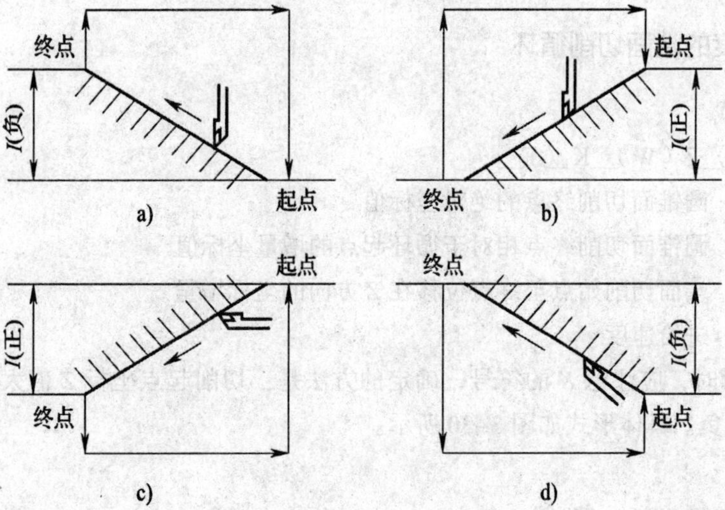


图 3-28　圆锥面的方向

2. 加工路径

如图 3-29 所示，加工顺序按 1 → 2 → 3 → 4 进行。

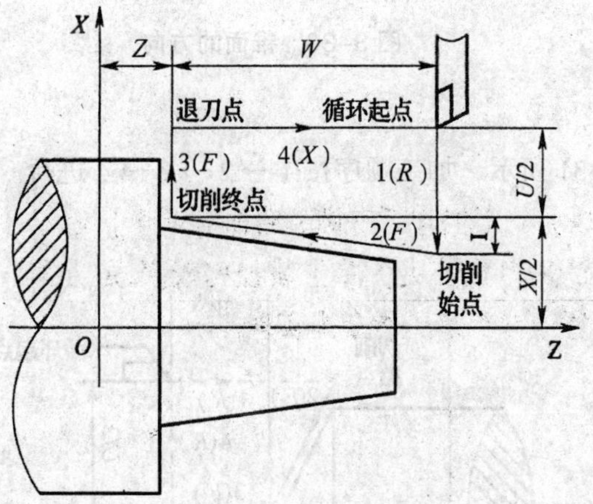


图 3-29　锥面切削循环路径

提示：

锥面加工时，先是刀具以 G00 快速方式定位，为了避免 G00 方式走刀时刀具与工件表面发生碰撞，通常将刀具偏离圆锥端面（2 ~ 3 mm），此时刀具起始位置的 Z 轴坐标取值与实际锥度的起点 Z 坐标不一致，应该算出锥面轮廓延长线上对应所取 Z 坐标处与圆锥面终点处的实际半径差。

## 三、带锥度的端面切削循环

1. 指令格式

G94 X（U）__Z（W）__K__ F__；

| | |
|---|---|
| X，Z | 圆锥面切削终点的绝对坐标值 |
| U，W | 圆锥面切削终点相对于循环起点的增量坐标值 |
| K | 端面切削始点至终点位移在 *Z* 方向的坐标增量 |
| F | 进给速度 |

说明：编辑时，应注意 *K* 的符号，确定的方法是：切削起点坐标 *Z* 值大于终点坐标 *Z* 值时为正，反之为负。具体形式如图 3-30 所示。

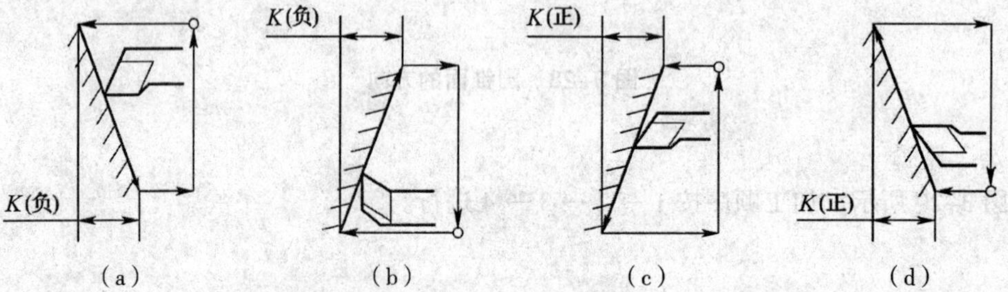


图 3-30　锥面的方向

2. 加工路径

在加工中，如图 3-31 所示，加工顺序按 1 → 2 → 3 → 4 进行。

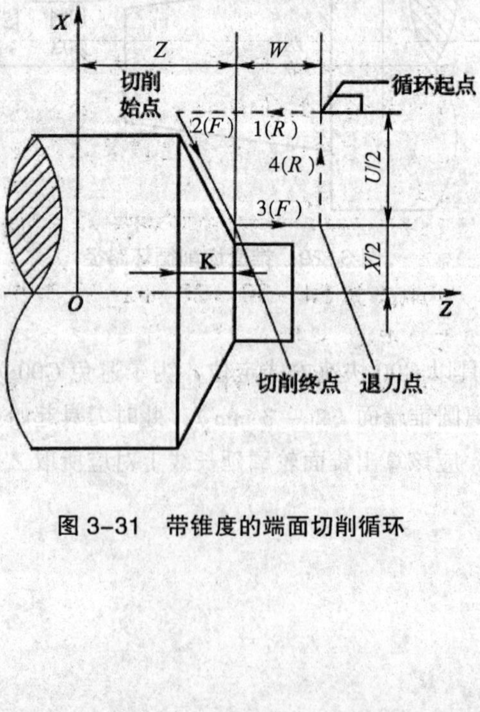


图 3-31　带锥度的端面切削循环

## 二、编制程序

### （一）确定加工工艺

1. 数控加工工艺卡

如表 3-10 所示。

表 3-10　数控加工工艺卡

| 工　序 | 名　称 | 工 艺 要 求 | | 工作者 | 备　注 |
|---|---|---|---|---|---|
| 1 | 下料 | $\phi$52 mm × 80 mm | | | |
| 2 | 车 | 车端面 | | | |
| 3 | 数控车 | 工步 | 工步内容 | 刀具号 | |
| | | 1 | 粗车外轮廓 | T01 | |
| | | 2 | 精车工件外轮廓 | T02 | |
| 4 | 检验 | | | | |

2. 数控加工刀具卡

如表 3-11 所示。

表 3-11　数控加工刀具卡

| 刀具号 | 刀具规格名称 | 数　量 | 加工内容 | 主轴转速（r/min） | 进给速度（mm/r） | 背吃刀量（mm） |
|---|---|---|---|---|---|---|
| T01 | 90° 外圆偏刀 | 1 | 粗车工件外轮廓 | 600 | 0.3 | 2.5 |
| T02 | 93° 外圆仿形车刀 | 1 | 精车工件外轮廓 | 1000 | 0.08 | 0.5 |

### （二）编制加工程序

如表 3-12 所示。

表 3-12　加工程序

| 程　序 | 说　明 |
|---|---|
| O0002； | |
| N10 G99 T0101； | 换 1 号外圆车刀，并建立 1 号刀补 |
| N20 M03 S600； | 主轴正转，转速为 600 r/min |
| N30 G00 X54. 0 Z2.0； | 刀具快速定位至循环起点 |

（续 表）

| 程　序 | 说　明 |
|---|---|
| N40 G90 X45.0 Z-40. I-5.25 F0.3 ; | 圆锥面粗车循环第一次，I 为自起点到终点的 X 方向半径差 |
| N50 X40.0 ; | 圆锥面粗车循环第二次 |
| N60 X35.0 ; | 圆锥面粗车循环第三次 |
| N70 X30.5 | 圆锥面粗车循环第四次，并留精车余量，双边 0.5 mm |
| N80 G00 X100.0 Z100.0 T0202; | 换 2 号外圆车刀，建立 2 号刀补 |
| N90 G00 X54.0 Z2.0 M03 S1000; | 主轴正转，转速为 1 000 r/min |
| N100 G90 X30.0 Z-40.0 I-5.25 F0.08 ; | 精车圆锥面，转速为 1 000 r/min |
| N110 G00 X100.0 Z100.0 ; | 返回换刀点 |
| N120 M05 ; | 主轴停转 |
| N130 M30 ; | 程序结束并返回初始位置 |

## 第五节　圆弧加工

如图 3-32 所示为球头手柄零件，其毛坯尺寸为 $\phi$60 mm × 120 mm，材料为 45 号钢，请编写出该零件的加工程序。

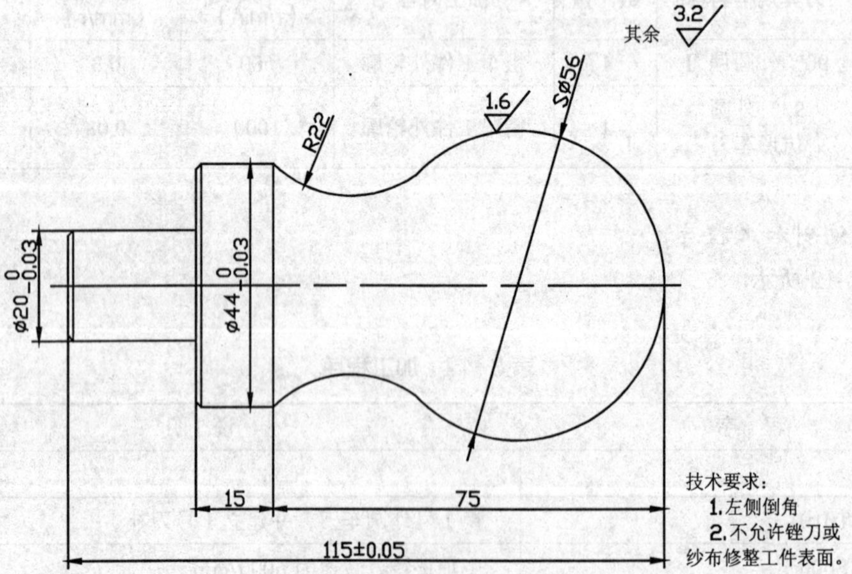


图 3-32　球头手柄

## 一、相关知识

### （一）圆弧插补（G02/G03）

1. 顺时针圆弧插补 G02、逆时针圆弧插补 G03

指令格式：

G02/G03 X（U）__ Z（W）__ I__ K__ F__ ；

G02/G03 X（U）__ Z（W）__ R__ F__ ；

其中：

I，$K$ 为圆心在 $X$，$Z$ 轴方向上相对圆弧起点的增量坐标值；

$R$ 为圆弧半径。

2. 圆弧顺、逆方向的判断

如图 3-33 所示。

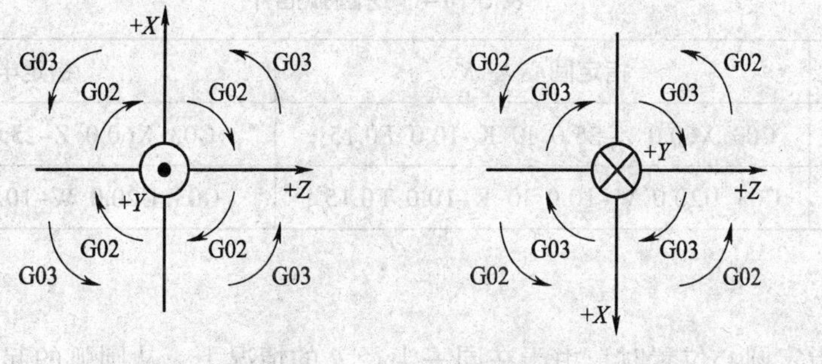


图 3-33 圆弧顺、逆方向

### （二）顺逆圆弧编程实例

例如，编制如图 3-34 所示零件的加工程序，路径：$A \to B$ 。

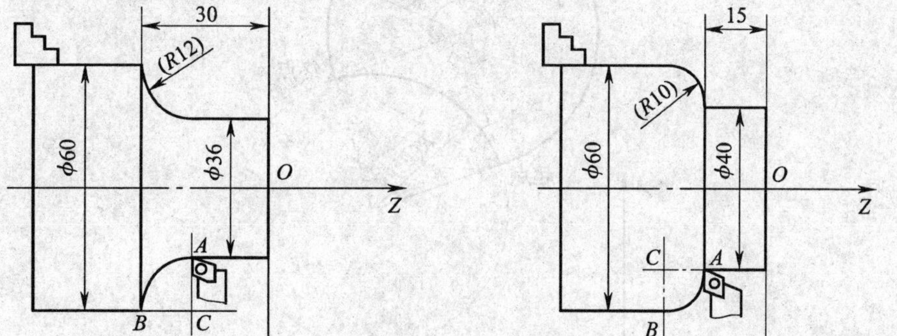


图 3-34 顺逆圆弧编程实例

1. 顺圆弧插补

如表 3-13 所示。

表 3-13　顺圆弧插补

| | 指定圆心 $I$, $K$ | 指定半径 $R$ |
|---|---|---|
| 绝对方式 | G02 X60.0 Z-30.0 I12.0 K0 F0.15 ; | G02 X60.0 Z-30.0 R12.0 F0.15 ; |
| 增量方式 | G02 U24.0 W-12.0 I12.0 K0 F0.15 ; | G02 U24.0 W-12.0 R12.0 F0.15 ; |

2. 逆圆弧插补

如表 3-14 所示。

表 3-14　逆圆弧插补

| | 指定圆心 $I$, $K$ | 指定半径 $R$ |
|---|---|---|
| 绝对方式 | G03 X60.0 Z-25.0 I0 K-10.0 F0.15 ; | G03 X60.0 Z-25.0 R10.0 F0.15 ; |
| 增量方式 | G03 U20.0 W-10.0 I0 K-10.0 F0.15 ; | G03 U20.0 W-10.0 R10.0 F0.15 ; |

注意：

用半径 $R$ 指定圆心位置时，由于在同一半径 $R$ 的情况下，从圆弧的起点到终点有存在两个圆弧的可能性，如图 3-35 所示，为区别二者，规定圆心角 $a \leqslant 180°$ 时，$R$ 值为正，如图中的圆弧 1；$a>180°$ 时，$R$ 值为负，如图中的圆弧 2。

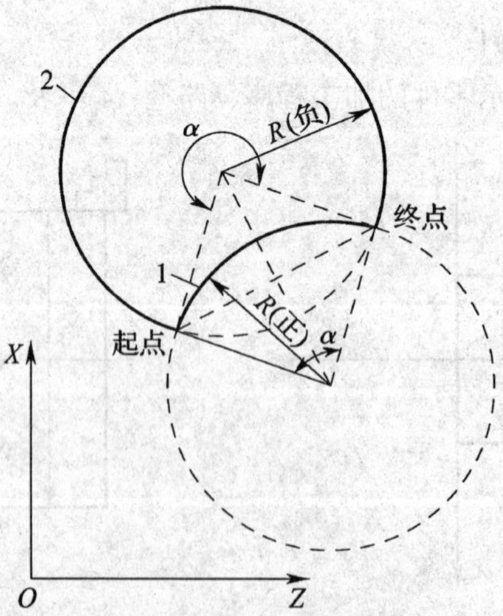


图 3-35　指定半径的圆弧插补

## 二、编制程序

### （一）确定加工工艺

1. 确定工件的装夹方式及加工工艺路线

毛坯伸出三爪自定心卡盘的长度约为 50 mm，找正后夹紧。车端面，以工件外圆的右端面中心作为工件编程原点。该工件加工工艺路线为：

（1）粗车 $\phi$44 mm、$\phi$20 mm 的外圆和倒角 C1 mm，并留精车余量。

（2）精车 $\phi$44 mm、$\phi$20 mm 至图样要求尺寸。

（3）将工件掉头，夹持 $\phi$20mm 外圆处，如图 3-36 所示，找正后夹紧。车端面并保证总长为（115 ± 0.05）mm。

（4）粗车 S$\phi$56 mm、R22 mm 圆弧，留精车余量。

（5）精车 S$\phi$56 mm、R22 mm 圆弧。

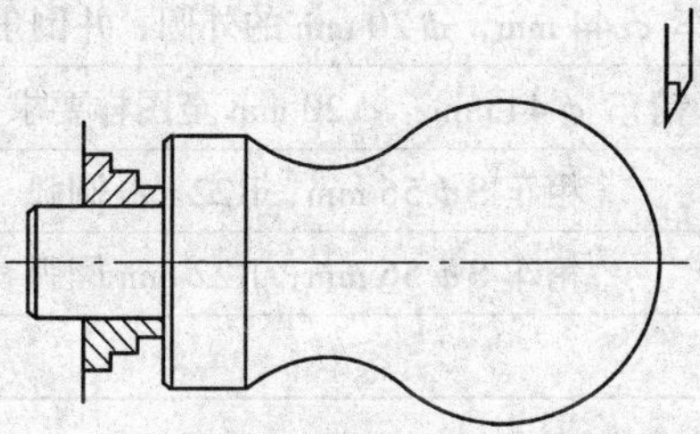

图 3-36 球头手柄装夹

2. 相关计算

计算圆弧起点、终点坐标，如图 3-37 所示。两圆弧相切于 $A$ 点，在直角三角形 $AEF$ 中，因为 $AF=28$,$EF=22$，所以 $AE=\sqrt{AF^2-EF^2}=17.32$，所以 $A$ 点 $Z$ 坐标 $Z_A=-(28+17.32)=-45.32$。圆弧的起点、终点坐标为 $O$（0，0），$A$（44，-45.32），$B$（44，-75）。

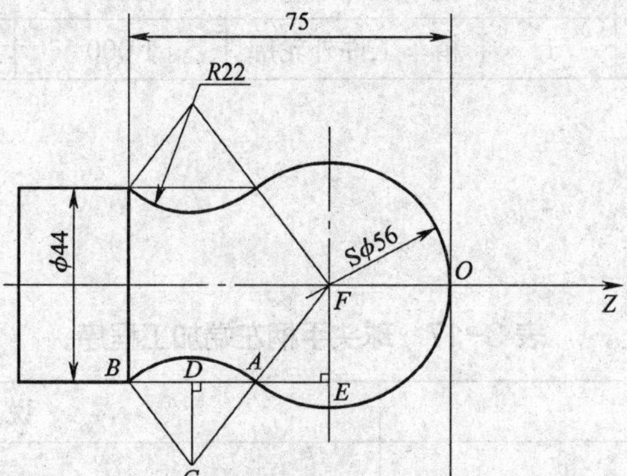


图 3-37 球头手柄相关计算

3. 刀具选择

根据加工要求，选择外圆粗精车刀具各一把。

1 号刀为 93° 外圆粗车刀；

2 号刀为 93° 外圆精车刀。

4. 填写相关工艺卡片

（1）数控加工工艺卡（见表 3–15）。

表 3–15　数控加工工艺卡

| 工　序 | 名　称 | 工艺要求 | | 工作者 | 备　注 |
|---|---|---|---|---|---|
| 1 | 下料 | $\phi$60 mm × 120 mm | | | |
| 2 | 车 | 车端面 | | | |
| 3 | 数控车 | 工步 | 工步内容 | 刀具号 | |
| | | 1 | 粗车 $\phi$44 mm，$\phi$20 mm 的外圆，并倒角 C1 mm | T01 | |
| | | 2 | 精车 $\phi$44 mm，$\phi$20 mm 至图样要求尺寸 | T02 | |
| | | 3 | 粗车 S$\phi$56 mm，R22 mm 圆弧 | T01 | |
| | | 4 | 精车 S$\phi$56 mm，R22 mm 圆弧 | T02 | |
| 4 | 检验 | | | | |

（2）数控加工刀具卡（见表 3–16）。

表 3–16　数控加工刀具卡

| 刀具号 | 刀具规格名称 | 数　量 | 加工内容 | 主轴转速（r/min） | 进给量（mm/r） | 背吃刀量（mm） |
|---|---|---|---|---|---|---|
| T01 | 93° 外圆粗车刀 | 1 | 粗车工件外轮廓 | 600 | 0.2 | 2 |
| T02 | 93° 外圆精车刀 | 1 | 精车工件外轮廓 | 1 000 | 0.08 | 0.5 |

### （二）编制加工程序

如表 3–17、3–18 所示。

表 3–17　球头手柄左端加工程序

| 程　序 | 说　明 |
|---|---|
| O0003； | |
| N10 G99 T0101； | 换 1 号外圆车刀，并建立 1 号刀补 |

（续　表）

| 程　序 | 说　明 |
|---|---|
| N20 M03 S600； | 主轴正转，转速为 600r/min |
| N30 G00 X62. 0 Z2.0； | 刀具快速定位至循环起点 |
| N40 G71 U2.0 R1.0； | 工件左端粗车循环 |
| N50 G71 P60 Q140 U1.0 W0 F0.2； | 加工路线为 N60 ~ N140，X 方向留精车余量 0.5 mm |
| N60 G00 X0 S1000； | 精车起点，转速为 1 000 r/min |
| N70 G01 Z0； | |
| N80 X18.0； | |
| N90 X20.0 Z-1.0； | 车倒角 C1 mm |
| N100 Z-25.0； | 车 $\phi$20 mm 外圆 |
| N110 X42.0； | |
| N120 X44.0 W-1.0； | 车倒角 C1 mm |
| N130 Z-40.0； | 车 $\phi$44 mm 外圆 |
| N140 G00 X62.0； | 加工结束 |
| N150 G00 X100.0 Z100.0 T0202 M03 S800； | 换刀，主轴正转，转速为 800 r/min |
| N160 G00 X62.0 Z2.0； | |
| N170 G70 P60 Q140 F0.08； | 精车循环 |
| N180 G00 X100.0 Z100.0； | 返回换刀点 |
| N190 M05； | 主轴停转 |
| N200 M30； | 程序结束并返回初始位置 |

表 3-18　球头手柄右端加工程序

| 程　序 | 说　明 |
|---|---|
| O0004； | |
| N10 G99 T0101； | 换 1 号外圆车刀，并建立 1 号刀补 |
| N20 M03 S600； | 主轴正转，转速为 600 r/min |
| N30 G00 X62. 0 Z2.0； | 刀具快速定位至循环起点 |
| N40 G73 U28.0 W0 R14.0； | 工件右端粗车循环 |
| N50 G73 P60 Q100 U1.0 W0 F0.2； | 加工路线为 N60 ~ N100，X 方向留精车余量 0.5 mm |
| N60 G00 G42 X0 S1000； | 精车起点，建立刀尖圆弧半径右补偿，转速为 1 000 r/min |
| N70 G01 Z0； | |
| N80 G03 X44.0 Z-45.32 R28.0； | 车 S$\phi$56 mm 圆弧 |

（续 表）

| 程　序 | 说　明 |
|---|---|
| N90 G02 X44.0 Z–75.0 R22.0； | 车 R22 mm 圆弧 |
| N100 G00 G40 X62.0； | 加工结束，取消刀尖圆弧半径补偿 |
| N110 G00 X100.0 Z100.0 T0202 M03 S800； | 换刀，主轴正转，转速为 800 r/min |
| N120 G00 X62.0 Z2.0； | |
| N130 G70 P60 Q100 F0.08； | 精车循环 |
| N140 G00 X100.0 Z100.0； | 返回换刀点 |
| N150 M05； | 主轴停转 |
| N160 M30； | 程序结束，并返回初始位置 |

# 第六节　孔加工

## 课题一　阶梯孔加工

如图 3–38 所示为典型阶梯孔零件的零件图，材料为 45 号钢，零件的外圆表面已加工完成，请确定 $\phi$70 mm 和 $\phi$90 mm 孔的加工工艺，并编写其在数控车床上加工的加工程序。

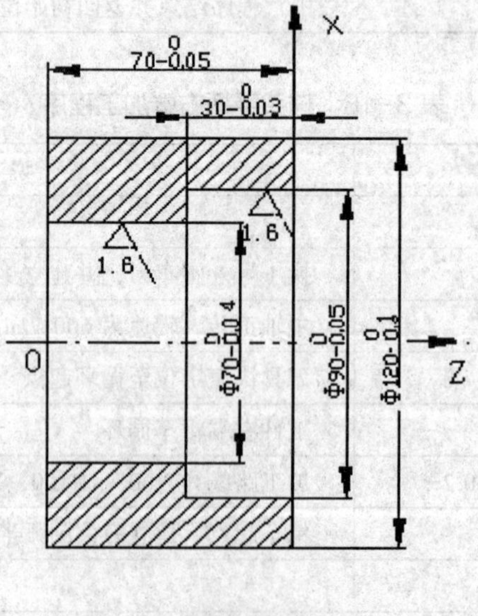


图 3–38　典型的阶梯孔零件

## 一、相关知识

### （一）常见孔的加工方法

1. 钻孔

对于精度要求不高的孔，可用麻花钻直接钻出。

2. 扩孔

用扩孔刀具扩大工件孔径的方法称为扩孔。

3. 铰孔

铰孔是用铰刀对未淬硬孔进行精加工的一种加工方法。

4. 车孔

对于铸造孔、锻造孔或用钻头钻出的孔，为达到所要求的尺寸精度、位置精度和表面粗糙度，可采用车孔的方法。

### （二）车孔的关键技术

车孔是常用的孔加工方法之一，车孔的关键技术是解决内孔车刀的刚度问题和内孔车削中的排屑问题。

### （三）车孔用刀具

1. 通孔车刀

通孔车刀切削部分的几何形状基本上与外圆车刀相似，为了减小径向切削抗力，防止车孔时振动，主偏角 $K_r$ 应取得大一些，一般在 57° ~ 60° 之间，副偏角 $K_r'$ 一般在 15° ~ 30° 之间（见图 3-39）。

2. 盲孔车刀

盲孔车刀用来车削盲孔或阶梯孔，切削部分的几何形状基本上与外圆车刀相似，它的主偏角 $K_r$ 大于 90 °，一般为 92° ~ 95°，后角的要求和通孔车刀一样。不同之处是盲孔车刀夹在刀杆的最前端，刀尖到刀杆外端的距离小于孔的半径 $R$，否则无法车平孔的底面。如图 3-40 所示。

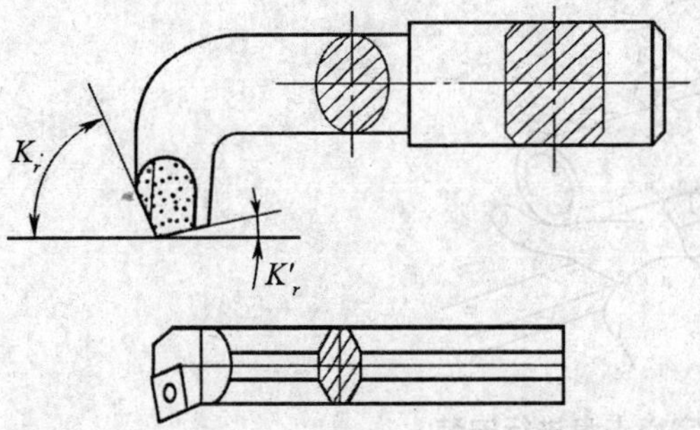


图 3-39 通孔车刀

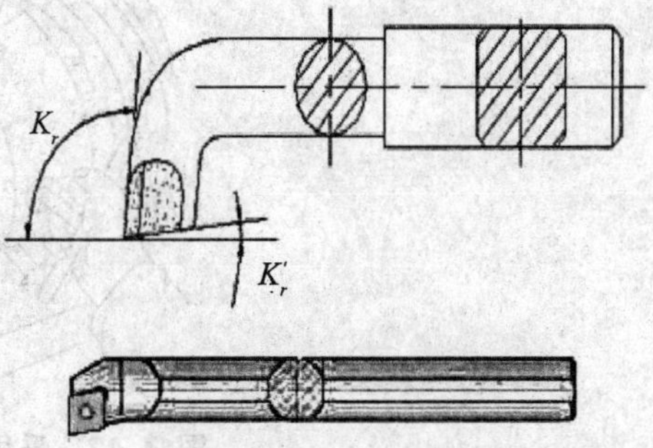


图 3-40 盲孔车刀

### （四）安装内孔车刀的注意事项

（1）刀尖应与工件中心等高。如果装得低于工件中心，由于切削抗力的作用，容易将刀柄压低而产生扎刀现象，并会造成孔径扩大。

（2）刀柄伸出刀架不宜过长，一般比被加工孔长 5 ~ 6 mm 即可。

（3）刀柄基本平行于工件轴线，否则在车削到一定深度时刀柄容易碰到工件孔口。

（4）装夹盲孔车刀时，内偏刀的主刀刃应与孔底平面成 3° ~ 5° 的夹角，并且要求在车平面时横向有足够的退刀余地。

如图 3-41 所示。

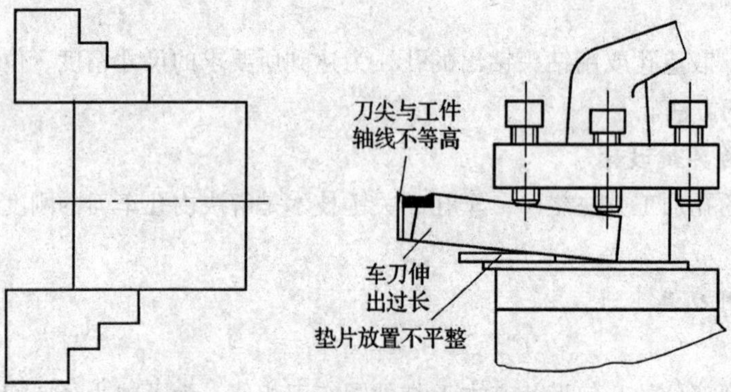


图 3-41　内孔车刀易出现的安装问题

## 二、编制程序

### （一）分析零件图样和工艺处理

1. 零件的装夹

采用三爪自定心卡盘进行安装，如图 3-42 所示。

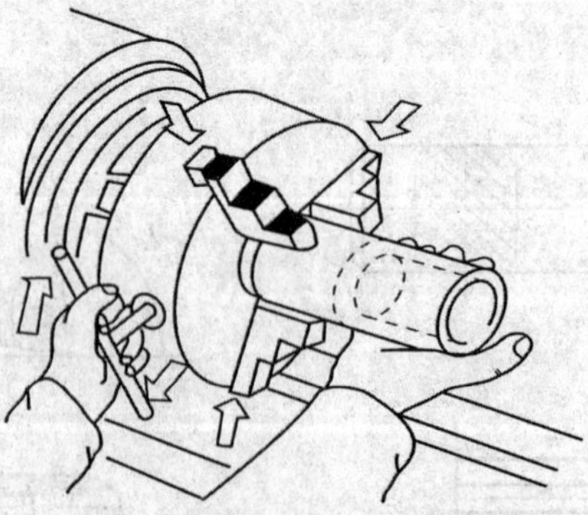

图 3-42　采用三爪自定心卡盘进行安装

2. 选择编程原点

将工件右端面的回转中心定为工件的编程原点。

3. 选择合理的加工路线

先选择安全的轴向退刀，退出孔口，再选择径向退刀。如图 3-43 所示。

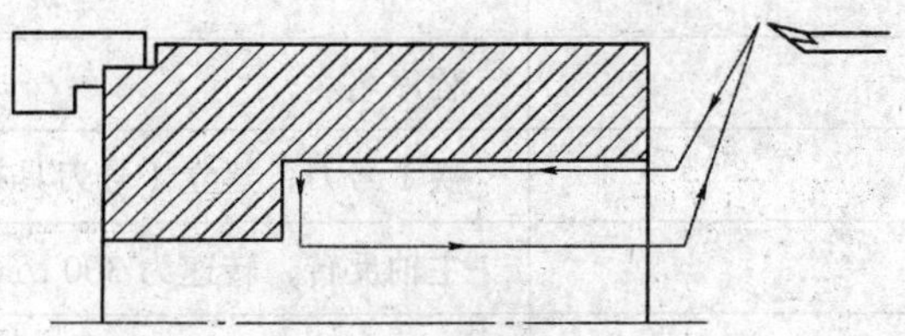

图 3-43 加工路线

4. 合理地选择刀具、切削参数

（二）填写工艺卡片

1. 数控加工工艺卡

如表 3-19 所示。

表 3-19 加工工艺卡

| 工 序 | 名 称 | 工艺要求 | | 工作者 | 备 注 |
|---|---|---|---|---|---|
| 1 | 下料 | $\phi$124 mm × 73 mm | | | |
| 2 | 车 | 车端面 | | | |
| 3 | 数控车 | 工步 | 工步内容 | 刀具号 | |
| | | 1 | 钻孔 $\phi$68 mm | 麻花钻 | |
| | | 2 | 粗车台阶孔窗精加工余量 | T01 | |
| | | 3 | 自右向左精车台阶孔各处 | T02 | |
| 4 | 检验 | | | | |

2. 数控加工刀具卡

如表 3-20 所示。

表 3-20 加工刀具卡

| 刀具号 | 刀具规格名称 | 数 量 | 加工内容 | 主轴转速（$\phi$ min） | 进给量（mm/r） | 备 注 |
|---|---|---|---|---|---|---|
| T01 | 93° 内孔粗车刀 | 1 | 粗车 | 300 | 0.2 | |
| T02 | 93° 内孔精车刀 | 1 | 精车 | 500 | 0.1 | |

### （三）编写加工程序

如表 3-21 所示。

表 3-21 加工程序

| 程 序 | 说 明 |
|---|---|
| O0001 | 程序名 |
| N01 T0101； | 换 1 号刀，建立 1 号刀具补偿 |
| N02 M04S300； | 主轴反转，转速为 300 r/min |
| N03 G00 X89.5 Z5.0; | 刀具快速接近工件 |
| N04 G01 Z-29.5 F0.2; | 粗车 $\phi$90 mm 孔 |
| N05 X69.5; | 粗车内孔端面 |
| N06 Z -75.0; | 粗车 $\phi$70 mm 孔 |
| N07 G00 X68.0; | 让刀 |
| N08 Z5.0; | 退刀 |
| N15 X160.0 Z100.0; | 回换刀点 |
| N16 T0202; | 换 2 号精加工车刀，建立刀补 |
| N17 M04 S500; | 主轴反转，转速为 500 r/min |
| N18 G00 X90.0 Z5.0; | 刀具快速接近工件 |
| N19 G01 Z-30.0 F0.1; | 精车 $\phi$90 mm 孔 |
| N20 X70.0; | 精车内孔端面 |
| N21 Z-73.0; | 精车 $\phi$70 mm 孔 |
| N22 G00 X68.0; | 让刀 |
| N23 Z5.0; | 退刀 |
| N24 X160.0 Z100.0; | 返回换刀点 |
| N25 M05; | 主轴停转 |
| N26 M30; | 程序结束 |

# 课题二　深孔加工

如图 3-44 所示为典型深孔零件的零件图，材料为 45 号钢，零件的外圆表面已加工完成，请确定该深孔零件的加工工艺，并根据深孔加工的特点编写其在数控车床上加工的加工程序。

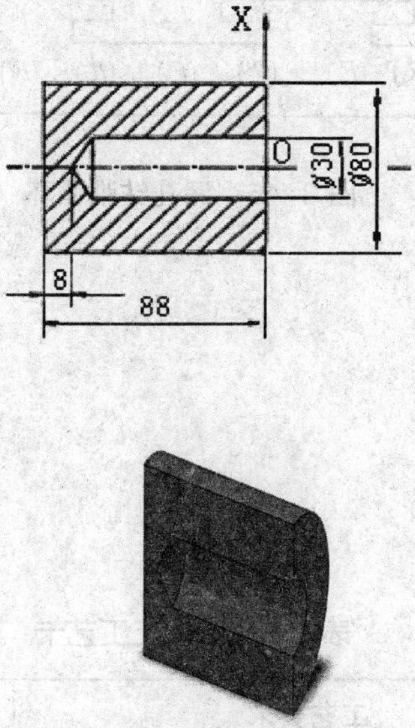


图 3-44　典型的深孔零件

## 一、相关知识

### （一）深孔加工的特点

（1）加工中易发生孔的轴线歪斜。因为深孔加工刀具较长而细，强度和刚度较差，加工中易产生引偏和振动。

（2）刀具的冷却散热条件差，切削温度升高，使刀具耐用度降低。

（3）排屑困难。排屑过程中不仅会划伤已加工表面，严重时还会引起刀具崩刃或折断。

### （二）深孔钻削循环功能 G74

G74　Re ；

G74　Z（W）_ QDk；

e：退刀量

Z（W）：钻削总深度

Dk：每次钻削深度（不加符号）

注：Dk 的单位为 μm 。如每次钻削 2 mm，则表示为 Q2000。

深孔钻削循环如图 3-45 所示：

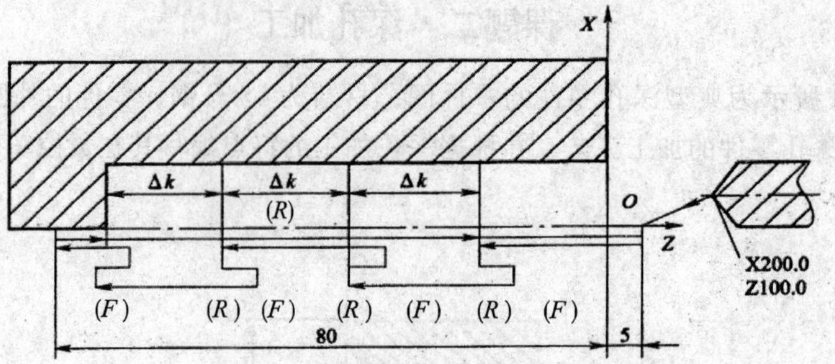


图 3-45　深孔钻削循环

## 二、编制程序

### （一）填写工艺卡片

1. 数控加工工艺卡

如表 3-22 所示。

表 3-22　加工工艺卡

| 工　序 | 名　称 | 工艺要求 | | 工作者 | 备　注 |
|---|---|---|---|---|---|
| 1 | 下料 | $\phi$85 mm × 92 mm | | | |
| 2 | 车 | 车端面 | | | |
| 3 | 数控车 | 工步 | 工步内容 | 刀具号 | |
| | | 1 | 钻 $\phi$30 mm 孔 | T01 | |
| 4 | 检验 | | | | |

2. 数控加工刀具卡片

如表 3-23 所示。

表 3-23　加工刀具卡片

| 刀具号 | 刀具规格名称 | 数　量 | 加工内容 | 主轴转速（r/min） | 进给速度（mm/r） | 备　注 |
|---|---|---|---|---|---|---|
| T01 | 加长麻花钻头 | 1 | 深孔加工 | 60 | 0.1 | |

### （二）编写数控加工程序

如表 3-24 所示。

表 3-24　加工程序

| 程　序 | 说　明 |
|---|---|
| O0020 | |
| N10 T0101 ; | 调用 1 号刀具，建立 1 号刀具补偿 |
| N20 G99 M03 S60 ; | 主轴以 60 r/min 的速度正转 |
| N30 G00 X0 Z1.0 ; | 快速移动到起刀点 |
| N40 G74 R1.0 ; | 设置钻孔循环退刀量 |
| N50 G74 Z-80.0 Q2000 F0.1 ; | 钻孔，深 80 mm，每次钻 20 mm，进给量为 0.1 mm/r |
| N60 G00 X100.0 Z100.0 ; | 回换刀点 |
| N70 M30 ; | 程序结束 |

## 课题三　套类零件加工

如图 3-46 所示为薄壁套类零件的零件图，材料为 HT200，毛坯采用铸造的方法获得，切削余量为 3 mm，试确定其内外表面粗精加工时的装夹方式并选择相应的夹具。制定合理的加工工序并编写数控加工程序。

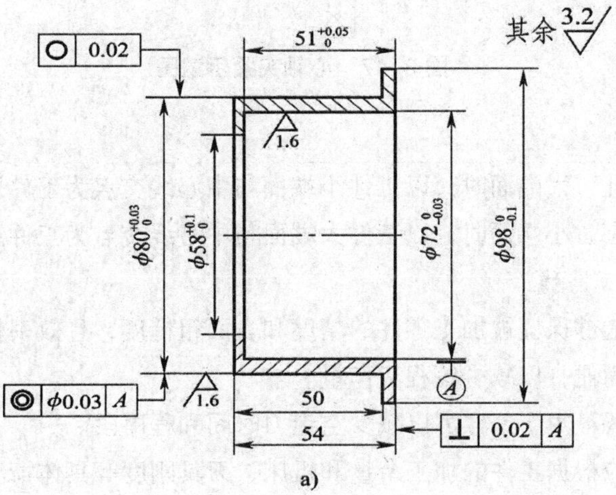


图 3-46　典型的套类零件

### 一、相关知识

套类零件内孔和外圆表面间的同轴度及端面和内孔轴线的垂直度一般均有较高的要求。为达到这种要求，常用以下方法：

（1）在一次安装中完成内孔、外圆及端面的全部加工。由于消除了工件安装误差的影响，可以获得很高的相互位置精度；但这种方法工序比较集中，不适合于尺寸较大工件的装夹和加工。

（2）不能在一次安装中同时完成内、外圆表面加工时，内孔与外圆的加工应该遵循互为基准的原则。

## 二、编制程序

### （一）分析零件图样并进行工艺处理

1. 零件的装夹

（1）三爪自定心卡盘夹持外圆小头，粗车内孔、大端面。

（2）夹持内孔，粗车外圆及小端面。

（3）扇形软卡爪装夹外圆小头，精车内孔、大端面。

（4）以内孔和大端面定位，用心轴夹紧（见图 3–47），精车外圆、小端面。

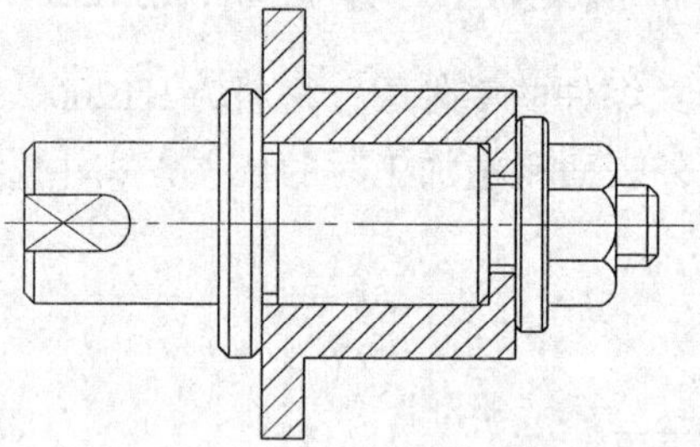

图 3–47　心轴夹紧示意图

2. 选择编程原点

（1）粗、精车内孔、大端面时，以工件小端面与中心线交点为工件原点。

（2）粗、精车外圆、小端面时，以工件大端面与中心线交点为工件原点。

3. 选择合理的加工路线

（1）加工路线应能够保证被加工零件的精度和表面粗糙度，且效率较高。

（2）使数值计算简便，以减少编程工作量。

（3）应使加工路线最短，这样可以减少空走刀时间和程序段。

（4）加工路线还应根据工件的加工余量和机床、刀具刚度等具体情况确定。

4. 合理选择刀具、切削参数

### （二）填写工艺卡片

1. 数控加工工艺卡

如表 3–25 所示。

表 3-25 加工工艺卡

| 工 序 | 名 称 | 工艺要求 | | 工作者 | 备 注 |
|---|---|---|---|---|---|
| 1 | 下料 | 铸件 $\phi 100 \times 60$mm | | | |
| 2 | 车 | 车端面 | | | |
| | | 工步 | 工步内容 | 刀具号 | |
| 3 | 数控车 | 1 | 粗车内孔及大端面 | T01 | |
| 4 | 数控车 | 2 | 粗车外圆及小端面 | T01 | |
| 5 | 数控车 | 3 | 精车内孔及大端面 | T02 | |
| 6 | 数控车 | 4 | 精车外圆及小端面 | T02 | |
| 7 | 检验 | | | | |

2. 数控加工刀具卡

如表 3-26 ~ 表 3-29 所示。

表 3-26 粗车内孔及大端面刀具卡

| 刀具号 | 刀具规格名称 | 数 量 | 加工内容 | 主轴转速（r/min） | 进给量(mm/r） | 备 注 |
|---|---|---|---|---|---|---|
| T01 | 端面车刀 | 1 | 加工端面 | 500 | 0.2 | |
| T02 | 内孔车刀 | 1 | 加工内孔 | 600 | 0.15 | |

表 3-27 粗车外圆及小端面刀具卡

| 刀具号 | 刀具规格名称 | 数 量 | 加工内容 | 主轴转速（r/min） | 进给量(mm/r） | 备 注 |
|---|---|---|---|---|---|---|
| T01 | 端面车刀 | 1 | 加工端面 | 500 | 0.2 | |
| T02 | 外圆车刀 | 1 | 加工外圆 | 600 | 0.2 | |

表 3-28 精车内孔及大端面刀具卡

| 刀具号 | 刀具规格名称 | 数 量 | 加工内容 | 主轴转速（r/min） | 进给量(mm/r） | 备 注 |
|---|---|---|---|---|---|---|
| T01 | 端面车刀 | 1 | 加工端面 | 800 | 0.1 | |
| T02 | 内孔车刀 | 1 | 加工内孔 | 800 | 0.08 | |

表 3-29　精车外圆及小端面刀具卡

| 刀具号 | 刀具规格名称 | 数　量 | 加工内容 | 主轴转速（r/min） | 进给量( mm/r ) | 备　注 |
|---|---|---|---|---|---|---|
| T01 | 端面车刀 | 1 | 加工端面 | 800 | 0.1 | |
| T02 | 外圆车刀 | 1 | 加工外圆 | 900 | 0.1 | |

### （三）编写加工程序

如表 3-30 ~表 3-33 所示。

表 3-30　粗车内孔及大端面程序

| 程　序 | 说　明 |
|---|---|
| O0001 | 程序名 |
| N20 G99 T0101； | 换端面车刀 |
| N30 S500 M03； | 主轴正转 |
| N40 G00 X100.0 Z56.0； | 快速到达切削起点 |
| N50 G01 X60.0 F0.2； | 切削端面 |
| N60 G00 X150.0 Z100.0； | 退回换刀点 |
| N70 T0202； | 换 2 号刀 |
| N80 S600 M03； | 主轴正转 |
| N90 G00 X71.0 Z57.0； | 快速到达切削起点 |
| N100 G01 Z4.0 F0.15； | 车内孔 |
| N110　X57.0； | 车内台阶 |
| N120　Z-2.0； | 车内小孔 |
| N130 G00 X50.0； | X 向退刀 |
| N140　Z60.0； | Z 向退刀 |
| N150 X150.0 Z100.0； | 返回起刀点 |
| N160 M05； | 主轴停转 |
| N170 M30； | 程序结束 |

表 3-31 粗车外圆及小端面程序

| 程 序 | 说 明 |
|---|---|
| O0002 | 程序名 |
| N20 G99 T0101 ; | 换端面车刀 |
| N30 S500 M03 ; | 主轴正转 |
| N40 G00 X84.0 Z55.0 ; | 快速到达切削起点 |
| N50 G01 X54.0 F0.2 ; | 切削端面 |
| N60 G00 X150.0 Z100.0 ; | 退回换刀点 |
| N70 T0202 ; | 换 2 号刀 |
| N80 S600 M03 ; | 主轴正转 |
| N90 G00 X81.0 Z57.0 ; | 快速到达切削起点 |
| N100 G01 Z5.0 F0.2 ; | 车外圆 |
| N110 X99.0 ; | 车外台阶 |
| N120 Z-2.0 ; | 车外圆 |
| N130 X150.0 Z100.0 ; | 返回起刀点 |
| N140 M05 ; | 主轴停转 |
| N150 M30 ; | 程序结束 |

表 3-32 精车内孔及大端面程序

| 程 序 | 说 明 |
|---|---|
| O0003 | 程序名 |
| N20 G99 T0101 ; | 换端面车刀 |
| N30 S800 M03 ; | 主轴正转 |
| N40 G00 X100.0 Z54.5 ; | 快速到达切削起点 |
| N50 G01 X60.0 F 0.1 ; | 切削端面 |
| N60 G00 X150.0 Z100.0 ; | 退回换刀点 |
| N70 T0202 ; | 换 2 号刀 |
| N90 G00 X71.985 Z56.0 ; | 快速到达切削起点 |

（续 表）

| 程 序 | 说 明 |
| --- | --- |
| N100 G01 W-51.525 F0.08； | 车内孔 |
| N110 X58.05； | 车内孔端面 |
| N120 Z-2.0； | 车内小孔 |
| N130 G00 X20.0； | X 向退刀 |
| N140 Z60.0； | Z 向退刀 |
| N150 M30； | 程序结束 |

表 3-33 精车外圆及小端面程序

| 程 序 | 说 明 |
| --- | --- |
| O0004； | 程序名 |
| N20 G99 T0101; | 换端面车刀 |
| N30 S800 M03; | 主轴正转 |
| N40 G00 X82.0 Z54.0; | 快速到达切削起点 |
| N50 G01 X55.0 F0.1; | 切削端面 |
| N60 G00 X150.0 Z100.0; | 退回换刀点 |
| N70 T0202; | 换刀 |
| N80 S900 M03; | 主轴正转 |
| N90 G00 X80.015 Z55.0; | 快速到达切削起点 |
| N100 G01 Z4.0 F0.1; | 车外圆 |
| N110 X97.95; | 车外圆端面 |
| N120 Z-2.0; | 车外圆 |
| N130 X150.0 Z100.0; | 返回换刀点 |
| N140 M05; | 主轴停转 |
| N150 M30; | 程序结束 |

# 第七节 槽加工

## 课题一 单槽加工

如图 3-48 所示的离合器零件图，编制其滑块槽的加工程序。

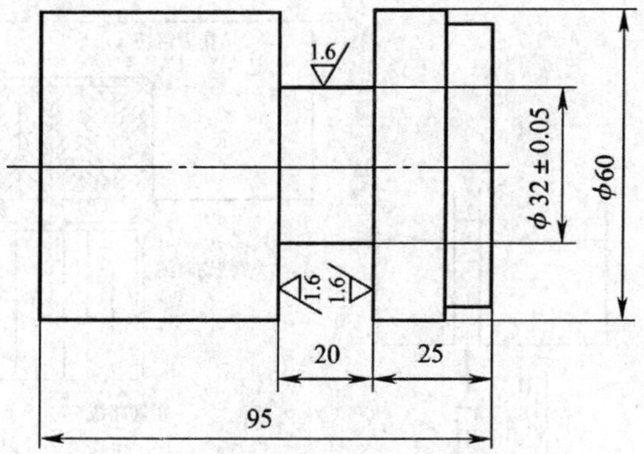


图 3-48 离合器

### 一、相关知识

#### （一）槽的分类及单槽的形式

1. 槽的分类

分为单槽、多槽、宽槽、深槽及异形槽。

2. 单槽的形式

有定位槽、密封槽、退刀槽、螺纹退刀槽，如图 3-49 所示。

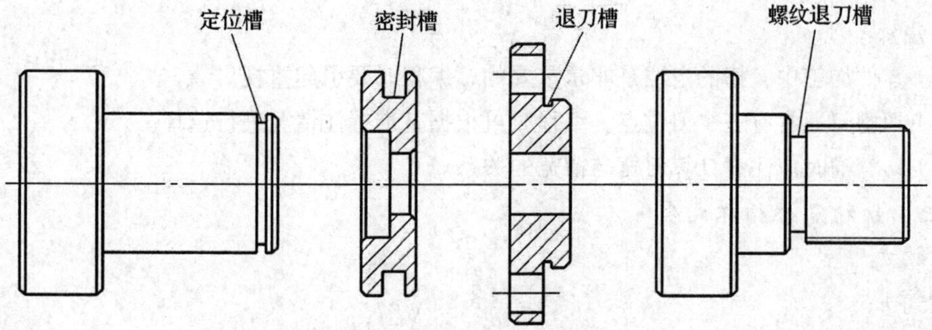


图 3-49 单槽零件示意图

### （二）槽加工工艺分析

1. 零件的装夹

在数控车床上进行槽加工一般可采用下面两种装夹方式：

（1）利用软卡爪，保证零件夹持稳固。

（2）利用尾座及顶尖作为辅助，采用一夹一顶方式装夹。

2. 刀具选择与进刀方式

以下分别是几种槽的加工方式，如图 3-50 所示。

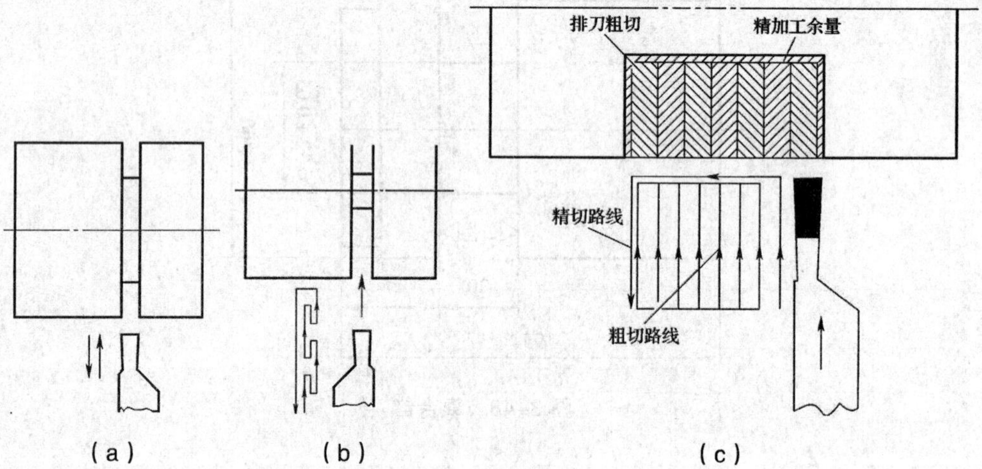


图 3-50　槽的加工方式

（a）简单槽加工：直接切入，一次成形　（b）深槽加工：分次切入，多次成形

（c）宽槽加工：排刀粗切，沿槽精切

3. 切削用量与切削液的选择

在普通车床上切槽，切削速度和进给量要取外圆加工的 30% ~ 70%。

在数控车床上切槽，切削速度可以比普通车床稍高一点，切削速度选择外圆切削的 60% ~ 80%，进给量选取 0.05 ~ 0.3 mm/r。

4. 注意事项

（1）零件加工中，槽的定位是非常重要的，编程时要引起重视。

（2）切槽刀通常有三个刀位点，编程时可根据基准标注情况进行选择。

（3）切宽槽时应注意计算刀宽与槽宽的关系。

### （三）切槽复合循环指令

1. 格式

G75 R$\underline{e}$;

G75 X（U）__ Z（W）__ P$\underline{\triangle i}$ Q$\underline{\triangle k}$ R$\underline{\triangle d}$ F$\underline{f}$;

2. G75 循环指令切削轨迹图（见图 3-51）。

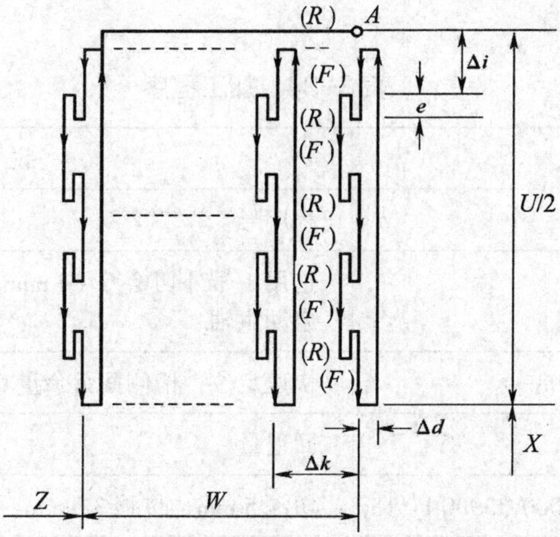


图 3-51 G75 循环指令切削轨迹图

3. 说明

*e*：回退量，该值为模态值，可由参数 5319 号指定，由程序指令修改。

*X*：最大切深点的 *X* 轴绝对坐标。

*U*：最大切深点的 *X* 轴增量坐标。

*Z*：最大切深点的 *Z* 轴绝对坐标。

*W*：最大切深点的 *Z* 轴增量坐标。

△ *i*：*X* 方向的进给量（不带符号）。单位：μm

△ *k*：*Z* 方向的位移量（不带符号）。单位：μm

△ *d*：刀具在切削底部的退刀量，△ *d* 的符号总是正的。

*f*：进给量。

## 二、编制程序

### （一）确定加工工艺

1. 加工方法与走刀路线

采用 4 mm 切槽刀，排刀粗切，槽底及两侧分别留 0.2 mm 精车余量，沿槽精切，粗加工进给量为 0.15 mm/r，精加工进给量为 0.1 mm/r。

2. 零件的装夹方式

采用一夹一顶的装夹方式，心轴定位，端面用轴向螺栓紧固，保证足够的定位精度和装夹刚度。

3. 确定编程坐标系及编程指令

以工件右端面中心作为编程坐标系原点，采用切槽复合循环指令 G75 进行槽的加工。

### （二）编制加工程序

如表 3-34 所示。

表 3-34　加工程序

| 程　序 | 说　明 |
|---|---|
| O0001; | 程序号 |
| N10 G99 T0101 S500 M03; | 选用 1 号外切槽刀（4 mm），右刀尖对刀，1 号刀具补偿，启动主轴 |
| N20 G00 X70.0 Z-25.2 M08; | 快速定位，槽侧面留余量 0.2 mm，切削液开 |
| N30 G75 R2.0; | 回退量 |
| N40 G75 X32.2 Z-40.8 P5000 Q3900 F0.15; | 切深 5 mm，位移 3.9 mm，侧面及槽底留余量 0.2 mm |
| N50 G01 X70.0 Z-25.0 F0.3; | |
| N60　X32.0 F0.1; | 右侧面精加工 |
| N70　Z-41.0; | 槽底精加工 |
| N80　X70.0; | 左侧面精加工 |
| N90 G00 X100.0 Z100.0 M09; | |
| N100 M05; | |
| N110 M30; | 程序结束 |

## 课题二　多槽加工

编制切纸辊 18×4 槽的加工程序（见图 3-52）。

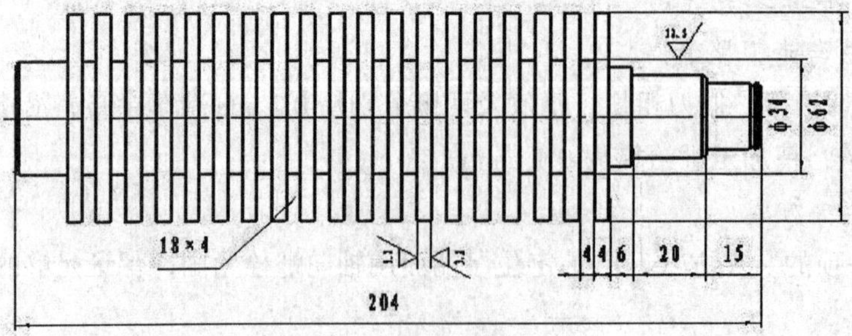


图 3-52　切纸辊

## 一、相关知识

应用子程序命令编制程序可以大大减少程序段的数量，提高编程工作的效率，非常适合于人工编程。

### （一）指令格式

M98 P <u>××××</u>　<u>××××</u>；

　　　循环次数　子程序号

### （二）说明

（1）子程序号同主程序，不同的是子程序用 M99 结束。

（2）子程序执行完请求的次数以后返回到主程序 M98 的下一句继续执行。如果子程序结束后没有 M99，将不能返回主程序。

（3）省略循环次数时，默认循环次数为一次。

（4）子程序可以由主程序调用，已被调用的子程序也可以调用其他的子程序。从主程序调用的子程序称为 1 重，总共可以嵌套调用 4 重，如图 3-53 所示。

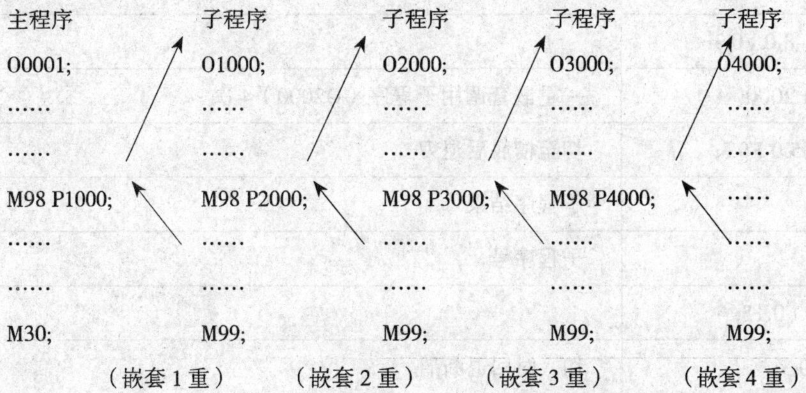


图 3-53　子程序调用的嵌套

## 二、编制程序

### （一）确定加工工艺

1. 加工方法与走刀路线

子程序采用 4mm 硬质合金切槽刀直接切入，主程序重复调用子程序 18 次，同时喷注切削液。

2. 零件的装夹方式

采用软卡爪夹持一夹一顶的装夹方式。

3. 确定编程坐标系及编程指令

以工件右端面中心作为编程坐标系原点，采用子程序重复调用简化编程。

### （二）编制加工程序

如表 3-35 所示。

表 3-35 切纸辊槽加工程序

| 程　序 | 说　明 |
|---|---|
| O0001; | 程序号 |
| N10 G99 T0101 S500 M03; | 选择 1 号外切槽刀（4 mm），左刀尖对刀，1 号刀具补偿，启动主轴 |
| N20 G00 X65.0 Z-41.0 M08; | 快速点定位，切削液开 |
| N30 M98 P18 1000; | 调用切槽子程序（O1000 ）18 次 |
| N40 G00 X150.0 Z0.0 M09; | 回参考点，切削液关 |
| N50 M05 | |
| N60 M30; | 程序结束 |
| O1000; | 子程序号 |
| N10 G01 W-8.0 F0.3; | |
| N20 M98 P4 2000; | 一重嵌套调用子程序（O2000）4 次 |
| N30 G01 X65.0 F0.3; | 切至槽底后退刀 |
| N40 M99; | 子程序结束 |
| O2000; | 子程序号 |
| N10 U-10.0 F0.15; | |
| N20 U3.0 F0.3; | 切入时回退断屑 |
| N30 M99; | 子程序结束 |

# 第八节　普通螺纹加工

如图 3-54 所示定位螺栓零件图，编制其加工程序。

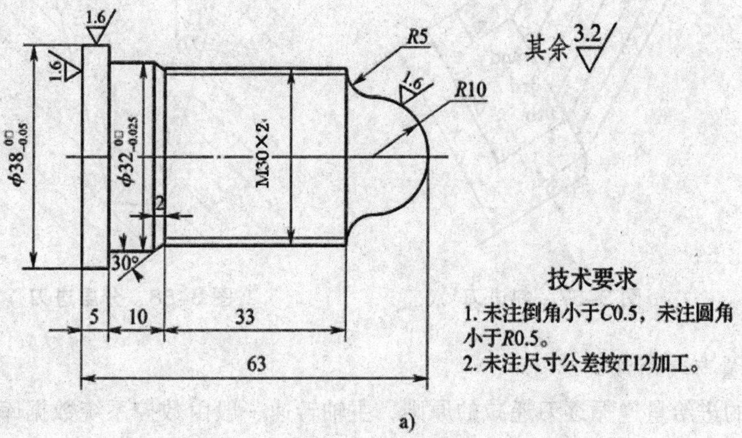


图 3-54　定位螺栓

## 一、相关知识

### （一）螺纹加工工艺分析

1. 螺纹类零件的装夹

建议采用软卡爪或一夹一顶的装夹方式。

2. 刀具与进刀方式选择

如图 3-55 ~ 3-58 所示。

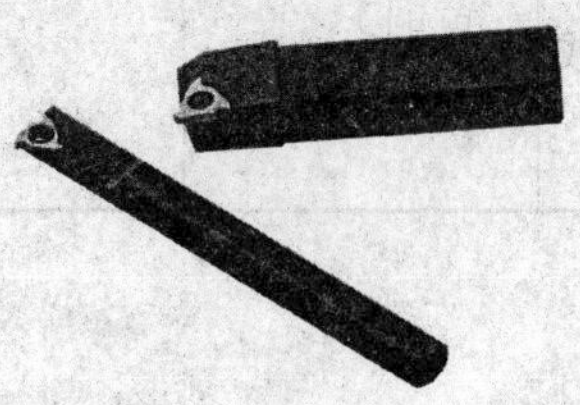

图 3-55　内、外螺纹车刀

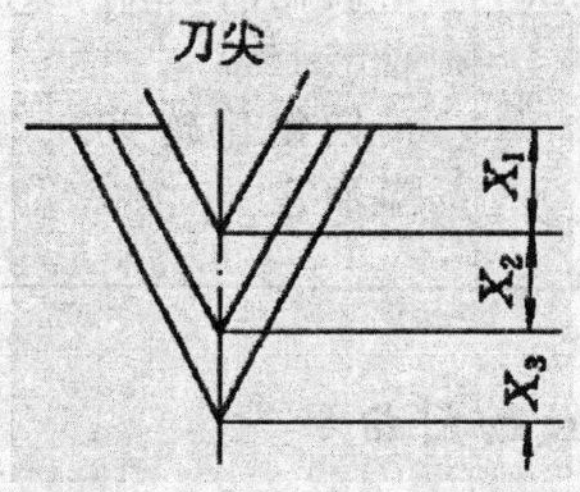


图 3-56　直进刀

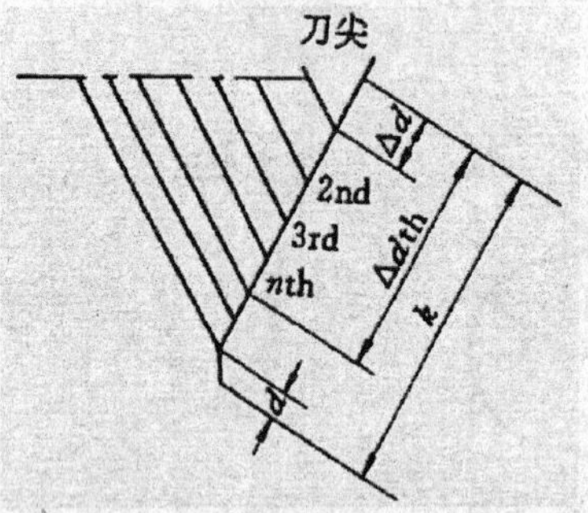


图 3-57　斜进刀

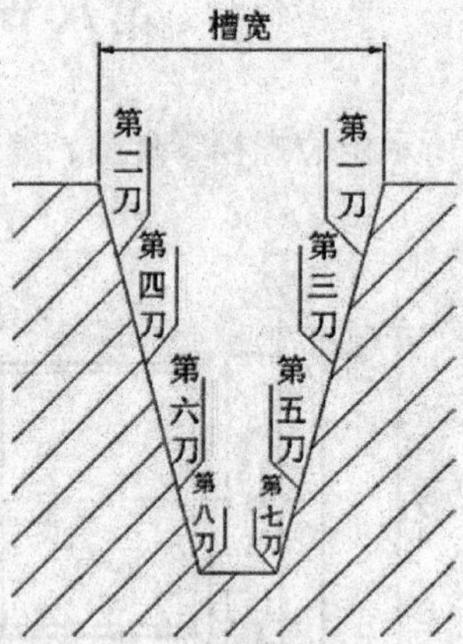


图 3-58　分层进刀

3. 切削用量与切削液的选择

螺纹加工的进给量遵循逐刀递减的原则，主轴转速一般由数控系统数据库内定或选择较低的转速（见表 3-36）。

表 3-36　螺纹加工切削液的选用

| | 工件材料 | | | | | |
|---|---|---|---|---|---|---|
| | 碳　钢 | 合金钢 | 不锈钢及耐热钢 | 铸铁与黄铜 | 青　铜 | 铝及铝合金 |
| 螺纹加工切削液的选用 | 1. 硫化乳化液<br>2. 氧化煤油<br>3. 煤油 75%，油酸或植物油 25%<br>4. 压器油 70%，氧化石蜡 30% | | 1. 氧化煤油<br>2. 硫化切削油<br>3. 煤油 60%，松节油 20%，油酸 20%<br>4. 硫化油 60%，煤油 25%，油酸 15%<br>5. 四氯化碳 90%，猪油或菜油等 | 1. 一般不用<br>2. 煤油（用于铸铁）或菜油（用于黄铜） | 1. 一般不用<br>2. 菜油 | 1. 硫化油 30%，煤油 15%，2 号或 3 号锭子油 55%<br>2. 硫化油 30%，煤油 15%，硫酸 30%，2 号或 3 号锭子油 25% |

（二）普通螺纹切削指令

1. 等螺距螺纹切削指令（G32）

（1）格式（见图 3-59）。

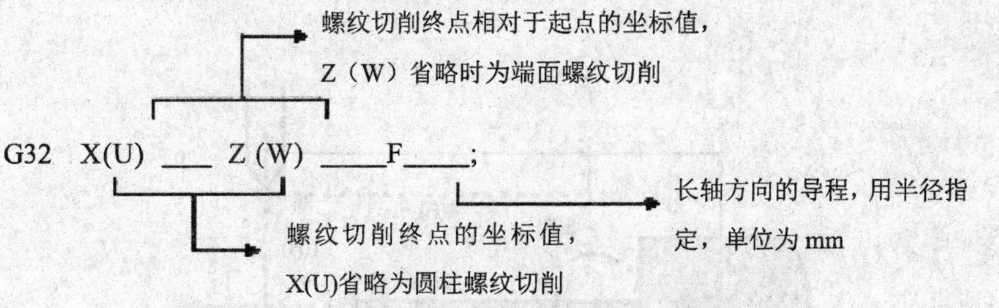


图 3-59　G32 格式

（2）应用范围（见图 3-60）。

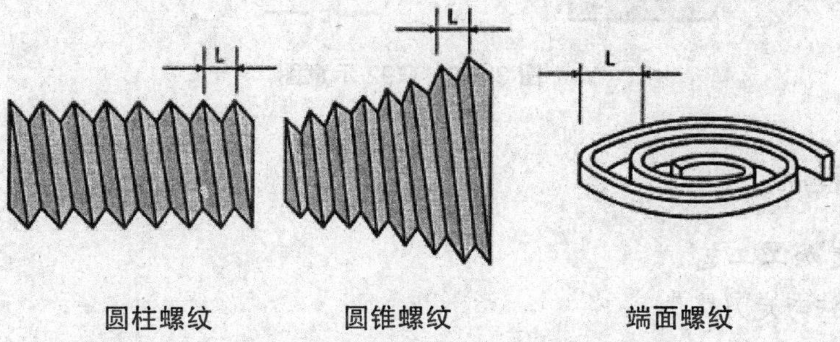


图 3-60　G32 应用范围

2. 螺纹切削固定循环（G92）

（1）格式（见图 3-61）。

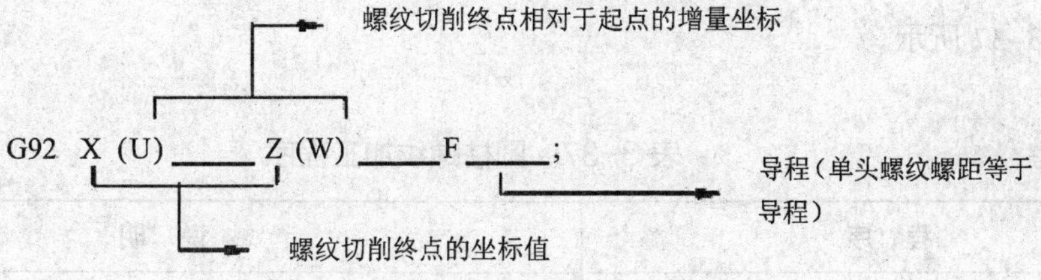


图 3-61　G92 格式

（2）应用范围。

主要用于圆锥或圆柱螺纹的切削循环。

（3）G92 用于圆柱螺纹车削的编程示意图，如图 3-62 所示。

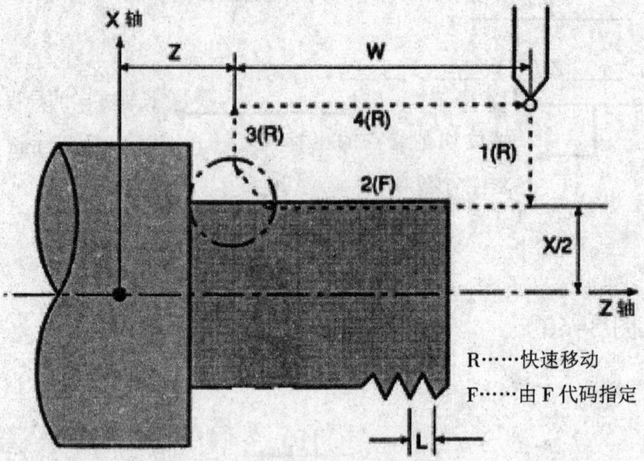


图 3-62　G92 示意图

## 二、编制程序

### （一）确定加工工艺

1. 加工方法与走刀路线

一次装夹车削成形，然后切断平端面。

2. 零件的装夹方式

采用软卡爪夹持或一夹一顶的装夹方式。

3. 确定编程坐标系及编程指令

以工件右端面中心作为编程坐标系原点，采用 G92，G32 指令编制加工程序。

### （二）编制加工程序（G92）

如表 3-37 所示。

表 3-37　圆柱螺纹加工程序

| 程　序 | 说　明 |
|---|---|
| N10　G99 T0101 S100 M04; | 选用 1 号 $60^0$ 螺纹刀（$L$=2），1 号刀具补偿，启动主轴 |
| N20　G00 X40.0 Z5.0; | 快速接近工件 |
| N30　G92 X29.0 Z-47.0 F2.0; | 螺纹车削第一刀 |
| N40　X28.2; | 第二次切入 0.8 mm |
| N50　X27.6; | 第三次切入 0.6 mm |

（续 表）

| 程 序 | 说 明 |
|---|---|
| N60 X27.4; | 第四次切入 0.2 mm |
| N80 G00 X100.0 Z100.0; | 快速返回换刀点，取消 1 号刀具补偿 |
| N90 M05; | 主轴停转 |
| N100 M30; | 程序结束 |

### （三）编制加工程序（G32）

如表 3-38 所示。

表 3-38 圆柱螺纹加工程序

| 程 序 | 说 明 |
|---|---|
| N10 G99 T0101 S100 M04; | 选用 1 号 $60^0$ 螺纹车刀（$L$=2），1 号刀具补偿，启动主轴 |
| N20 G00 X40.0 Z5.0; | 快速接近工件 |
| N30 X29.0; | 第一次切入 0.8 mm |
| N40 G32 Z-47.0 F2.0; | 螺纹车削 |
| N50 G00 X40.0; | $X$ 向快速退刀 |
| N60 Z5.0; | 快速返回 $Z$ 向起点 |
| N70 X28.2; | 第二次切入 0.8 mm |
| N80 G32 Z-47.0 F2.0; | 螺纹车削 |
| N90 G00 X40.0; | $X$ 向快速退刀 |
| N100 Z5.0; | 快速返回 $Z$ 向起点 |
| N110 X27.4; | 第三次切入 0.8mm |
| N120 G32 Z-47.0 F2.0; | 螺纹车削 |
| N130 G00 X100.0 Z100.0; | 快速返回换刀点，取消 1 号刀具补偿 |
| N140 M05; | 主轴停转 |
| N150 M30; | 程序结束 |

# 第九节　加工程序综合实例

## 课题一　典型零件的加工

加工如图 3-63 所示典型零件：零件毛坯尺寸为 $\phi$45 mm × 85 mm，材料为 45 号钢。

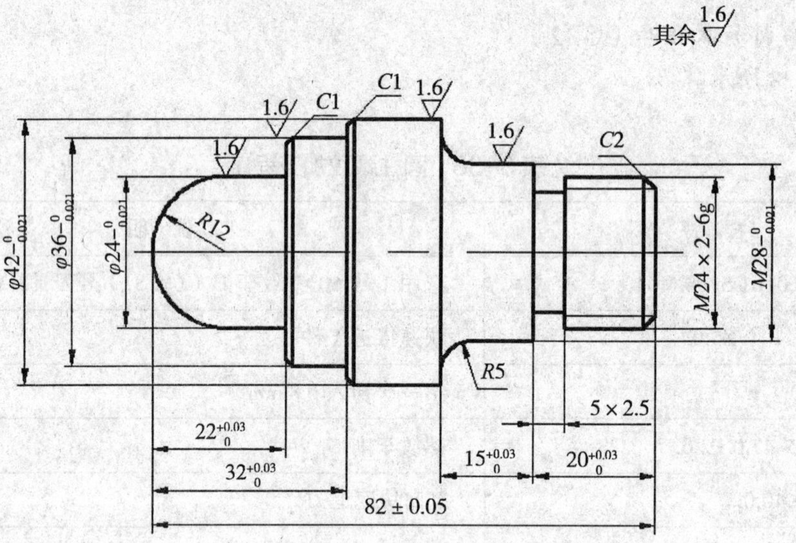


图 3-63　综合加工零件图

零件轮廓包括外圆、沟槽和螺纹，所用刀具为外圆粗车刀、外圆精车刀、外切槽刀和外螺纹刀。各主要外圆表面的粗糙度 *Ra* 均为 1.6 μm，其余表面粗糙度 *Ra* 为 3.2μm，说明该零件的表面粗糙度要求比较高，因此加工工艺安排为粗车和精车。零件左、右两端的轮廓不能同时加工完成，需要掉头装夹。

### 一、确定工件的装夹方式及工艺路线

（1）用三爪自定心卡盘夹持毛坯面，粗精车端面、*SR*12 mm 球头、$\phi$24 mm 外圆、$\phi$36 mm 外圆、$\phi$42 mm 外圆，如图 1-64 所示。

（2）掉头装夹，以 $\phi$42 mm 外圆左端面定位，夹持 $\phi$36 mm 外圆，车端面，保证总长（82 ± 0.05）mm，如图 1-65 所示。

（3）粗、精车 *M*24 螺纹牙顶圆、$\phi$28 mm 外圆、*R*5 mm 圆弧。

（4）车削 5 mm × 2.5 mm 沟槽。

（5）车削 *M*24 外螺纹。

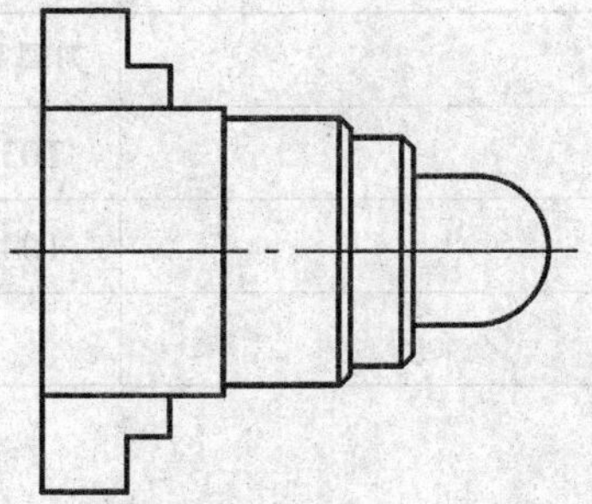

图 3-64　装夹 1

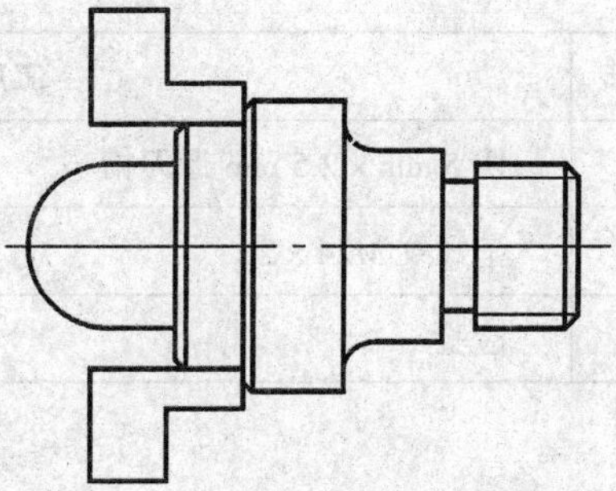

图 3-65　装夹 2

## 二、填写相关工艺卡片

### （一）数控加工刀具卡

如表 3-39 所示。

表 3-39　加工刀具卡

| 刀具号 | 刀具规格名称 | 数　量 | 加工内容 | 主轴转速（r/min） | 进给量（mm/r） | 材　料 |
|---|---|---|---|---|---|---|
| T01 | 93° 外圆车刀 | 1 | 粗车工件外轮廓 | 800 | 0.2 | YT15 |
| T02 | 93° 外圆车刀 | 1 | 精车工件外轮廓 | 1000 | 0.1 | YT15 |
| T03 | 3mm 宽切槽刀 | 1 | 切退刀槽 | 400 | 0.15 | YT15 |
| T04 | 60° 外螺纹车刀 | 1 | 车 M24 × 2 螺纹 | 500 | 2 | YT15 |

### （二）数控加工工艺卡

如表 3-40 所示。

表 3-40　加工工艺卡

| 工序及工步 | 工序内容 | 刀具号 | 备　注 |
|---|---|---|---|
| 1 | 夹持毛坯面，车削端面 | T01 | |
| 2 | 粗车 $SR$12 mm 球头、$\phi$24 mm 外圆、$\phi$36 mm 外圆、$\phi$42 mm 外圆 | T01 | |
| 3 | 精车 $SR$12 mm 球头、$\phi$24 mm 外圆、$\phi$36 mm 外圆、$\phi$42 mm 外圆 | T02 | |
| 4 | 掉头装夹，车削端面，保证总长 82 mm ± 0.05 mm | T01 | |
| 5 | 粗车 $M$24 螺纹外圆、$\phi$28 mm 外圆、$R$5 mm 圆弧 | T01 | |
| 6 | 精车 $M$24 螺纹外圆、$\phi$28 mm 外圆、$R$5 mm 圆弧 | T02 | |

（续 表）

| 工序及工步 | 工序内容 | 刀具号 | 备　注 |
|---|---|---|---|
| 7 | 切 5 mm × 2.5 mm 退刀槽 | T03 | |
| 8 | 车螺纹 $M24 \times 2$ | T04 | |
| 9 | 检验 | | |

## 三、编写加工程序

如表 3-41 所示。

表 3-41　加工程序

| 程　序 | 说　明 |
|---|---|
| O0001; | |
| N10　G99； | 指定为每转进给方式 |
| N20　M03　S800　； | 主轴转速为 800 r/min |
| N30　T0101　M08； | 选定 1 号刀，切削液开 |
| N40　G00　X46.0　Z2.0; | G71 粗车循环的定位点 |
| N50　G71　U2.0　R0.5; | 指定背吃刀量 2 mm，退刀量 0.5 mm |
| N60　G71 P70 Q170 U1.0 W0 F0.2; | 指定循环的起始段号、精车余量、进给量 |
| N70　G00　G42　X0; | N70 至 N170 为粗车内容 |
| N80　G01　Z0　F0.1; | |
| N90　G03　X24.0　Z-12.0　R12.0; | |
| N100　G01　Z-22.0; | |
| N110　X34.0　; | |
| N120　X36.0　Z-23.0; | |
| N130　Z-32.0; | |
| N140　X40.0; | |
| N150　X42.0　Z-33.0; | |
| N160　Z-50.0; | |
| N170　G40　X45.0; | |
| N180　G00　X100.0　Z100.0; | |
| N190　M05; | 主轴停转 |

（续 表）

| 程 序 | 说 明 |
| --- | --- |
| N200 M00; | 程序暂停 |
| N210 M03 S1000; | 主轴正转，转速为 1 000 r/min，用于精加工 |
| N220 T0202; | 调用 2 号精车刀 |
| N230 G00 X46.0 Z2.0 ; | |
| N240 G70 P70 Q170; | 精加工 |
| N250 G00 X100.0 Z100.0; | |
| N260 M05; | 主轴停转 |
| N270 M09; | 切削液关 |
| N280 M30; | 程序结束 |
| O0002 ; | 掉头加工的程序号 |
| N10 G99 | 指定为每转进给方式 |
| N20 M03 S800 ; | 主轴转速为 800 r/min |
| N30 T0101 M08 ; | 选定 1 号刀，切削液开 |
| N40 G00 X46.0 Z2.0; | G71 粗车循环的定位点 |
| N50 G71 U2.0 R0.5; | 指定背吃刀量 2 mm，退刀量 0.5 mm |
| N60 G71 P70 Q140 U1.0 W0 F0.2; | 指定循环的起始段号、精车余量、进给量 |
| N70 G00 X20.0; | 从 N70 至 N140 为粗车内容 |
| N80 G01 Z0 F0.1; | |
| N90 X23.80 Z-2.0 ; | |
| N100 Z-20.0; | |
| N110 X28.0 ; | |
| N120 Z-30.0; | |
| N130 G02 X38.0 W-5.0 R5.0; | |
| N140 G01 X42.0; | |
| N150 G00 X100.0 Z100.0; | |
| N160 M05; | |
| N170 M00; | 程序暂停 |
| N180 M03 S1000; | 主轴正转，转速为 1 000 r/min，用于精加工 |
| N190 T0202; | 换 2 号精车刀 |
| N200 G00 X46.0 Z2.0 ; | |
| N210 G70 P70 Q140; | 精车轮廓 |

（续 表）

| 程 序 | 说 明 |
| --- | --- |
| N220 G00 X100.0 Z100.0; | |
| N230 M05; | |
| N240 M00; | |
| N250 M03 S400; | 主轴正转，转速为 400 r/min，用于切槽 |
| N260 T0303; | 换 3 号切槽刀 |
| N270 M08; | |
| N280 G00 X30.0 Z-20.0; | |
| N290 G01 X19.0 F0.15; | 加工螺纹退刀槽 |
| N300 G04 X2.0; | |
| N310 G00 X25.0 ; | |
| N320 Z-18.0; | |
| N330 G01 X19.0 F0.15; | |
| N340 G04 X2.0; | |
| N350 G00 X50.0; | |
| N360 X100.0 Z100.0; | |
| N370 M05; | |
| N380 M00; | |
| N390 M03 S500; | 主轴正转转速为 500 r/min，用于加工螺纹 |
| N400 T0404; | 换 4 号螺纹车刀 |
| N410 M08; | |
| N420 G00 X25.0 Z3.0; | |
| N430 G92 X23.5 Z-18.0 F2.0; | 加工 M24×2 螺纹至尺寸 |
| N440 X23.2; | |
| N450 X22.8; | |
| N460 X22.4; | |
| N470 X22.0; | |
| N480 X21.7; | |
| N490 X21.4; | |
| N500 G00 X100.0 Z100.0; | |
| N510 M05; | 主轴停转 |
| N520 M30; | 程序结束 |

## 四、加工时的注意事项

由于零件的尺寸公差方向一致，按图样的实际尺寸编程，通过修改刀具补偿来保证尺寸要求，理论上加工出来的零件尺寸偏差应该一致，但实际加工过程中，由于刀具磨损造成某一部位的尺寸公差不在公差范围内，出现这种情况时就不要再修改刀具补偿，只需修改加工这一部分的程序段中的数值来达到要求。

# 课题二　复杂零件的加工

加工如图 3-66 所示复杂零件：毛坯尺寸为 $\phi$50 mm × 145 mm，材料为 45 号钢。

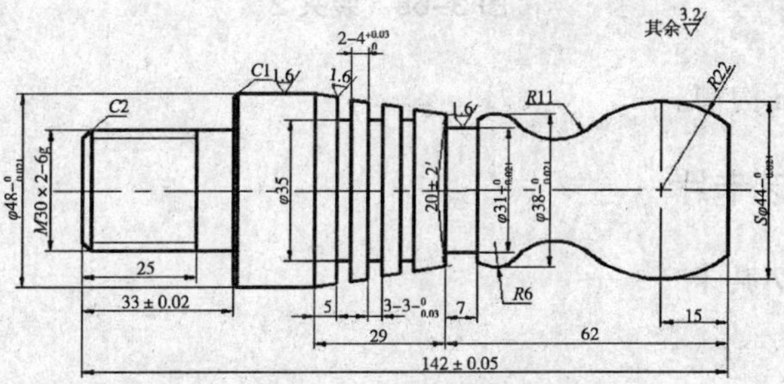


图 3-66　复杂零件的零件图

零件轮廓包括外圆柱面、外圆弧面、沟槽和螺纹，所用刀具为外圆粗车刀、外圆精车刀、外切槽刀和外螺纹车刀。各主要外圆的表面粗糙度 $Ra$ 均为 1.6 μm，其余的表面粗糙度 $Ra$ 为 3.2 μm，说明该零件的表面粗糙度要求比较高，因此加工工艺应安排粗车和精车。零件左、右两端的轮廓不能同时加工完成，需要掉头装夹，打中心孔，用顶尖辅助。三个槽的形状相同，用调用子程序的方式来编制加工程序。

## 一、确定工件的装夹方式及工艺路线

（1）用三爪自定心卡盘夹持毛坯面（见图 3-67），粗精车端面、$M$30 螺纹外圆、$\phi$48 mm 外圆、$M$30 螺纹。

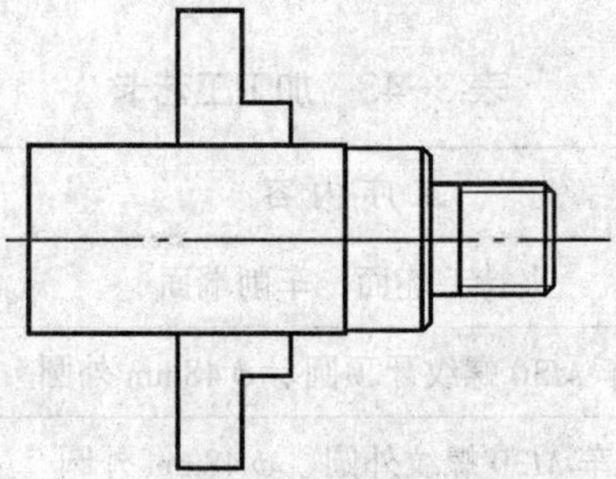

图 3-67　装夹 1

（2）掉头装夹（见图 3–68），以 $\phi$48 mm 外圆左端面定位，夹持 $M$30 螺纹，车端面，保证总长（142 ± 0.05）mm。

（3）打中心孔，用后顶尖顶持。

（4）粗精车 $S\phi$44 mm 圆球面、$R$11 mm 圆弧面、$R$6 mm 圆弧面、圆锥面。

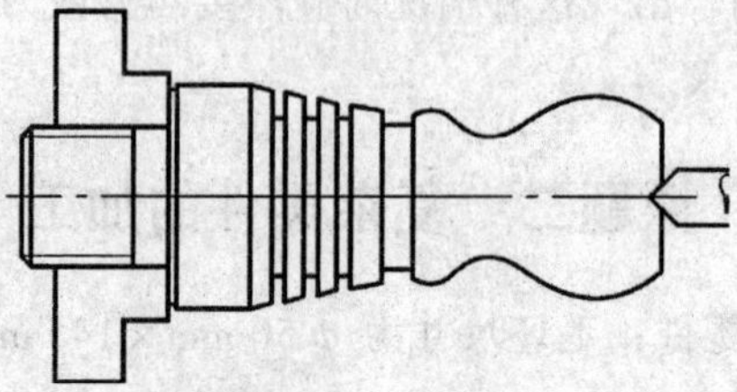

图 3–68 装夹 2

（5）车削 3 × 3 mm 沟槽。

## 二、填写相关工艺卡片

### （一）数控加工刀具卡

如表 3–42 所示。

表 3–42 加工刀具卡

| 刀具号 | 刀具规格名称 | 数 量 | 加工内容 | 主轴转速（r/min） | 进给量（mm/r） | 材 料 |
|---|---|---|---|---|---|---|
| T01 | 95° 车刀 | 1 | 粗车工件外轮廓 | 800 | 0.2 | YT15 |
| T02 | 95° 车刀 | 1 | 精车工件外轮廓 | 1 000 | 0.1 | YT15 |
| T03 | 3mm 宽切槽刀 | 1 | 切退刀槽 | 400 | 0.15 | YT15 |
| T04 | 60° 外螺纹车刀 | 1 | 车 $M$30 × 2 螺纹 | 500 | 2 | YT15 |

### （二）数控加工工艺卡

如表 3–43 所示。

表 3–43 加工工艺卡

| 工序及工步 | 工 序 内 容 | 刀具号 | 备注 |
|---|---|---|---|
| 1 | 夹持毛坯面，车削端面 | T01 | |
| 2 | 粗车 $M$30 螺纹牙顶圆、$\phi$48mm 外圆 | T01 | |
| 3 | 精车 $M$30 螺纹外圆、$\phi$48mm 外圆 | T02 | |

（续 表）

| 工序及工步 | 工 序 内 容 | 刀具号 | 备注 |
|---|---|---|---|
| 4 | 粗精车 $M30\times2$ 螺纹 | T04 | |
| 5 | 掉头装夹，车端面，保证总长 142mm ± 0.05mm | T01 | |
| 6 | 打中心孔 | 中心钻 | |
| 7 | 粗车 $S\phi$44mm 球面、$R$11mm 和 $R$6mm 圆弧面、圆锥面 | T01 | |
| 8 | 精车 $S\phi$44mm 球面、$R$11mm 和 $R$6mm 圆弧面、圆锥面 | T02 | |
| 9 | 车削 $3\times3_{-0.03}^{\ 0}mm$ 、沟槽 $\varphi31_{-0.021}^{\ 0}mm$ 、宽 7mm 的槽 | T03 | |

## 三、编写加工程序

如表 3-44 所示。

表 3-44　加工程序

| 程　序 | 说　明 |
|---|---|
| O0001; | |
| N10　G99 | 指定为每转进给方式 |
| N20　M03　S800 ; | 主轴正转，转速为 800 r/min |
| N30　T0101　M08 ; | 选定 1 号刀，切削液开 |
| N40　G00　X52.0　Z2.0; | G71 粗车循环的定位点 |
| N50　G71　U1.5　R0.5; | 指定背吃刀量 1.5 mm，退刀量 0.5 mm |
| N60　G71 P70 Q130 U1.0 W0 F0.2; | 指定循环的起始段号、精车余量、进给量 |
| N70　G00　X26.0; | 从 N70 至 N130 之间为粗加工内容 |
| N80　G01　Z0　F0.1; | |
| N90　　X29.8　Z-2.0 ; | |
| N100　　Z-33.0; | |
| N110　　X46.0; | |
| N120　　X48. 0　W-1.0 ; | |
| N130　　Z-52.0 ; | |

（续 表）

| 程 序 | 说 明 |
|---|---|
| N140 G00 X100.0 Z100.0; | |
| N145 M05; | 主轴停转 |
| N150 M00; | 程序暂停 |
| N160 M03 S1000; | 主轴正转，转速为 1 000 r/min，用于精加工 |
| N170 T0202; | 调用 2 号精车刀 |
| N180 G00 X52.0 Z2.0 ; | |
| N190 G70 P70 Q130; | 精加工 |
| N200 G00 X100.0 Z100.0 | |
| N210 M05; | 主轴停转 |
| N220 M09; | 切削液关 |
| N230 M00; | 程序暂停 |
| N240 M03 S600 ; | 主轴正转转速为 600 r/min，用于切削螺纹 |
| N250 T0404 ; | 调用 4 号螺纹车刀 |
| N260 G00 X32.0 Z3.0; | |
| N270 G92 X29.5 Z-25.0 F2.0; | 螺纹车削循环加工 M30 螺纹 |
| N280 X29.1; | |
| N290 X28.8; | |
| N300 X28.5; | |
| N310 X28.2; | |
| N320 X28.0; | |
| N330 X27.8; | |
| N340 X27.6; | |
| N350 X27.5; | |
| N360 X27.4; | |
| N370 G00 X100.0 Z100.0; | |
| N380 M05; | |

（续 表）

| 程 序 | 说 明 |
|---|---|
| N390 M30; | |
| O0002 ; | 掉头加工的程序号 |
| N10 G99 | 指定为每转进给方式 |
| N20 M03 S800 ; | 主轴正转，转速为 800 r/min |
| N30 T0101 M08 ; | 选定 1 号刀，切削液开 |
| N40 G00 X52.0 Z2.0; | G73 粗车循环的定位点 |
| N50 G73 U15.0 W0 R15; | 指定 *X* 方向总退刀量 15.0 mm，粗车循环次数为 15 次 |
| N60 G73 P70 Q130 U1.0 W0 F0.2; | 指定循环的起始段号、精车余量、进给量 |
| N70 G00 X31.0; | N70 至 N130 为粗车内容 |
| N80 G01 Z0 F0.1; | |
| N90 G03 X31.572 Z-30.323 R22.0 ; | |
| N100 G02 X33.538 Z-46.543 R11.0; | |
| N110 G03 X35.304 Z-55.0 R6.0 ; | |
| N120 G01 X48.0 Z-91.0; | |
| N130 X50.0; | |
| N140 G00 X100.0 Z100.0; | |
| N150 M05; | |
| N160 M00; | 程序暂停 |
| N170 M03 S1000; | 主轴正转，转速为 1 000 r/min，用于精加工 |
| N180 T0202; | 换 2 号精车刀 |
| N190 G00 X52.0 Z2.0 ; | |
| N200 G70 P70 Q130; | 精车轮廓 |
| N210 G00 X100.0 Z100.0; | |
| N220 M05; | |
| N230 M00; | |
| N240 M03 S400; | 主轴正转，转速为 400 r/min，用于切槽 |

（续 表）

| 程 序 | 说 明 |
|---|---|
| N250 T0303; | 换 3 号切槽刀 |
| N260 M08; | |
| N270 G00 X40.0 Z-58.0; | |
| N280 G75 R1.0; | G75 加工 $\phi$31 mm 槽 |
| N290 G75 X31.0 Z-62.0 P2000 Q2500 F0.15; | |
| N300 G00 X50.0; | |
| N310 Z-65.0 ; | |
| N320 M98 P030003; | 调用 O0003 号子程序加工槽 |
| N330 G00 X100.0 Z100.0;. | |
| N340 M05; | |
| N350 M30; | |
| O0003; | 子程序号 |
| N10 G00 W-7.0; | 加工单槽 |
| N20 G01 X35.0 F0.15; | |
| N30 G04 X2.0; | |
| N40 G00 X50.0; | |
| N50 M99; | |

## 四、加工时的注意事项

（1）选择外圆车刀时，副偏角一定要足够大，以免在加工特形面时与工件发生干涉。

（2）掉头装夹时，一定要用铜皮把已经加工好的外螺纹包住，以免夹伤螺纹牙顶。

（3）切槽子程序中的 Z 方向的数值要用增量方式。

# 第四章　FANUC 0iT 数控车床操作

## 第一节　FANUC 0iT 数控车床面板

数控车床的操作部分一般位于数控车床的正面，就是带有液晶显示屏的区域，FANUC 0iT 数控车床系统的操作部分由系统控制面板、机床操作面板等组成，如图 4-1 所示。用操作键盘结合显示屏可以进行数控系统操作。

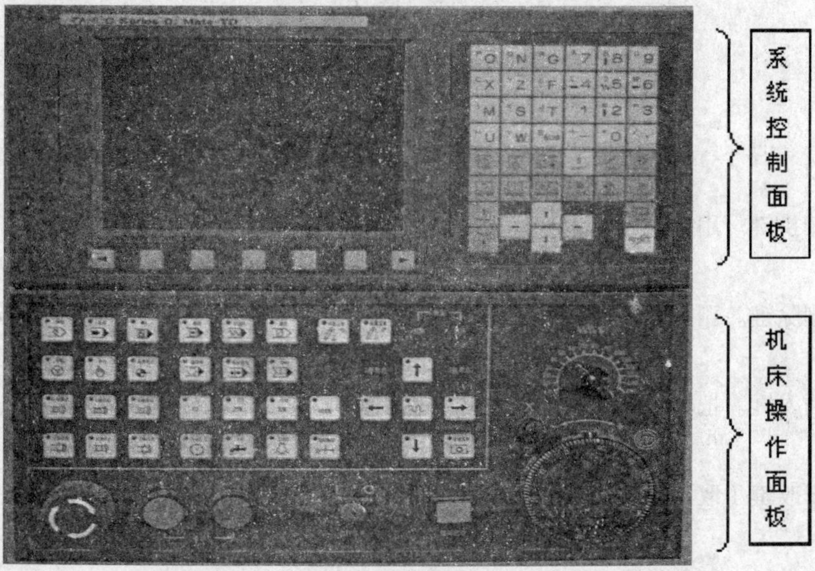


图 4-1　FANUC 0iT 数控车床系统操作部分

### 一、系统控制面板

FANUC 0iT 数控系统控制面板由液晶显示屏、MDI 键盘和功能键等部分组成（见图 4-2）。

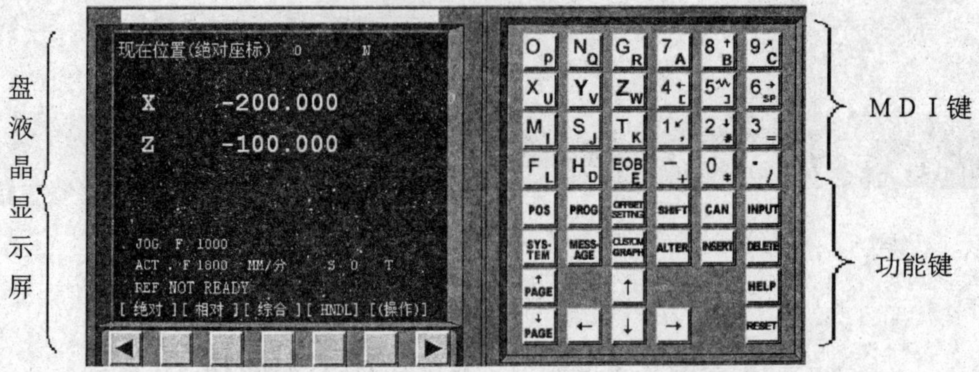


图 4-2　FANUC 0iT 数控系统控制面板

**数字 / 字母键**

**编辑键**

替换键。用输入的数据替代光标所在的数据。

删除键。删除光标所在的数据，或者删除一个数控程序，或者删除全部数控程序。

插入键。把输入域之中的数据插入到当前光标之后的位置。

修改键（取消键）。删除输入域内的数据。

回车换行键。结束一行程序的输入并且换行。

上档键。

**页面切换键**

数控程序显示与 MDI 编辑页面。

位置显示页面。（连续按最终出现的是工件坐标系位置）。

参数输入页面。按第一次进入坐标系设置页面，按第二次进入刀具补偿参数页面。进入不同的页面以后，用 PAGE 按钮切换。

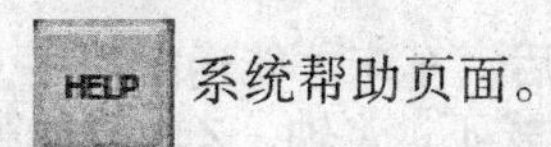

系统帮助页面。

图形参数设置页面。

信息页面，如“报警”。

系统参数页面。

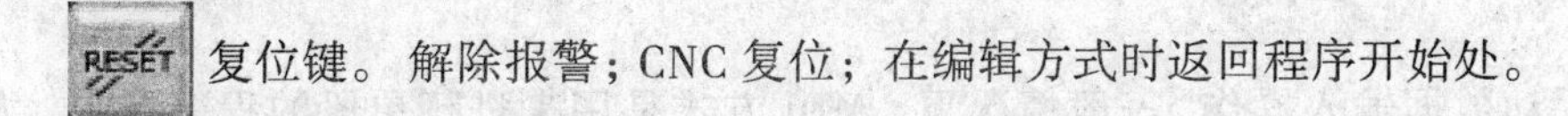

复位键。解除报警；CNC 复位；在编辑方式时返回程序开始处。

**翻页按钮**（PAGE）

向上翻页。

向下翻页。

**光标移动**（CURSOR）

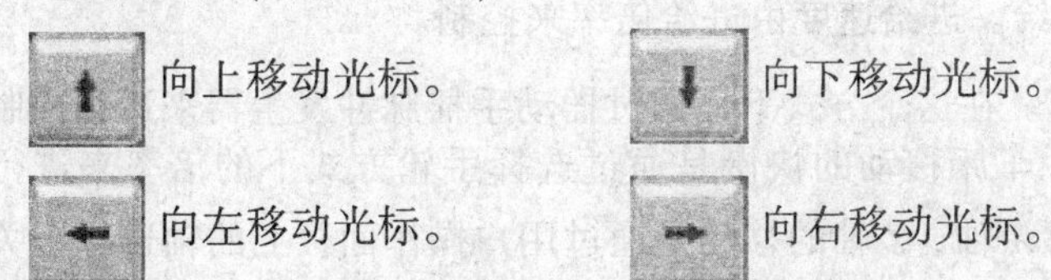

向上移动光标。

向下移动光标。

向左移动光标。

向右移动光标。

**输入键**

输入键。把输入域内的数据输入参数页面，或者输入一个外部的数控程序。

## 二、机床操作面板

FANUC 0iT 数控系统数控车床的操作面板（见图 4-3）主要用于操作数控车床。

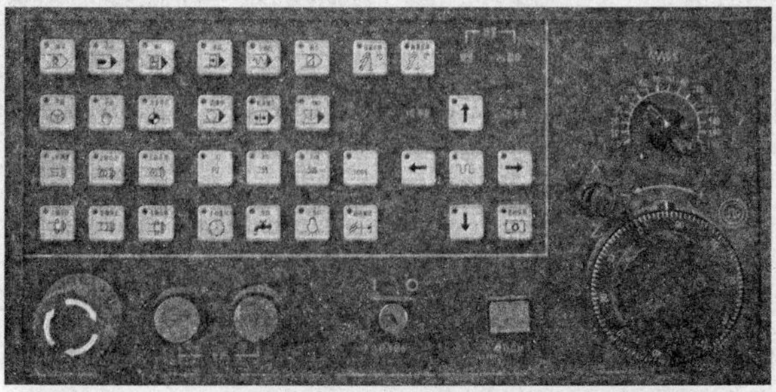

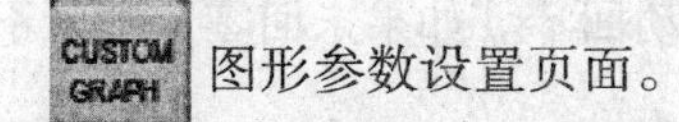

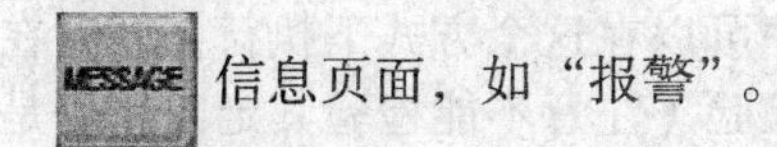

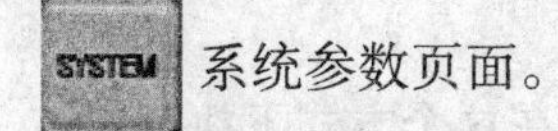

图 4-3　FANUC 0iT 数控系统数控车床操作面板

**模式选择按键**

模式选择按键共有 7 个，车床的一切运动都是围绕着这 7 个方式进行。也就是说，数控车床的每一个动作，都必须在某种方式确定的前提下才有意义。

ZRN 回机床参考点操作。数控车床开机后，只有回零以后，车床才能运行程序，所以用户要有一开机就回零的习惯。另外，在回零方式下，*X* 轴、*Z* 轴只能朝正方向，只要按下并保持 3 秒以上，车床就能自动回零。如果未回零，车床不能进行 AUTO 方式操作，并给出报警。

AUTO 自动运行加工程序操作。编辑以后的程序可以在这个方式下执行，同时在空运行状态下可以进行程序格式的正确性检验（注意不能检验其走刀轨迹是否正确）。

EDIT 程序的输入及编辑操作。程序的存储与编辑都必须在这个方式下执行。

MDI 手动数据输入操作 一般情况下，MDI 方式是用来进行单段的程序控制，如 T0101、G00 X50 ，它只是针对一段程序编程，不需要编写加工程序号和程序段号，并且程序一旦执行完毕，就不在内存中驻留。它可以通过循环启动键来驱动程序和执行。

JOG 手动进给操作。在 JOG 方式下，通过选择用户操作面板上的方向键，车床就朝所选择的方向连续进给。进给速度由进给倍率来控制。

HANDLE 手摇轮进给操作。在这个方式下，通过摇动手摇脉冲发生器来达到控制车床移动的目的。车床移动的快慢是通过选择手轮方式下的倍率来进行控制。另外，车床 *X* 轴、*Z* 轴的移动是通过用户操作面板上的轴选择开关来进行控制的，而每个轴移动的方向对应于手轮上的“+”、“-”符号方向。

INC（STEP）增量进给操作。在增量进给方式下，每按一下进给方向键，车床就移动一个进给当量。

**手动主轴功能按键**

CW 手动主轴正转。在手动方式下有效，当按下此按键并保持 2 秒以上，主轴电动机就开始正转。

STOP 手动主轴停转。在手动方式下有效，在主轴旋转的过程中，当按下此按键，主轴电动机就停止转动。

CCW 手动主轴反转。在手动方式下有效，当按下此按键并保持 2 秒以上，主轴电动机就开始反转。

提示：主轴功能按键只在“JOG”或“HANDLE”模式下有效。

**AUTO 模式下的按键**

单段运行。按下该按键，每按一次循环启动按键，机床将执行一段程序后暂停。

程序段跳跃。按下该按键，前面加“/”符号的程序段将被跳过执行。

空运行。按下该按键，在自动运行模式下，溜板将以最快的速度运行。用于检查刀具运动轨迹。

机床锁住。按下该按键，溜板的移动功能将被限制。用于检查程序编制的正确性。

循环启动。用于启动自动运行。

进给保持。按下该按键，CNC 将暂时停止一个加工程序或单段指令。

急停按钮。在机床手动或自动运行期间，发生紧急情况时，按下此按钮，机床立即停止运行，如主轴停转、溜板停止移动、切削液关闭等。松开时，沿箭头指示方向旋转此按钮即可弹起，恢复正常。

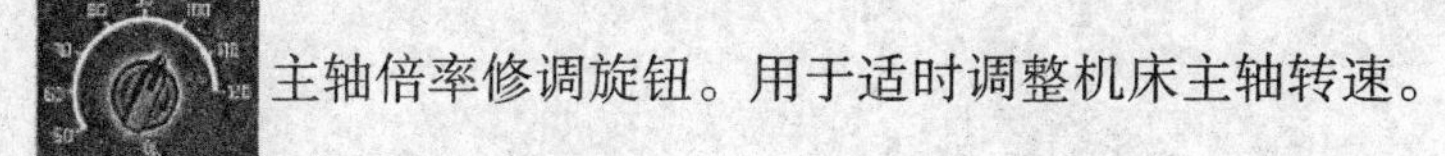

主轴倍率修调旋钮。用于适时调整机床主轴转速。

进给倍率修调旋钮。用于适时调整溜板的进给速度。

系统启动按键。在机床电源通电时，按下系统启动按键后，接通 NC 系统电源。

系统停止按键。在机床停止工作时，按下系统停止按键后，系统断电。

快速移动键。配合方向移动键快速移动。

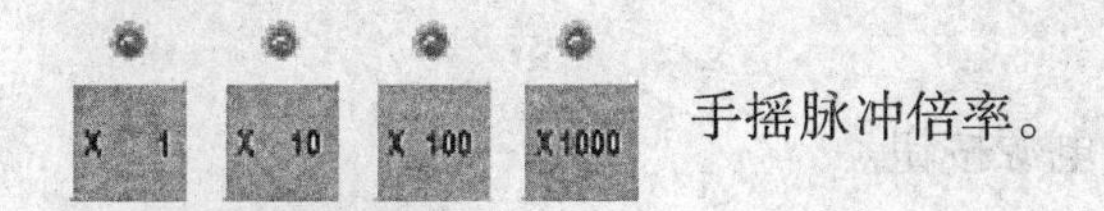

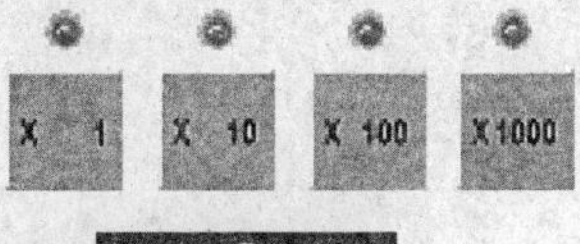

手摇脉冲倍率。

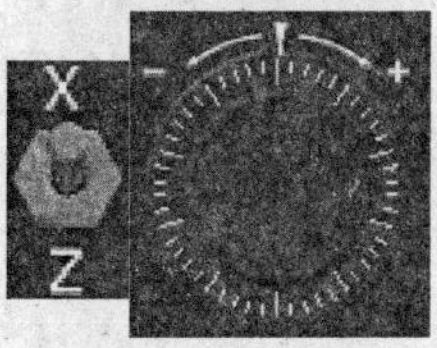

手轮。

程序保护。当把这个开关打开时，用户加工程序可以进行编辑，参数可以进行修改；当把这个开关关闭时，程序和参数得到保护，不能进行修改。

主轴 / 润滑 / 机床报警指示灯。

X 参考点指示灯。

Z 参考点指示灯。

循环启动 在 AUTO 及 MDI 方式下启动程序。。

NC 通电。

NC 断电。

手动选刀。在手动方式（INC、HANDLE、JOG）下有效，一直按着此按钮，刀架电动机就一直正转。当放开按钮后，刀架找到最近一个刀位后电动机停止转动并反向锁紧，换刀结束。

## 第二节　数控车床的基本操作

### 一、数控车床的开机

（1）检查数控车床的外观是否正常（如前、后门是否关好）。
（2）接通机床电源、电气总开关。
（3）按下数控系统控制面板上的“ON”电源按钮。
（4）旋起急停旋钮。

### 二、数控车床的关机

（1）按下急停旋钮。
（2）按下数控系统控制面板上的“OFF”电源按钮，关掉系统电源。
（3）关掉机床总电源开关。

注：为了避免数控车床在开、关机过程中，由于电流的瞬间变化而冲击数控系统外部设备，请严格按照以上操作顺序进行开、关机。

## 三、数控车床的急停操作

如果出现紧急情况，应立即按下急停按钮，车床的全部动作停止，该按钮同时自锁，并在屏幕上出现“EMG”字样，车床报警指示灯点亮。当险情或故障排除后，沿箭头指示方向旋转一定角度，急停按钮自动弹起。

## 四、数控车床的锁住操作

为了模拟刀具运动轨迹，通常要进行车床锁住操作。按下车床锁住键，此时该键指示灯点亮，车床锁住状态有效。要解除机床锁住状态，只要再一次按下车床锁住键，即可解除。

注意：在机床锁住状态下，只是锁住了各伺服轴的运动，主轴、冷却系统和刀架照常工作。

## 五、手动返回参考点操作

（1）正常开机后，操作人员首先应进行回零（返回参考点）操作，因为机床在断电后就失去了对各坐标位置的记忆，所以在接通电源后，必须让各坐标值回零，操作步骤为：

①通过手动或手轮操作方式将拖板移到减速挡块之前。

②按下手动返回参考点键，选择手动返回参考点操作方式。

③分别按下 $X$ 轴正向键和 $Z$ 轴正向键各 3 秒以上，$X$ 轴和 $Z$ 轴自动回到参考点。

④各轴都返回参考点后，对应的原点指示灯变亮。

在手动返回参考点的过程中，为保证车床及刀具的安全，一般应先回 $X$ 轴，后回 $Z$ 轴。

（2）即使机床已进行回零操作，如出现下面几种情况仍必须进行重新回零操作：

①机床关机后马上重新接通电源。

②机床解除急停状态后。

③机床超行程解除后。

④数控车床在“机械锁定”状态下进行程序的空运行操作后。

## 六、手动操作方式 JOG

手动操作方式是通过 $X$、$Z$ 轴方向移动按钮，实现两轴各自的移动，并通过进给倍率开关选择移动的速度。还可以同时按下快速移动键，实现快速连续移动。其操作方法如下：

（1）按下手动操作键，选择手动操作方式。

（2）根据移动需要按下 $X$ 轴或 $Z$ 轴的方向键，选择移动方向。

## 七、手摇轮进给方式 HANDLE

操作者可以转动手摇轮使拖板进行前后左右的移动，手摇轮进给方式适合于近距离对刀操作，其操作方法如下：

（1）按下手摇轮进给键，选择手摇轮操作方式。手摇脉冲倍率有四种：，分别表示脉冲当量为0.001 mm、0.01 mm、0. 1 mm、1 mm。根据移动量要求任选其一，这样就可以确定手摇轮每刻度的当量值。

（2）根据移动需要顺时针或逆时针摇动手摇轮，顺时针方向摇动时为正方向脉冲，逆时针方向摇动时为负方向脉冲。

## 八、开、关主轴

（1）按下手动操作键，选择手动操作方式。

（2）按键，主轴正转；按键，主轴反转；按键，主轴停。

## 九、手动数据输入方式 MDI

手动数据输入方式用来在系统键盘上输入一段程序，然后按下循环启动键来执行该段程序，其操作方法如下：

（1）按下手动数据输入键，选择手动数据输入操作方式。

（2）按下程序键，液晶屏幕左上角显示“MDI”字样。

（3）输入要运行的程序段。

（4）按下循环启动键，按键灯亮，数控车床开始自动运行该程序段。

## 十、自动操作方式 AUTO

（1）选择一个要执行的数控程序。

（2）按下自动键，选择自动操作方式。

（3）按下循环启动键，按键灯亮，自动加工循环开始。

（4）程序执行完毕，循环启动指示灯灭，加工循环结束。

## 十一、数控程序的处理

### （一）新程序的建立

（1）按下编辑方式键，选择编辑操作方式。

（2）按下程序键。

（3）输入地址符O，输入程序号（如O2010），按下插入键，即可完成新程序号的输入。在建立新程序时，新程序的程序号必须是存储器中没有的程序号。

### （二）程序的调用

（1）按下编辑方式键，选择编辑操作方式。

（2）按下程序键。

（3）输入欲调用的程序号（如O2010），按下向下移动键，即可完成程序的调用。在调用新程序时，调用的程序号必须是存储器中已有的程序号。

### （三）一个程序的删除

（1）按下编辑方式键，选择编辑操作方式。

（2）按下程序键。

（3）输入欲删除的程序号（如 O2010），按下删除键，即可完成单个程序删除。

### （四）全部程序的删除

（1）按下编辑方式键，选择编辑操作方式。

（2）按下程序键。

（3）输入程序号 O ~ 9999，按下删除键，即可完成全部程序的删除。

### （五）程序字的删除

（1）按下编辑方式键，选择编辑操作方式。

（2）按下程序键。

（3）使用光标移动键，将光标移动到欲删除的程序字（如 X20），按下删除键，即可完成程序字的删除。

### （六）程序字的插入

（1）按下编辑方式键，选择编辑操作方式。

（2）按下程序键。

（3）使用光标移动键，将光标移动到欲插入程序字的位置，输入欲插入的程序字（如 X65），按下插入键，即可完成程序字的插入。

### （七）程序字的替换

（1）按下编辑方式键，选择编辑操作方式。

（2）按下程序键。

（3）使用光标移动键，将光标移动到欲替换程序字（如 X65）的位置，输入欲替换的程序字（如 X25），按下替换键，即可完成程序字的替换。

## 十二、对刀操作

对刀目的是调整数控车床每把刀的刀位点，这样在刀架转位后，虽然各刀具的刀尖不在同一点上，但通过刀具补偿，将使每把刀的刀位点都重合在某一理想位置上，编程者只按工件的轮廓编制加工程序而不必考虑不同刀具长度和刀尖半径的影响。

数控车床的对刀方法较多，下面主要介绍试切法外圆车刀对刀（1 号刀）（见图 4-4），当然工件必须已经装夹好了。其他车刀的对刀方法基本类似。

（1）按下手动数据输入键 MDI，选择手动数据输入操作方式。再按下程序键，液晶屏幕左上角显示“MDI”字样。按 T0101，再按回车换行键，再按插入键，再按下循环启动键，使 1 号车刀转到加工位置；然后再按 M03 S600，再按回车换行键，再按插入键，再按下循环启动键，使主轴转动。

（2）按下手动操作键，选择手动 JOG 操作方式，利用方向键，并结合进给倍率旋钮，移动 1 号刀切削端面。切削完端面后，不要移动 $Z$ 轴，按正 $X$ 方向键以原进给速度退出。退出后，连续按参数输入键，进入参数输入页面，确认 G54 下 $Z$ 值应为 0（$X$ 值一般为 0），如果不为 0，改为 0。继续按参数输入键，或按 [ 形状 ] 对应的软键，进入下图刀具补偿页面。利用光标移动键，使光标移动到 G01 行 $Z$ 处，在键盘上按 Z0 并按 [ 测量 ] 软键，$Z$ 向刀具偏置参数即自动存入，完成 1 号车刀的 $Z$ 向对刀。

（3）再利用方向键移动 1 号车刀，试车外圆 3 ~ 5 毫米，然后不要移动 $X$ 轴，按正 $Z$ 方向键以原进给速度退出。退出后，按下主轴停止按钮，使主轴停止。测量试车部分的外圆直径，再次按参数输入键进入刀具补偿页面，利用光标移动键，使光标移动到 G01 行 $X$ 处。在键盘上按所测直径值，并按 [ 测量 ] 软键，$X$ 向刀具偏置参数即自动存入，完成 1 号车刀的 $X$ 向对刀。

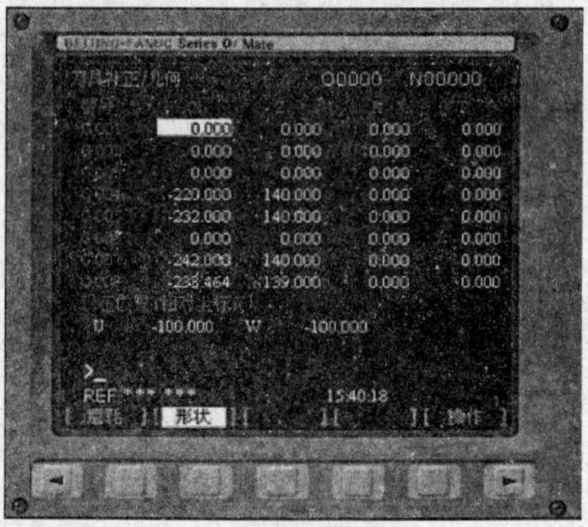


图 4-4　试切法外圆车刀对刀（1 号刀）

（4）完成 1 号车刀的对刀后，利用方向键，使刀架离开工件，退回到换刀位置附近。

## 十三、程序的空运行操作

对于输入到数控系统中的程序其格式是否正确、走刀轨迹如何等，可通过程序的空运行操作来验证。为了模拟刀具运动轨迹，通常要进行车床锁住操作。具体操作如下：

（1）按下自动键、空运行键和机床锁住键。

（2）选择一个数控程序，如 O0001，然后按调出程序。

（3）按数控程序运行控制开关中的按钮。

需要注意的是，在车床锁住状态下，只是锁住了各伺服轴的运动，主轴、冷却和刀架照常工作。要解除车床锁住状态，只要再一次按下车床锁住键，即可解除。

## 十四、单步运行

在试车时，出于安全考虑，可选择单段方式执行加工程序。其操作步骤如下：

（1）按机床控制面板上的单段键，当前程序段被执行之后机床停止。

（2）按循环启动键，执行下一个程序段。每按一次，执行一个程序段，直到结束。

# 第三篇　西门子 801 数控系统

# 第五章　西门子 801 数控系统编程

## 第一节　西门子 801 数控车床系统功能

### 一、准备功能

准备功能主要用来指令机床或数控系统的工作方式。与其他系统一样都是用地址符 G 和后面的数字表示。具体 G 指令代码及功能见表 5-1。

表 5-1　G 指令代码及功能

| G 命令 | 功　能 | G 命令 | 功　能 |
|---|---|---|---|
| G00 | 快速定位 | G64 | 连续路径方式 |
| G01 | 直线插补 | G09 | 准确定位 |
| G02 | 顺时针圆弧插补 | G70 | 英制尺寸编程 |
| G03 | 逆时针圆弧插补 | G71 | 米制尺寸编程 |
| G04 | 暂停指令 | G90 | 绝对尺寸编程 |
| G05 | 中间点圆弧插补 | G91 | 相对尺寸编程 |
| G33 | 恒螺距螺纹切削 | G94 | 每分钟进给 |
| G74 | 回参考点 | G95 | 每转进给 |
| G75 | 回固定点 | G96 | 恒线速度控制 |
| G158 | 可编程零点偏移 | G97 | 取消恒线速度控制 |
| G25 | 主轴转速下限 | G450 | 圆弧过渡 |
| G26 | 主轴转速上限 | G451 | 等距线交点 |
| G17 | 加工中心孔时要求 | G22 | 半径尺寸编程 |
| G18 | *XZ* 平面设定 | G23 | 直径尺寸编程 |

（续　表）

| G 命令 | 功　能 | G 命令 | 功　能 |
|---|---|---|---|
| G40 | 刀尖半径补偿取消 | G500 | 取消可设定零点偏移 |
| G41 | 刀尖半径左补偿 | G54 | 第一可设定零点偏移 |
| G42 | 刀尖半径右补偿 | G55 | 第二可设定零点偏移 |
| G53 | 取消可设定零点偏移 | G56 | 第三可设定零点偏移 |
| G60 | 准确定位 | G57 | 第四可设定零点偏移 |

## 二、辅助功能

辅助功能也称 M 功能，主要用来指令操作时各种辅助动作及其状态，如主轴的开、停，冷却液的开、关等。具体 M 指令代码及功能见表 5-2。

表 5-2　M 指令代码及功能

| M 指令 | 功　能 | M 指令 | 功　能 |
|---|---|---|---|
| M00 | 程序暂停 | M05 | 主轴停转 |
| M01 | 选择性停止 | M06 | 自动换刀 |
| M02 | 主程序结束 | M08 | 切削液开 |
| M03 | 主轴正转 | M09 | 切削液关 |
| M04 | 主轴反转 | M30 | 主程序结束，返回开始状态 |

## 三、进给功能 F

进给功能主要用来指令切削的进给速度。对于车床，进给方式可分为每分钟进给和每转进给两种，SINUMERIK 系统用 G94、G95 规定。进给率 *F* 在 G1、G2、G3、G5 插补方式中生效，并且一直有效，直到被一个新的地址 *F* 取代为止。

（1）每转进给指令 G95。在含有 G95 程序段后面，遇到 *F* 指令时，则认为 *F* 所指定的进给速度单位为 mm/r。系统开机状态为 G95 状态，只有输入 G94 指令后，G95 才被取消。

（2）每分钟进给指令 G94。在含有 G94 程序段后面，遇到 F 指令时，则认为 F 所指定的进给速度单位为 mm/min 。G94 被执行一次后，系统将保持 G94 状态，即使断电也不受影响，直到被 G95 取消为止。

（3）编程举例。

N10　G94　F310；　进给量毫米 / 分钟

N110　S200　M3；　　主轴旋转

N120　G95　F15.5；　进给量毫米 / 转

## 四、主轴转速功能 S

### （一）功能

主轴转速功能主要用来指定主轴的转速，转速数字写在 S 后，单位 r /min。旋转方向通过 M 指令规定：

M3 主轴正转　M4 主轴反转　M5 主轴停

说明：如果在程序段中不仅有 M3 或 M4 指令，还写有坐标轴运行指令，则 M 指令在坐标轴运行之前生效。

只有在主轴启动之后，坐标轴才开始运行。

### （二）编程举例

N10 G1 X70 Z20 F300 S270 M3；在 *X*、*Z* 轴运行之前，主轴以 270 转 / 分启动，方向顺时针

…

N80 S450 …；改变转速

…

N170 G0 Z180 M5；*Z* 轴运行，主轴停止

### （三）恒线速度控制

（1）恒线速度控制指令 G96。G96 是接通恒线速度控制的指令。系统执行 G96 指令后，S 后面的数值表示切削线速度。用恒线速度控制车削工件端面、锥度和圆弧时，由于 *X* 轴不断变化，故当刀具逐渐移近工件旋转中心时，主轴转速会越来越高，工件有可能从卡盘中飞出。为了防止事故，必须限制主轴转速，SINUMERIK 系统用 LIMS 来限制主轴转速（FANUC 系统用 G50 指令）。例如："G96　S200　LIMS=2500" 表示切削速度是 200mm/min，主轴转速限制在 2500r /min 以内。

（2）取消恒线速度控制指令 G97。G97 是取消恒线速度控制的指令。系统执行 G97 指令后，S 后面的数值表示主轴每分钟的转数。例如："G97　S600" 表示主轴转速为 600r /min，系统开机状态为 G97 状态。

## 五、刀具功能 T

刀具功能主要用来指令数控系统进行选刀或换刀，SINUMERIK 系统用刀具号 + 刀补号的方式来进行选刀和换刀。例如：T2D2 表示选用 2 号刀具和 2 号刀补。

如果没有编写 D 指令，则 D1 自动生效。如果编程为 D0，则刀具补偿值无效。

# 第二节　西门子 801 程序的结构组成

西门子 801 数控系统编制的程序由程序名、程序段和程序结束语组成。

## 一、程序名称

西门子 801 数控系统要求每个主程序的各子程序都有一个程序名。

（1）程序名命名规则：①开始的两个符号必须是字母；②其后的符号可以是字母、数字或下划线；③最多为 16 个字符；④不得使用分隔符。

（2）程序扩展名：主程序扩展名是“.MPF”，子程序扩展名是“.SPF”。

（3）举例：主程序：SK01.MPF 。子程序：TESK02.SPF 。

## 二、程序段

（1）程序段含有执行工序所需要的全部数据内容。它是由若干个字和程序段结束符“LF”所组成的。每个字都由地址符和数值所组成。

（2）地址符：一般是一个字母，扩展地址符也可以包含多个字母。

（3）数值：数值是一个数字串，可以带正负号和小数点，正号可以省略。

（4）程序段格式及说明：

程序段格式是指程序段中的字、字符和数据的安排形式。现在一般使用字地址可变程序段格式，每个字长不固定，各个程序段中的长度和功能字的个数都是可变的。地址可变程序段格式中，在上一程序段中写明的、本程序段里又不变化的那些字仍然有效，可以不再重写。这种功能字称之为模态功能字。

程序段由若干个字和段结束符“LF”组成，在程序编写过程中进行换行时或按输入键时，可以自动产生段结束符“LF”。

程序段格式：/N…– 字 1…– 字 2…– 字 3… …；注释…–LF。

程序段格式符号说明见表 5–3。

表 5–3　程序段格式符号说明

| 符　号 | 说　明 |
|---|---|
| / | 表示在运行中可以被跳跃过去的程序段 |
| N… | 程序段号数值为 1 ~ 9999 的正整数，一般以 5 或 10 间隔，以便以后插入程序段时无须重新编排程序段号 |
| 字 1… | 表示程序段指令 |

（续 表）

| 符 号 | 说 明 |
|---|---|
| ; 注释… | 表示对程序段进行说明，位于程序段最后，但需用分号隔开 |
| LF | 表示程序段结束 |
| – | 表示中间空格 |

由于程序段中有很多指令，建议程序段的顺序和格式为：

/N…–G…–X…–Z…–T…–D…–M…–S…–F… ；注释…–LF

（5）例子。

```
N10                              ;G&S 公司订货号 12A71
N20                              ; 泵部件 17，图纸号：123 677
N30                              ; 程序编制员 H.Adam，部门 TV4
N40 MSG（"ROUGH UNMACHINED PART"）
N50 G17 G54 G94 F470 S800 M3     ; 主程序段
N60 G0 G90 X100 Y200
N70 G1 Z185.6
N80 X112
/N90 X118 Y180                   ; 程序段可以被跳跃
N100 X118 Y120
N110 G0 G90 X200
N120 M2                          ; 程序结束
```

## 第三节　西门子 801 常用编程指令

### 一、米制和英寸制输入指令 G71/G70

G71 和 G70 是两个可以互相取代的模态功能，机床出厂时一般设定为 G71 状态，机床的各项参数均以米制单位设定。

### 二、绝对和增量（相对）坐标编程指令 G90/G91

G90/G91 的程序段格式为：

G90/G91　X _ _　Z _ _

SINUMERIK801 系统用绝对尺寸编程时，用 G90 指令，指令后面的 X、Z 表示 *X* 轴、*Z* 轴的坐标值，所有程序段中的尺寸均是相对于工件坐标系原点的。增量（相对）尺寸编程时，用 G91 指令，执行 G91 指令后，其后的所有程序段中的尺寸，均是以前一位置为基准的增量尺寸，直到被 G90 指令取代。系统默认状态为 G90。

G90 和 G91 编程举例

N10 G90 X20 Z90 ；绝对坐标

N20 X75 Z–32 ；仍然是绝对坐标

…

N180 G91 X40 Z20 ；转换为相对坐标

N190 X–12 Z17 ；仍然是相对坐标

## 三、直径 / 半径方式编程指令 G23/G22

车床加工的零件外形通常是旋转体，其 *X* 轴尺寸可以用两种方式加以指定：直径方式和半径方式，如图 5–1 所示。SINUMERIK801 系统用 G23 表示直径编程，用 G22 表示半径编程。G23 为默认值。机床出厂一般设为直径编程。

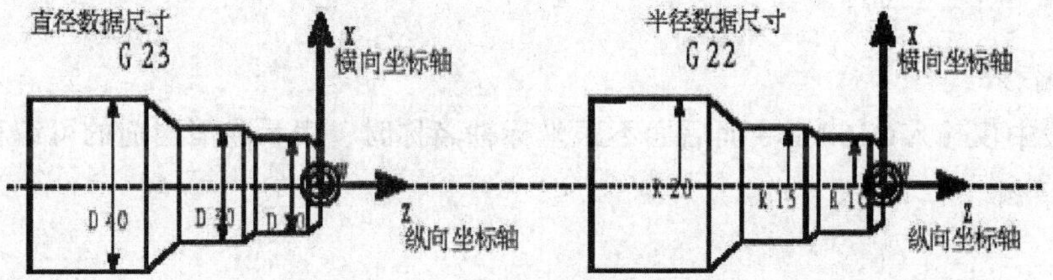


图 5–1　直径方式和半径方式

编程举例

N10 G23 X44 Z30 ；X 轴直径数据方式

N20 X48 Z25 ；G23 继续生效

N30 Z10

…

N110 G22 X22 Z30 ；X 轴开始转换为半径数据方式

N120 X24 Z25

N130 Z10

…

## 四、可编程的零点偏置 G158

1. 功能

如果工件上在不同的位置有重复出现的形状或结构；或者选用了一个新的参考点，在这种情况下就需要使用可编程零点偏置。由此就产生一个当前工件坐标系，新输入的尺寸均为在该坐标系中的数据尺寸。可以在所有坐标轴中进行零点偏移（见图 5-2）。

G158 指令要求一个独立的程序段。

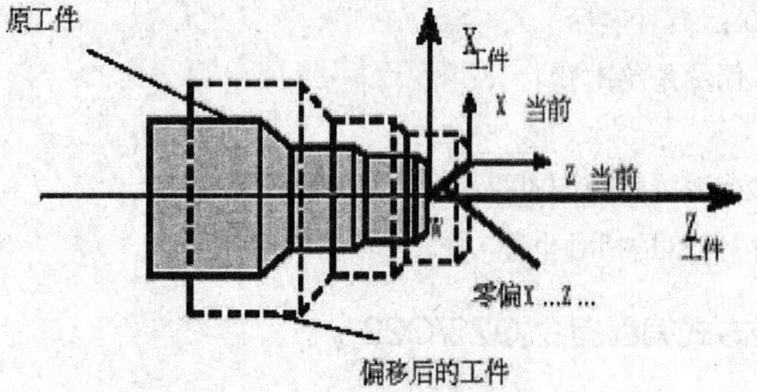


图 5-2 可编程的零点偏置

2. G158 零点偏移

用 G158 指令可以对所有坐标轴设置零点偏移。后面的 G158 指令取代先前的可编程零点偏移指令。

3. 取消偏移

在程序段中仅输入 G158 指令而后面不跟坐标轴名称时，表示取消当前的可编程零点偏移。

4. 编程举例

N10 …

N20 G158 X3 Z5；可编程零点偏移

N30 L10；子程序调用，其中包含待偏移的几何量

…

N70 G158；取消偏移

…

## 五、可设定的零点偏置指令：G54 ~ G57、G500/G53

1. 可设定的零点偏置指令：G54 ~ G57

G54 第一可设定零点偏置。

G55 第二可设定零点偏置。

G56 第三可设定零点偏置。

G57 第四可设定零点偏置。

编程人员在编写程序时，有时需要知道工件与机床坐标系之间的关系。SINUMERIK801 数控车床系统中允许编程人员使用 4 个特殊的工件坐标系。操作者在安装工件后，测量出工件原点相对机床原点的偏移量，并通过操作面板输入工件坐标偏移存储器中。其后，系统在执行程

序时，可在程序中用 G54 ~ G57 指令来选择它们。

G54 ~ G57 指令设置的工件原点在机床坐标系中的位置是不变的，在系统断电后也不破坏，再次开机后仍然有效（与刀具的当前位置无关），如图 5-3 所示。

2. 取消可设定零点偏置指令 G500/G53

G500 和 G53 都是取消可设定零点偏置指令，但 G500 是模态指令，一旦指定后，就一直有效，直到被同组的 G54 ~ G57 指令取代。而 G53 是非模态指令，仅在它所在的程序段中有效。

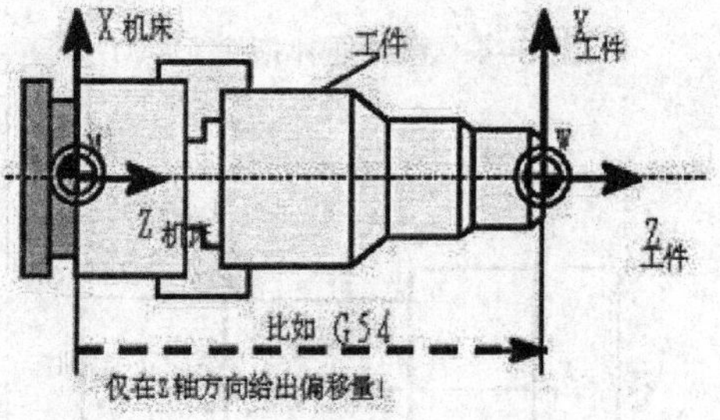


图 5-3　可编程的零点偏置指令

3. 编程举例

N10 G54… ；调用第一可设定零点偏置

N20 G…X…Z… ；加工工件

N90 G500 G0 X… ；取消可设定零点偏置

## 六、快速定位指令 G00

（1）G00 的程序段格式为：G00 X _ _ Z _ _。

（2）注：G00 是模态指令，它命令刀具以点定位控制方式，从刀具所在点以机床的最快速度移动到坐标系的设定点。它只是快速定位，没有对工件进行加工，而且无运动轨迹要求。

用 G00 快速移动时，在地址 F 下所编的进给率无效。

G00 一直有效，直到被 G 功能组中其他的指令（G01、G02、G03……）取代为止。

## 七、直线插补指令 G01

1. G01 的程序段格式为：G01 X _ _ Z _ _ F _ _

刀具以直线从起始点移动到目标位置，按地址 F 下编程的进给速度运行。所有的坐标轴可以同时运行。

在程序中，G01 与 F 都是模态续效指令。应用第一个 G01 指令时，一定要规定一个 F 指令。在以后的程序段中，若没有新的 F 指令，进给速度将保持不变，所以不必在每个程序段中都写入 F 指令。

G01一直有效，直到被G功能组中其他的指令（G00、G02、G03……）取代为止，如图5-4所示。

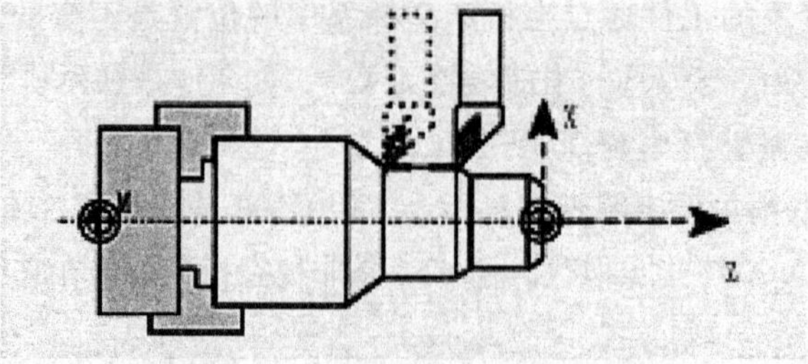


图 5-4　直线插补指令 G-01

2. 编程举例（见图5-5）

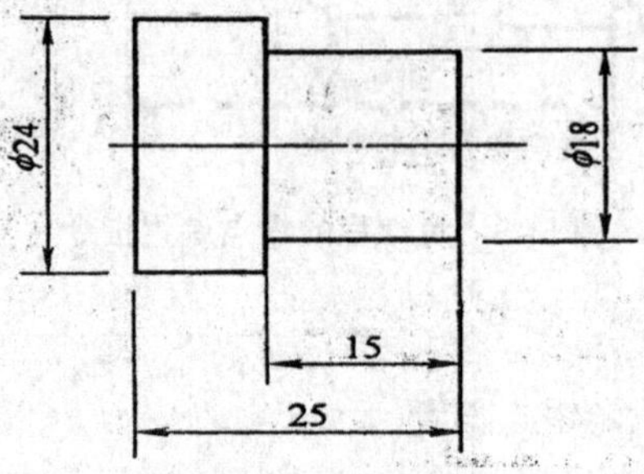


图 5-5　编程举例

| | |
|---|---|
| SK01.MPF | 主程序名 |
| N10 G54 G95 S500 M03 T1D1 | 定工件坐标系，主轴正转转速为500转/分钟，选择1号刀，用G95设定进给量F单位。 |
| N20 G0 X18 Z2 | 快速定位 |
| N30 G1 Z-15 F0.2 | 车 $\Phi$18外圆，进给量F=0.2毫米/转 |
| N40 X24 | 车台阶面 |
| N50 Z-30 | 车 $\Phi$24外圆长30毫米，比零件总长加割刀宽度略长。 |
| N60 X26 | 车出毛坯外圆 |
| N70 G0 X50 Z200 | 快速移动，远离工件到换刀点 |
| M5 | 主轴停止 |
| M2 | 程序结束 |

## 八、倒角、倒圆指令 CHF=、RND=

1. 功能

在零件轮廓拐角处，如倒角或倒圆，可以插入倒角或倒圆命令CHF=…或者RND=…与加工拐角的轴运动指令一起写入程序段中。直线轮廓之间、圆弧轮廓之间以及直线轮廓和圆弧轮廓之间，都可以用倒角或倒圆指令进行倒角或倒圆，如图 5-6、图 5-7 所示。

程序段格式为：

CHF=…插入倒角，数值，倒角长度（斜边长度）；

RND=…插入倒圆，数值，倒圆半径。

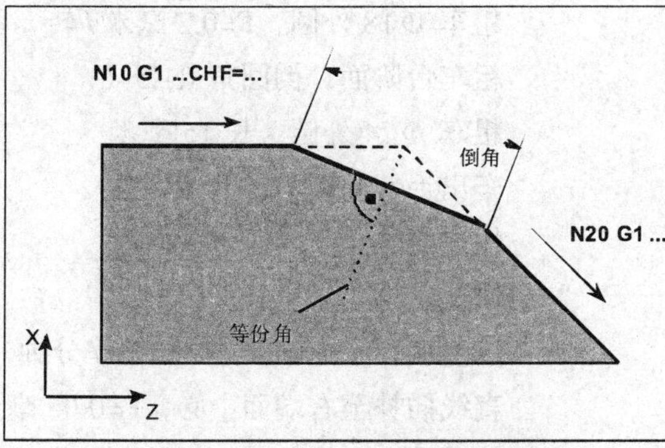


图 5-6　两段直线之间倒角

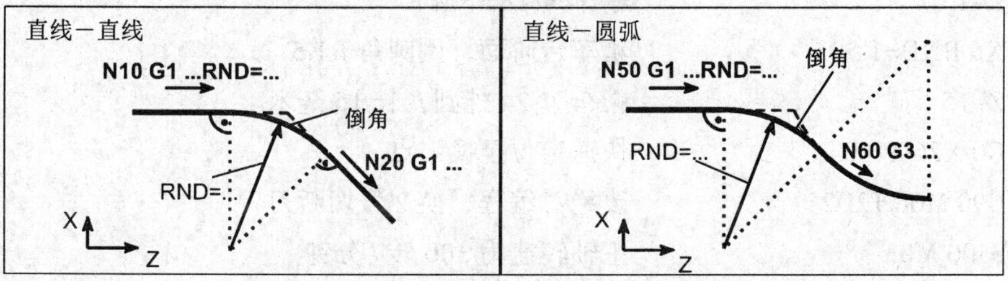


图 5-7　倒圆方式

提示：无论是倒角还是倒圆都是对称进行的，如果其中一个程序段轮廓长度不够，则在倒圆或倒角时会自动削减编程值。如果几个连续编程的程序段中有不含坐标轴移动指令的程序段，则不可以进行倒角或倒圆。

2. 编程举例（见图 5-8）

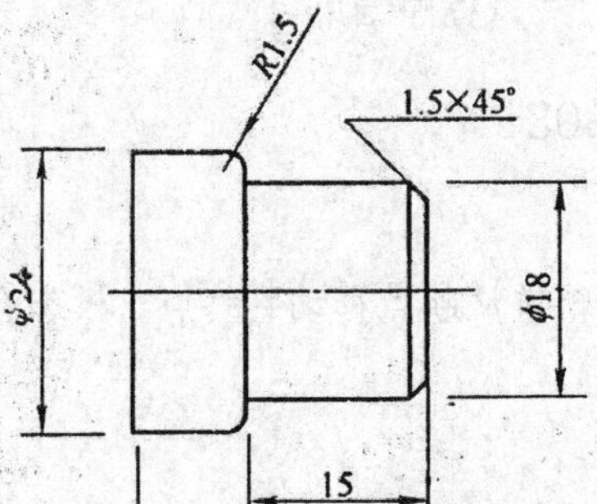


图 5-8　编程举例

| | |
|---|---|
| SK02.MPF | 主程序名 |
| N10 G54 G90 S500 M03 T1D1 | 设定工件坐标系，主轴正转转速为 500 转 / 分钟，选择 1 号 90° 刀，用绝对尺寸数据 G90 |
| N20 G0 X18.4 Z2 | 快速定位 |
| N30 G1 Z-14.8 F0.2 | 粗车 Φ18 外圆，F=0.2 毫米 / 转，留单边余量 0.2 毫米 |
| X24.4 RND=1.5 | 粗车台阶面，倒圆角 R1.5 |
| Z-30 | 粗车 Φ24 外圆，长 15 毫米 |
| X26 | 车出毛坯外圆 |
| N40 G0 X30 Z2 | 快速定位 |
| X0 | 快速定位 |
| N50 G91 S800 M03 | 增量编程，主轴转速 800 转 / 分钟 |
| N60 G1 Z-2 F0.05 | 直线插补至右端面中心，F=0.05 毫米 / 转 |
| X18 CHF=2.121 | 精车端面，倒角 1×45° |
| Z-15 | 精车 Φ18 外圆 |
| X6 RND=1.5 | 精车台阶面，倒圆角 R1.5 |
| Z-15 | 精车 Φ24 外圆，长 15 毫米 |
| N70 G0 X26 Z160 | 快速定位至换刀点 |
| N80 G90 M06 T2D2 | 改绝对编程，换 2 号切断刀 |
| N90 S300 M03 | 主轴转速为 300 转 / 分钟 |
| N100 G0 X25 | 快速定位，先定位 X 方向 |
| Z-29 | 再定位 Z 方向 |
| N110 G1 X0 F0.05 | 切断，F=0.05 毫米 / 转 |
| N120 G0 X50 | 快速定位，先定位 X 方向 |
| Z200 | 再定位 Z 方向 |
| N130 M5 | 主轴停止 |
| N140 M2 | 程序结束 |

## 九、圆弧插补指令 G02/G03

1. 功能

圆弧插补指令使刀具以圆弧轨迹从起点移动到终点，模态有效。方向由 G 指令确定：

G02--- 顺时针方向

G03--- 逆时针方向

判断圆弧插补方向（见图 5-9）：从 *Y* 轴负方向去观察，顺时针就用顺时针圆弧插补指令 G02，逆时针就用逆时针圆弧插补指令 G03。在数控车床上的简单判断方法是认为刀架是后置刀架，从上往下观察顺时针就是 G02，逆时针就是 G03。

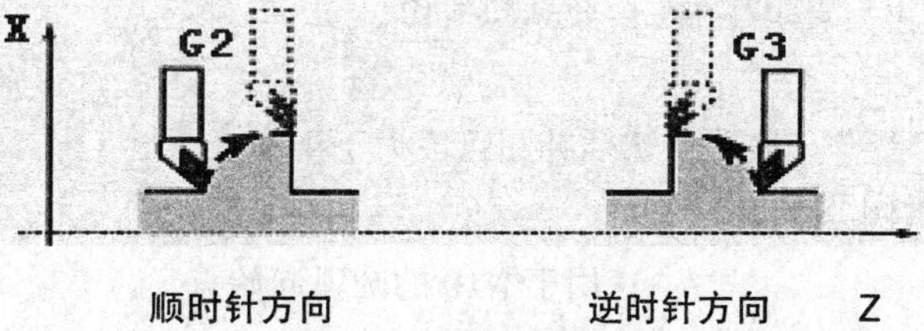


图 5-9 圆弧插补方向

G02 和 G03 一直有效，直到被 G 功能组中其他的指令（G00，G01……）取代为止。

2. 编程方式（见图 5-10）

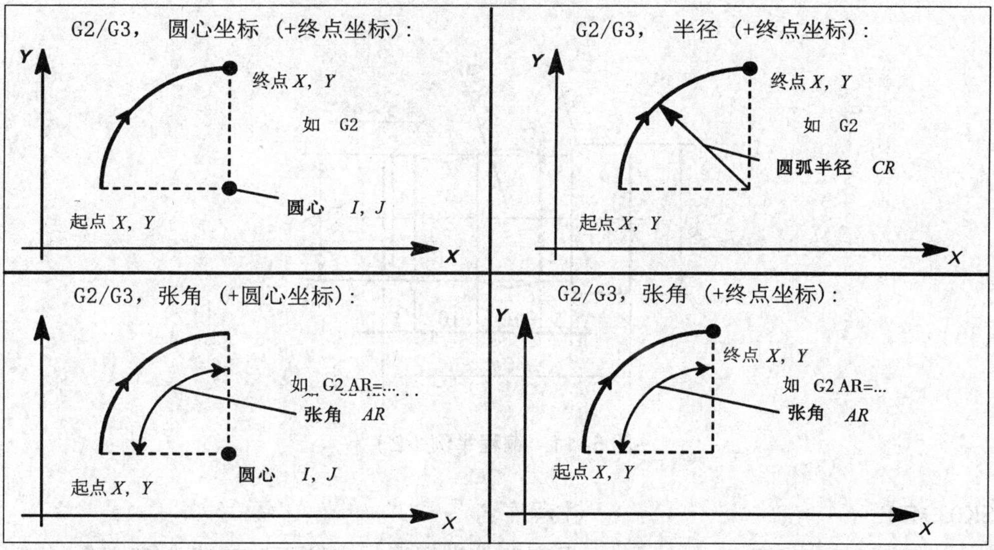


图 5-10 圆弧插补 G2/G3 编程方式

G02/G03 X…Y. .I…J… ；圆心和终点

G02/G03 CR=…X…Y… ；半径和终点

G02/G03 AR=…I…J… ；张角和圆心

G02/G03 AR=…X…J… ；张角和终点

G02/G03 AP=…RP=… ；极坐标和极点圆弧

3. 编程举例（1）

圆心坐标和终点坐标举例

N5 G90 Z30 X40 ；用于 N10 的圆弧起始点

N10 G2 Z50 X40 K10 I-7 ；终点和圆心

终点和半径尺寸举例

N5 G90 Z30 X40 ；用于 N10 的圆弧起始点

N10 G2 Z50 X40 CR=12.207　　；终点和半径

说明：

CR 数值前带负号“-”，表明所选插补圆弧段大于半圆。

终点和张角尺寸举例

N5 G90 Z30 X40　　；用于 N10 的圆弧起始点

N10 G2 Z50 X40 AR=105　　；终点和张角

圆心和张角尺寸

N5 G90 Z30 X40　　；用于 N10 的圆弧起始点

N10 G2 K10 I-7 AR=105　　；圆心和张角

4. 编程举例（2）（见图 5-11）

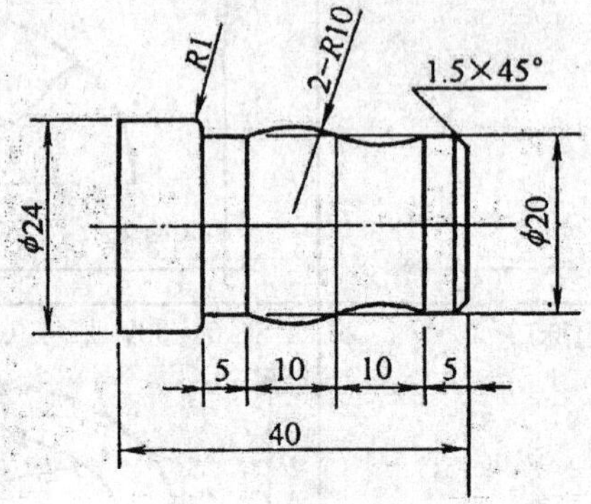


图 5-11　编程举例（2）

| | |
|---|---|
| SK03.MPF | 主程序名 |
| N10 G54 S500 M03 T1D1 | 设定工件坐标系，主轴正转转速为 500 转 / 分钟，选择 1 号 90° 刀 |
| N20 G0 X18.4 Z2 | 快速定位 |
| N30 G1 Z-14.8 F0.2 | 粗车 Φ20 外圆，F=0.2 毫米 / 转，留单边余量 0.2 毫米 |
| N40 G2 X20.4 Z-15 CR=10 F0.1 | 顺时针粗车圆弧 |
| N50 G3 X20.4 Z-25 CR=10 F0.1 | 逆时针粗车圆弧 |
| N60 G1 Z-29.8 F0.2 | 粗车 Φ20 外圆，F=0.2 毫米 / 转 |
| X24.4 RND=1 | 粗车台阶面，倒圆角 R1 |
| Z-46 | 粗车 Φ24 外圆，长 16 毫米 |
| X26 | 车出毛坯外圆 |
| N70 G0 X30 Z2 | 快速定位 |
| X0 | 快速定位 |
| N80 S800 M03 | 主轴正转转速为 800 转 / 分钟 |

| | |
|---|---|
| N90 G1 Z0 F0.05 | 直线插补至右端面中心，F=0.05 毫米 / 转 |
| X20 CHF=2.121 | 精车端面，倒角 1×45° |
| Z−5 | 精车 Φ20 外圆 |
| N100 G2 X20 Z−15 CR=10 | 顺时针精车圆弧 |
| N110 G3 X20 Z−25 CR=10 | 逆时针精车圆弧 |
| N120 G1 Z−30 | 精车 Φ20 外圆 |
| X24.4 RND=1 | 精车台阶面，倒圆角 *R*1 |
| Z−46 | 车 Φ24 外圆，长 16 毫米 |
| N130 G0 X50 Z200 | 快速定位 |
| N140 M06 T2D2 S300 M03 | 换 2 号切断刀，主轴转速为 300 转 / 分钟 |
| N150 G0 X25 | 快速定位，先定位 X 方向 |
| Z−44 | 再定位 Z 方向 |
| N160 G1 X0 F0.05 | 切断，F=0.05 毫米 / 转 |
| N170 G0 X50 | 快速定位，先定位 X 方向 |
| Z200 | 再定位 Z 方向 |
| N180 M5 | 主轴停止 |
| N190 M2 | 程序结束 |

## 十、通过中间点进行圆弧插补指令 G05

1. 功能

如果不知道圆弧的圆心、半径或张角，但已知圆弧轮廓上三个点的坐标，则可以使用 G05 功能。通过起始点和终点之间的中间点位置确定圆弧的方向。

G05 一直有效，直到被 G 功能组中其他的指令（G00,G01,G02……）取代为止，如图 5-12 所示。

说明：可设定的坐标 G90 或 G91 指令对终点和中间点有效。

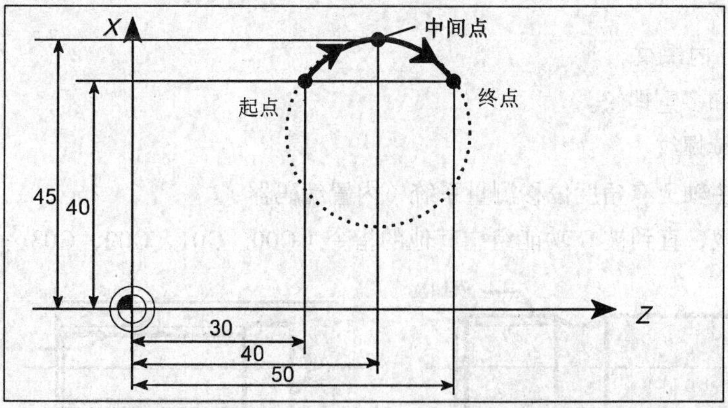


图 5-12　通过中心点进行圆弧插补指令 G-05

2. 编程举例

N5 G90 Z30 X40　　　　　　　　；用于 N10 的圆弧起始点

N10 G05 Z50 X40 IX=45 KZ=40　；终点和中间点

## 十一、暂停指令 G04

1. 功能

通过在两个程序段之间插入一个 G04 程序段，可以使加工中断给定的时间，如自由切削。

G04 程序段（含地址 *F* 或 *S*）只对自身程序段有效，并暂停所给定的时间。在此之前设定的进给量 *F* 和主轴转速 *S* 保持存储状态。

2. 编程

G04 F…　　　　　　；暂停时间（秒）

G04 S…　　　　　　；暂停主轴转数

3. 编程举例

N5 G01 F200 Z-50 S300 M03；进给率 *F*，主轴转数 *S*

N10 G04 F2.5；暂停 2.5 秒

N20 Z70

N30 G04 S30；主轴暂停 30 转，相当于在 *S*=300 转 / 分钟和转速修调 100% 时暂停 *t*=0.1 分钟

N40 X…；进给率和主轴转速继续有效

注释：G04 S…只有在受控主轴情况下才有效（当转速给定值同样通过 S…编程时）。

## 十二、恒螺距螺纹切削指令 G33

1. 功能

用 G33 功能可以加工下述各种类型的恒螺距螺纹。

（1）圆柱螺纹。

（2）圆锥螺纹。

（3）外螺纹 / 内螺纹。

（4）单螺纹和多重螺纹。

（5）多段连续螺纹。

前提条件：主轴上有角度位移测量系统（内置编码器）。

G33 一直有效，直到被 G 功能组中其他的指令（G00，G01，G02，G03……）取代为止。

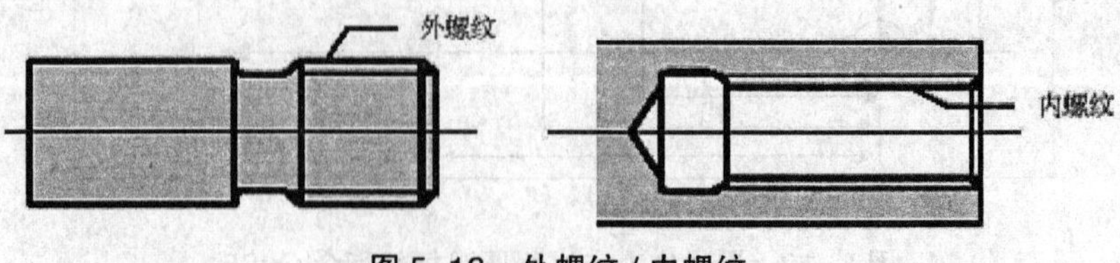


图 5-13　外螺纹 / 内螺纹

2. 右旋螺纹或左旋螺纹

右旋和左旋螺纹由主轴旋转方向 M03 和 M04 确定。

注释：螺纹长度中要考虑导入空刀量和退出空刀量。

在具有 2 个坐标轴尺寸的圆锥螺纹加工中，螺距地址 *I* 或 *K* 下必须设置较大位移（较大螺纹长度）的螺纹尺寸，另一个较小的螺距尺寸不用给出。

3. 起始点偏移 SF=

在加工螺纹中切削位置偏移以后以及在加工多头螺纹时，均要求起始点偏移一位置。G33 螺纹加工中，在地址 SF 下设置起始点偏移量（绝对位置）。如果没有设置起始点偏移量，则设定数据中的值有效。

注意：设置的 SF 值也始终登记到设定数据中。

G33 指令圆编程方式如图 5-14 所示。

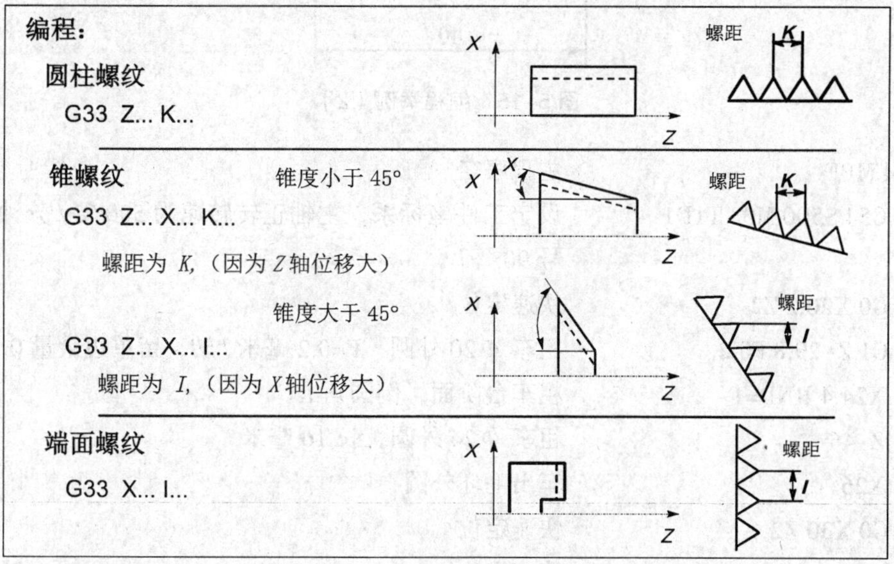


图 5-14 G-33 指令圆编程方式

4. 编程举例（1）

圆柱双头螺纹，起始点偏移 180°，螺纹长度（包括导入空刀量和退出空刀量）100 毫米，螺距 4 毫米 / 转。右旋螺纹，圆柱已经预制：

```
N10 G54 G0 G90 X50 Z0 S500 M3    ；回起始点，主轴正转
N20 G33 Z-100 K4 SF=0            ；螺距：4 毫米 / 转
N30 G0 X54
N40 Z0
N50 X50
N60 G33 Z-100 K4 SF=180          ；第二条螺纹线，180° 偏移
```

N70 G0 X54…

5. 编程举例（2）（见图 5-15）

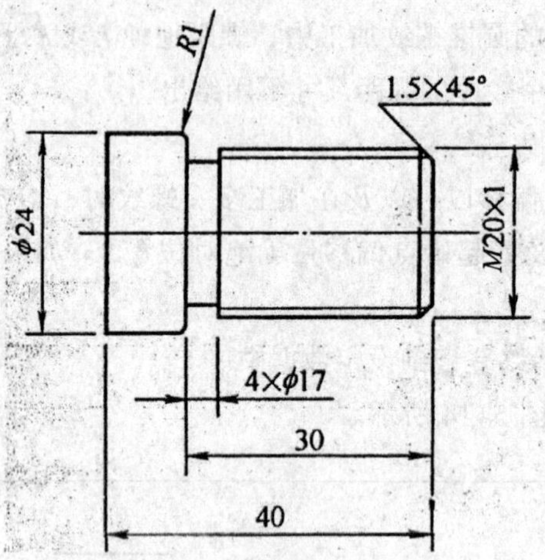


图 5-15　编程举例（2）

| | |
|---|---|
| SK04.MPF | 主程序名 |
| N10 G54 S500 M03 T1D1 | 设定工件坐标系，主轴正转转速为 500 转 / 分钟，选择 1 号 90° 刀 |
| N20 G0 X20.2 Z2 | 快速定位 |
| N30 G1 Z-29.8 F0.2 | 粗车 Φ20 外圆，F=0.2 毫米 / 转，留单边余量 0.2 毫米 |
| X24.4 RND=1 | 粗车台阶面，倒圆角 R1 |
| Z-46 | 粗车 Φ24 外圆，长 16 毫米 |
| X26 | 车出毛坯外圆 |
| N40 G0 X30 Z2 | 快速定位 |
| X0 | 快速定位 |
| N50 S800 M03 | 主轴正转转速为 800 转 / 分钟 |
| N60 G1 Z0 F0.05 | 直线插补至右端面中心，F=0.05 毫米 / 转 |
| X19.8 CHF=2.121 | 精车端面，倒角 1 × 45° |
| Z-30 | 精车螺纹外圆 |
| X24 RND=1 | 精车台阶面，倒圆角 R1 |
| Z-46 | 精车 Φ24 外圆，长 16 毫米 |
| N70 G0 X50 Z200 | 快速移动至换刀点 |
| N80 M6 T2D2 S300 M03 | 换 2 号切断刀，主轴转速为 300 转 / 分钟 |
| N90 G0 X25 | 快速定位，先定位 X 方向 |
| Z-30 | 再定位 Z 方向 |

| | |
|---|---|
| N100 G1 X17 F0.05 | 切槽，F=0.05 毫米 / 转 |
| N110 G4 F2 | 槽底暂停 2 秒 |
| N120 G1 X26 F0.4 | 退出槽底 |
| N130 G0 X50 | 快速移动退刀，先定位 X 方向 |
| Z200 | 再定位 Z 方向 |
| N140 M06 T3D3 | 换 3 号螺纹刀 |
| N150 G0 X19.1 Z6 | 快速定位 |
| N160 G33 X19.1 Z-28 K1 SF=0 | 第一刀车螺纹 |
| N170 G0X30 | 快速移动退刀，先定位 X 方向 |
| Z6 | 再定位 Z 方向 |
| X18.8 | 快速移动进刀 |
| N180 G33 Z-28 K1 SF=0 | 第二刀车螺纹 |
| N190 G0 X30 | 快速移动退刀，先定位 X 方向 |
| Z6 | 再定位 Z 方向 |
| X18.72 | 快速移动进刀 |
| N200 G33 Z-28 K1 SF=0 | 第三刀车螺纹 |
| N210 G0 X50 | 快速移动至换刀点，先定位 X 方向 |
| Z200 | 再定位 X 方向 |
| N220 M06 T2D2 | 换 2 号切断刀 |
| N230 G0 X26 | 快速定位，先定位 X 方向 |
| Z-44 | 再定位 Z 方向 |
| N240 G1 X0 F0.05 | 切断，F=0.05 毫米 / 转 |
| N250 G0 X50 | 快速移动退刀，先定位 X 方向 |
| Z200 | 再定位 Z 方向 |
| N260 M5 | 主轴停止 |
| N270 M2 | 程序结束 |

## 十三、G25，G26 主轴转速极限

1. 功能

通过在程序中写入 G25 或 G26 指令和地址 S 下的转速，可以限制特定情况下主轴的极限值范围。与此同时原来设定数据中的数据被覆盖。

G25 或 G26 指令均要求一独立的程序段。原先编程的转速 S 保持存储状态。

2. 编程

G25 S…　　；主轴转速下限

G26 S…　　；主轴转速上限

说明：主轴转速的最高极限值在机床数据中设定。通过面板操作可以激活用于其他极限情况的设定参数。

3. 编程举例

N10 G25 S12　　　　；主轴转速下限：12 转 / 分钟

N20 G26 S700　　　；主轴转速上限：700 转 / 分钟

## 十四、刀尖半径补偿指令 G41、G42

1. 功能

系统在所选择的平面 G17 到 G19 中以刀具半径补偿的方式进行加工。

刀具必须有相应的刀补号才能有效。刀尖半径补偿通过 G41/G42 生效。控制器自动计算出当前刀具运行所产生的、与编程轮廓等距离的刀具轨迹，如图 5-16 所示。

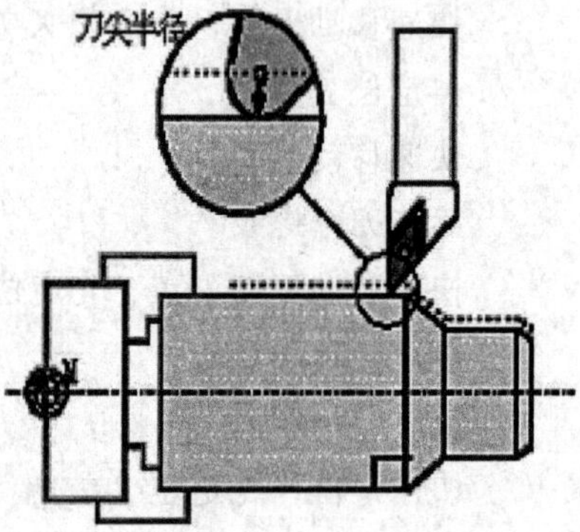


图 5-16　刀尖半径补偿指令 G41、G42

2. 编程

G41 X… Y… ; 在工件轮廓左边刀补

G42 X… Y… ; 在工件轮廓右边刀补

刀具以直线回轮廓，并在轮廓起始点处与轨迹切向垂直。

正确选择起始点，可以保证刀具运行不发生碰撞。

在通常情况下，在 G41/G42 程序段之后紧接着工件轮廓的第一个程序段。

注释：只有在线性插补时（G0，G1）才可以进行 G41/G42 的选择。

编程两个坐标轴（比如 G17 中：X，Y）。如果你只给出一个坐标轴的尺寸，则第二个坐标轴自动地以最后编程的尺寸赋值。

3. 编程举例

N10 T…

N20 G17 D2 F300　　　　　　；第二个刀补号，进给率 300 毫米 / 分

N25 X… Y… ;P0- 起始点

N30 G1 G42 X… Y… ;选择工件轮廓右边补偿，P1

N30 X… Y… ;起始轮廓，圆弧或直线

在选择了刀具半径补偿之后也可以执行刀具移动或者 M 指令：

…

N20 G1 G41 X… Y… ;选择轮廓左边刀补

N21 Z…;进刀

N22 X… Y… ;起始轮廓，圆弧或直线

…

## 十五、G40 取消刀尖半径补偿

1. 功能

用 G40 取消刀尖半径补偿，此状态也是编程开始时所处的状态。

G40 指令之前的程序段刀具以正常方式结束（结束时补偿矢量垂直于轨迹终点处切线）；与起始角无关。

在运行 G40 程序段之后，刀具中心到达编程终点。

在选择 G40 程序段编程终点时，要始终确保刀具运行不会发生碰撞。

2. 编程

G40 X… Y…;取消刀尖半径补偿

注释：只有在线性插补（G0，G1）情况下才可以取消补偿运行。

编程平面的两个坐标轴（比如 G17 中：X，Y）。如果你只给出一个坐标轴的尺寸，则第二个坐标轴自动地以在此之前最后编程的尺寸赋值。

3. 编程举例

N100 X… Y…;最后程序段轮廓，圆弧或直线，P1

N110 G40 G1 X…Y…;取消刀尖半径补偿，P2

## 十六、LCYC93 切槽循环

1. 功能

在圆柱形工件上，不管是进行纵向加工还是进行横向加工均可以利用切槽循环对称加工出切槽，包括外部切槽和内部切槽。

2. 调用

LCYC93

3. 前提条件

直径编程 G23 指令必须有效，在调用切槽循环之前，必须已经激活用于进行加工的刀具补偿参数，刀具宽度用 R107 编程。

4. 参数说明（见图 5-17，表 5-4）

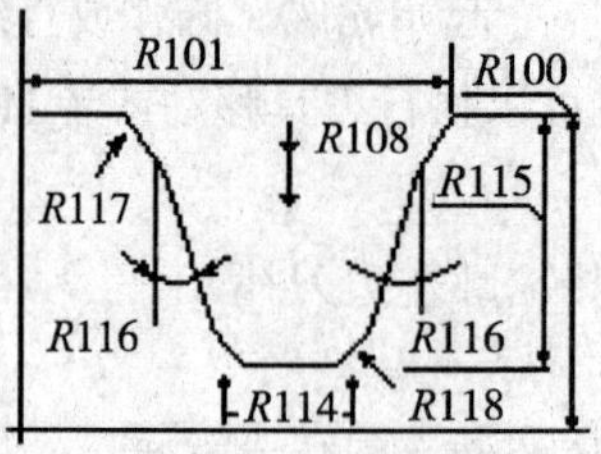


图 5-17　参数说明

表 5-4　参数说明

| 参　数 | 含义，数值范围 |
|---|---|
| *R*100 | 横向坐标轴起始点 |
| *R*101 | 纵向坐标轴起始点 |
| *R*105 | 加工类型，数值 1 ~ 8 |
| *R*106 | 精加工余量，无符号 |
| *R*107 | 刀具宽度，无符号 |
| *R*108 | 切入深度，无符号 |
| *R*114 | 槽宽，无符号 |
| *R*115 | 槽深，无符号 |
| *R*116 | 角度　范围：0 ~ 89.999 |
| *R*117 | 槽沿倒角 |
| *R*118 | 槽底倒角 |
| *R*119 | 槽底停留时间 |

说明：

*R*100 横向坐标轴起始点参数，规定 *X* 向切槽起始点直径。

*R*101 纵向坐标轴起始点参数，规定 *Z* 轴方向切槽起始点。

*R*105 确定加工方式（见表 5-5）。

表 5-5　*R*105 确定加工方式

| 数　值 | 纵向 / 横向 | 外部 / 内部 | 起始点位置 |
|---|---|---|---|
| 1 | 纵向 | 外部 | 左边 |
| 2 | 横向 | 外部 | 左边 |

（续 表）

| 数 值 | 纵向 / 横向 | 外部 / 内部 | 起始点位置 |
|---|---|---|---|
| 3 | 纵向 | 内部 | 左边 |
| 4 | 横向 | 内部 | 左边 |
| 5 | 纵向 | 外部 | 右边 |
| 6 | 横向 | 外部 | 右边 |
| 7 | 纵向 | 内部 | 右边 |
| 8 | 横向 | 内部 | 右边 |

*R*106 精加工余量参数。切槽粗加工时，参数 *R*106 设定其精加工余量。

*R*107 刀具宽度参数。该参数确定刀具宽度，实际所用的刀具宽度必须与此参数相符。如果实际所用刀具宽度大于 *R*107 的值，则会使实际所加工的切槽大于设置的切槽而导致轮廓损伤，这种损伤是循环所不能监控的。如果设置的刀具宽度大于槽底的切槽宽度，则循环中断并产生报警：61602“刀具宽度错误定义”。

*R*108 切入深度参数。通过在 *R*108 中设置进刀深度，可以把切槽加工分成许多个切深进给。在每次切深之后刀具上提 1 毫米，以便断屑。

*R*114 切槽宽度参数。切槽宽度是指槽底（不考虑倒角）的宽度值。

*R*115 切槽深度参数。

*R*116 螺纹啮合角参数。*R*116 的参数值确定切槽齿面的斜度，值为 0 时表明加工一个与轴平行的切槽（矩形形状）。

*R*117 槽沿倒角参数。*R*117 确定槽口的倒角。

*R*118 槽底倒角参数。*R*118 确定槽底的倒角。如果通过该参数下的设置值不能生成合理的切槽轮廓，则程序中断并产生报警：61603“切槽形状错误定义”。

*R*119 槽底停留时间参数。*R*119 下设定合适的槽底停留时间，其最小值至少为主轴旋转一转所用时间。

5. 时序过程

循环开始之前所到达的位置：

位置任意，但须保证每次回该位置进行切槽加工时不发生刀具碰撞。

该循环具有如下时序过程：

用 G0 回到循环内部所计算的起始点

切深进给：

在坐标轴平行方向进行粗加工直至槽底，同时要注意精加工余量；每次切深之后要空运行，以便断屑。

切宽进给：

每次用 G0 进行切宽进给，方向垂直于切深进给，其后将重复切深加工的粗加工过程。深度方向和宽度方向的进刀量以可能的最大值均匀地进行划分。在有要求的情况下，齿面的粗加工将沿着切槽宽度方向分多次进刀。用调用循环之前所设置的进给值，从两边精加工整个轮廓，直至槽底中心。

6. 编程举例（1）（见图 5-18）

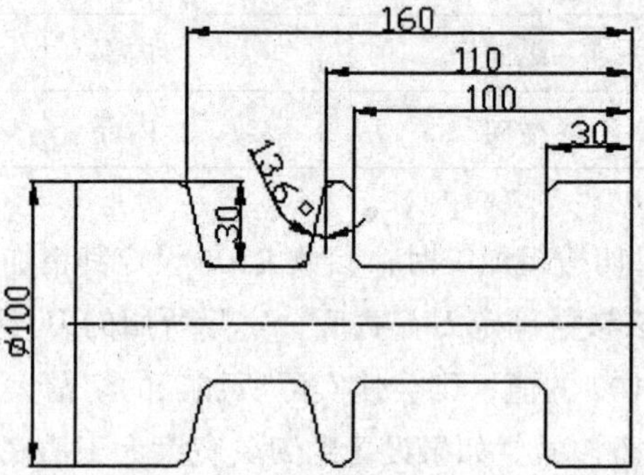


图 5-18　编程举例（1）

```
G55 G0 X0 Z0 M3 S1000 T01 D01
G0 X100
Z-50
R100=100 R101=-100 R105=1 ;   设定切槽循环参数
R106=0 R107=3 R108=5
R114=70 R115=30 R116=0
R117=5 R118=5 R119=1
LCYC93 ;                      调用切槽循环
G0 X120
Z-50
R100=100 R101=-110 R105=5 ;   设定切槽循环参数
R106=0 R107=3 R108=5
R114=50 R115=30 R116=13.6
R117=5 R118=5 R119=0.5
LCYC93 ;                      切槽循环
T01D00 ;                      退刀补
M05
M2 ;                          程序结束
```

7. 编程举例（2）（见图 5-19）

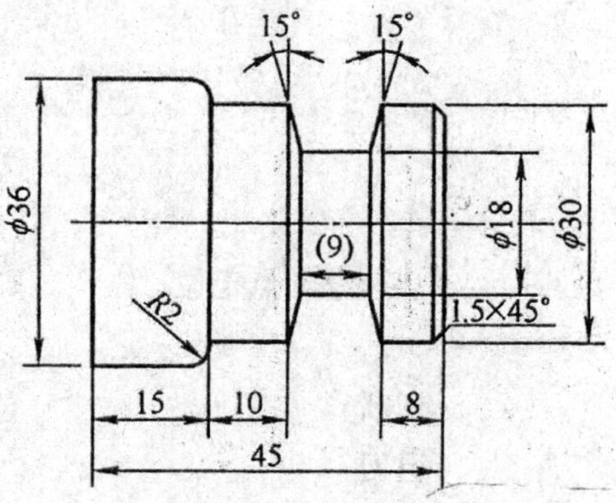


图 5-19　编程举例（2）

| | |
|---|---|
| SK07.MPF | 主程序名 |
| N10 G54 S500 M03 T01 | 设定工件坐标系，主轴正转转速 500 r/min，选择 1 号刀 |
| N20 G00 X30.4 Z2 | 快速移动点定位 |
| N30 G01 Z-29.8 F0.2 | 粗车毛坯，单边留 0.2 mm 余量，进给量 F=0.2 mm/r |
| X36.4 RND=2 | |
| Z-52 | |
| X40 | |
| N40 G01 Z0 F0.05 | 快速动点定位 |
| Z2 | |
| X0 | |
| N50 S800 M03 | 精车主轴速度 S=800 r/min |
| N60 G01 Z0 F0.05 | 精车外圆、端面、倒角、倒圆，进给量 F=0.05 mm/r |
| X30 CHF=2.121 | |
| Z-30 | |
| X36 RND=2 | |
| Z-52 | |
| X40 | |
| N70 G00 X50 Z200 | 快速移动点定位至换刀点 |
| N80 M06 T02 S300 M03 | 换 2 号刀，主轴转速为 300 r/min |
| N90 G00 X32 | 快速移动点定位，先定 X 方向 |
| Z-20 | |
| N100 G59 F0.1 | 进给量 F=0.1 mm/r |
| R100=30 R101=-12 | 调用切槽循环 LCYC93 |

```
R105=1   R106=0.2
R107=4   R108=2
R114=9   R115=6
R116=15  R117=0
R118=0   R119=1
LCYC93
N110 G00X40                快速移动点定位
     Z-49
N120 G01 X0 F0.05          切断
N130 G00 X50               退刀
     Z200
N140 M05                   主轴停止
N150 M02                   程序结束
```

## 十七、LCYC95 毛坯切削循环

1. 功能

用此循环可以在坐标轴平行方向加工由子程序设置的轮廓，可以进行纵向和横向加工，也可以进行内外轮廓的加工。

可以选择不同的切削工艺方式：粗加工、精加工或者综合加工。只要保证刀具不会发生碰撞，可以在任意位置调用此循环。调用循环之前，必须在所调用的程序中已经激活刀具补偿参数。

2. 调用

LCYC95（见图 5-20）。

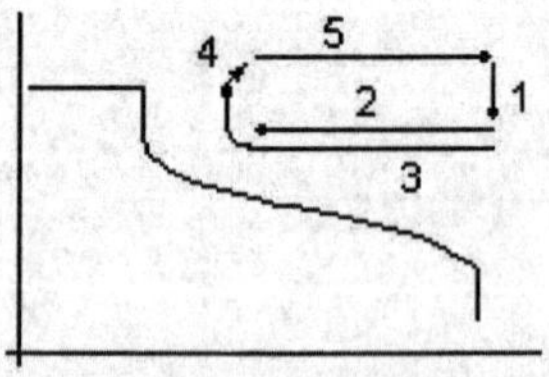


图 5-20　LCYC95

3. 前提条件

直径编程 G23 指令必须有效。

系统中必须已经装入文件 SGUD.DEF。

程序嵌套中至多可以从第三级程序界面中调用此循环（两级嵌套）。

4. 参数说明（见表 5-6）

表 5-6　参数说明

| 参　数 | 含义，数值范围 |
| --- | --- |
| *R*105 | 加工类型：数值 1...12 |
| *R*106 | 精加工余量，无符号 |
| *R*108 | 切入深度，无符号 |
| *R*109 | 粗加工切入角 |
| *R*110 | 粗加工时的退刀量 |
| *R*111 | 粗切进给率 |
| *R*112 | 精切进给率 |

说明：

*R*105 加工方式参数。用参数 *R*105 确定以下加工方式（见表 5-7）。

纵向加工 / 横向加工

内部加工 / 外部加工

粗加工 / 精加工 / 综合加工

在纵向加工时进刀总在横向坐标轴方向进行，在横向加工时进刀则总在纵向坐标轴方向。

表 5-7　R105 确定加工方式

| 数　值 | 纵向 / 横向 | 外部 / 内部 | 粗加工 / 精加工 / 综合加工 |
| --- | --- | --- | --- |
| 1 | 纵向 | 外部 | 粗加工 |
| 2 | 横向 | 外部 | 粗加工 |
| 3 | 纵向 | 内部 | 粗加工 |
| 4 | 横向 | 内部 | 粗加工 |
| 5 | 纵向 | 外部 | 精加工 |
| 6 | 横向 | 外部 | 精加工 |
| 7 | 纵向 | 内部 | 精加工 |
| 8 | 横向 | 内部 | 精加工 |
| 9 | 纵向 | 外部 | 综合加工 |

（续 表）

| 数 值 | 纵向 / 横向 | 外部 / 内部 | 粗加工 / 精加工 / 综合加工 |
|---|---|---|---|
| 10 | 横向 | 外部 | 综合加工 |
| 11 | 纵向 | 内部 | 综合加工 |
| 12 | 横向 | 内部 | 综合加工 |

*R*106 精加工余量参数。

在精加工余量之前的加工均为粗加工。如果没有设置精加工余量，则一直进行粗加工，直至最终轮廓。

*R*108 切入深度参数。设定粗加工最大进刀深度，但当前粗加工中所用的进刀深度则由循环自动计算出来。

*R*109 粗加工切入角。

*R*110 粗加工时退刀量参数。坐标轴平行方向的每次粗加工之后均须从轮廓退刀，然后用 G0 返回起始点。由参数 *R*110 确定退刀量的大小。

*R*111 粗加工进给率参数。加工方式为精加工时，该参数无效。

*R*112 精加工进给率参数。加工方式为粗加工时，该参数无效。

**轮廓定义**

在一个子程序中设置待加工的工件轮廓，循环通过变量 _CNAME 名下的子程序名调用子程序。

轮廓由直线或圆弧组成，并且可以插入圆角和倒角。设置的圆弧段最大可以为四分之一圆。轮廓的编程方向必须与精加工时所选择的加工方向一致。

对于加工方式为“端面、外部轮廓加工”的轮廓，必须按照从 P8（35，120）到 P0（100，40）的方向编程。时序过程循环开始之前所到达的位置：位置任意，但须保证从该位置回轮廓起始点时，不发生刀具碰撞。该循环具有如下时序过程：

**粗切削**

用 G0 在两个坐标轴方向同时回循环加工起始点（内部计算），按照参数 *R*109 下设置的角度进行深度进给。在坐标轴平行方向用 G1 和参数 *R*111 下的进给率回粗切削交点，用 G1/G2/G3 按参数 *R*111 设定的进给率进行粗加工，直至沿着“轮廓 + 精加工余量”加工到最后一点，在每个坐标轴方向按参数 *R*110 中所设置的退刀量（毫米）退刀并用 G0 返回。重复以上过程，直至加工到最后深度。

**精加工**

用 G0 按不同的坐标轴分别回循环加工起始点，用 G0 在两个坐标轴方向同时回轮廓起始点，用 G1/G2/G3 按参数 *R*112 设定的进给率沿着轮廓进行精加工，用 G0 在两个坐标轴方向回循环加工起始点。

在精加工时，循环内部自动激活刀尖半径补偿。起始点循环自动地计算加工起始点。在粗加工时两个坐标轴同时回起始点；在精加工时则按不同的坐标轴分别回起始点，首先运行的是进刀坐标轴。

“综合加工”加工方式中在最后一次粗加工之后，不再回到内部计算起始点。

5. 编程举例

编程举例（1）（见图 5-21）。

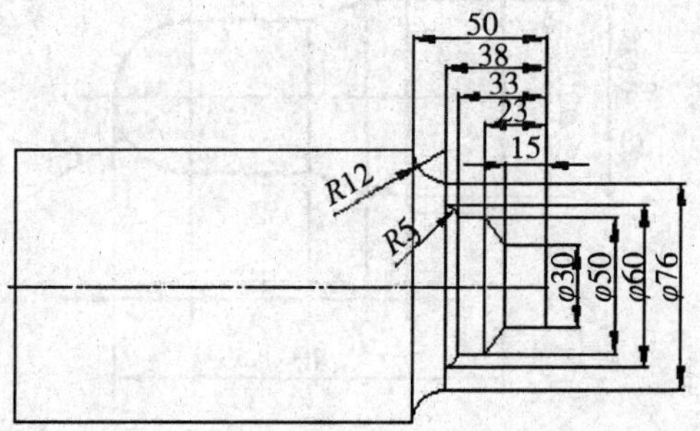


图 5-21　编程举例（1）

| | |
|---|---|
| 主程序 | LC95.MPF |
| G500 S500 M3 F0.4 T01 D01 ; | 工件基本设定 |
| Z2 X142 M8 | |
| _CNAME="L01" ; | 定义毛坯切削循环参数 |
| R105=1 R106=1.2 R108=5 R109=7 | |
| R110=1.5 R111=0.4 R112=0.25 | |
| LCYC95 ; | 调用毛坯切削循环 |
| T02D01 ; | 换刀 |
| R105=5 R106=0 ; | 定义毛坯切削循环参数 |
| LCYC95 ; | 调用毛坯切削循环 |
| G0 G90 X120 | |
| Z120 M9 | |
| M2 | |
| 子程序：L01.SPF：; | 调用子程序 |
| G0 X30 Z2 | |
| G01 Z-15 F0.3 | |
| X50 Z-23 | |
| Z-33 | |
| G03 X60 Z-38 CR=5 | |

```
G01 X76
G02 X88 Z-50 CR=12
M02 ;                            回到主程序
```

编程举例（2）（图 5-22）。

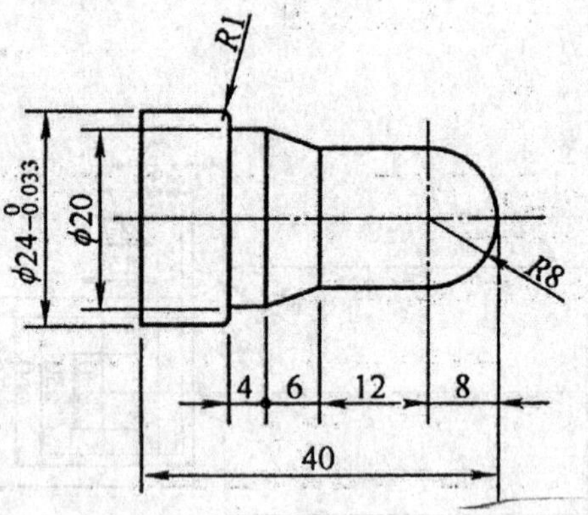


图 5-22　编程举例（2）

```
SK06.MPF                  主程序名
N10 G54 S500 M03 T01      设定工件坐标系，主轴正转转速为 500 r/min，选择 1 号刀
N20 G00 X26 Z2            快速移动点定位
-CNAME= "JD01"            调用毛坯切削循环 LCY95 进行粗加工
R105=1  R106=0.2          轮廓用子程序 JD01.SPF
R108=2.5  R109=7
R110=2  R111=0.2
R112=0
LCYC95
N30 G00 X26 Z2            快速移动点定位
N40 S800 M03 F0.05        精车主轴速度 S=800 rpm，进给量 F=0.05 mm/r
N50 JD01                  调用子程序 JD01.SPF 进行精车
N60 M06 T02 S300 M03      快速移动点定位至换刀点
N70 M06 T02 S300 M03      换 2 号刀，主轴转速为 300r./min
N80 G00 X25               快速移动点定位，先定位 X 方向
    Z-44
N90 G01 X0 F0.05          割断
N100 G00 X50              退刀
    Z50
N110 M05                  主轴停止
```

```
N120 M02                 程序结束
JD01.SPF                 子程序名
N10 G01 X0 Z0            轮廓用子程序名
N20 G03 X16 Z-8 CR=8
N30 G01 Z-20
X20 Z-26
Z-30
X23.99 RND=1
Z-46
X26
N40 M17                  子程序结束
```

## 十八、LCYC97 螺纹切削

1. 功能

用螺纹切削循环可以按纵向或横向加工形状为圆柱体或圆锥体的外螺纹或内螺纹，并且既能加工单头螺纹也能加工多头螺纹。切削进刀深度可设定。

左旋螺纹 / 右旋螺纹由主轴的旋转方向确定，它必须在调用循环之前的程序中编入。在螺纹加工期间，进给调整和主轴调整开关均无效。

2. 调用

LCYC97

3. 参数说明（见图 5-23、表 5-8）

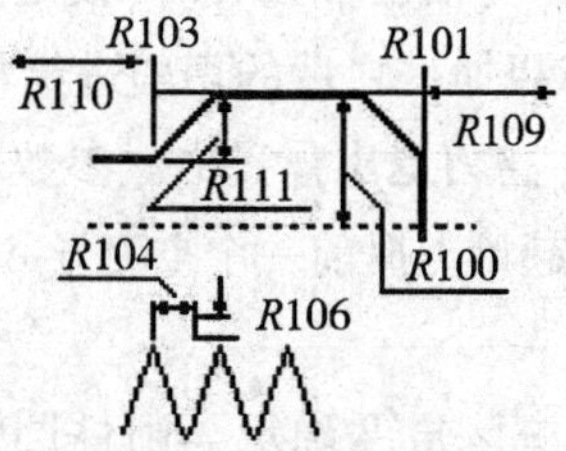


图 5-23　参数说明

表 5-8　参数说明

| 参　数 | 含义，数值范围 |
|---|---|
| $R100$ | 螺纹起始点直径 |
| $R101$ | 纵向轴螺纹起始点 |
| $R102$ | 螺纹终点直径 |

（续 表）

| 参 数 | 含义，数值范围 |
|---|---|
| $R103$ | 纵向轴螺纹终点 |
| $R104$ | 螺纹导程值，无符号 |
| $R105$ | 加工类型数值：1，2 |
| $R106$ | 精加工余量，无符号 |
| $R109$ | 空刀导入量，无符号 |
| $R110$ | 空刀退出量，无符号 |
| $R111$ | 螺纹深度，无符号 |
| $R112$ | 起始点偏移，无符号 |
| $R113$ | 粗切削次数 |
| $R114$ | 螺纹头数 |

说明：

$R100$，$R101$ 螺纹起始点直径参数，纵向轴螺纹起始点参数。这两个参数分别用于确定螺纹在 $X$ 轴和 $Z$ 轴方向上的起始点。

$R102$，$R103$ 螺纹终点直径参数，纵向轴螺纹终点参数。参数 $R102$ 和 $R103$ 确定螺纹终点。若是圆柱螺纹，则其中必有一个数值等同于 $R100$ 或 $R101$。

$R104$ 螺纹导程值参数。螺纹导程值为坐标轴平行方向的数值，不含符号。

$R105$ 加工方式参数：　$R105=1$：外螺纹　$R105=2$：内螺纹

$R106$ 精加工余量参数。螺纹深度减去参数 $R106$ 设定的精加工余量后，剩下的尺寸划分为几次粗切削进给。精加工余量是指粗加工之后的切削进给量。

$R109$，$R110$ 空刀导入量参数，空刀退出量参数。参数 $R109$ 和 $R110$ 用于循环内部计算空刀导入量和空刀退出量，循环中设置起始点提前一个空刀导入量，设置终点延长一个空刀退出量。

$R111$ 螺纹深度参数。

$R112$ 起始点角度偏移参数。由该角度确定车削件圆周上第一螺纹线的切削切入点位置，也就是说确定真正的加工起始点，范围 0.0001 ~ +359.999°。如果没有说明起始点的偏移量，则第一条螺纹线自动地从 0 度位置开始加工。

$R113$ 粗切削次数参数。循环根据参数 $R105$ 和 $R111$ 自动地计算出每次切削的进刀深度。

$R114$ 螺纹头数参数。确定螺纹头数．螺纹头数应该对称地分布在车削件的圆周上。

4. 时序过程

调用循环之前所到达的位置：

任意位置，但须保证刀具可以没有碰撞地回到所设置的螺纹起始点 + 导入空刀量。

该循环有如下的时序过程：

用 G0 回第一条螺纹线空刀导入量的起始处，按照参数 $R105$ 确定的加工方式进行粗加工进刀，根据设置的粗切削次数重复螺纹切削。

用 G33 切削精加工余量，对于其他的螺纹线重复整个过程。

5. 编程举例

编程举例（1）（见图 5-24）。

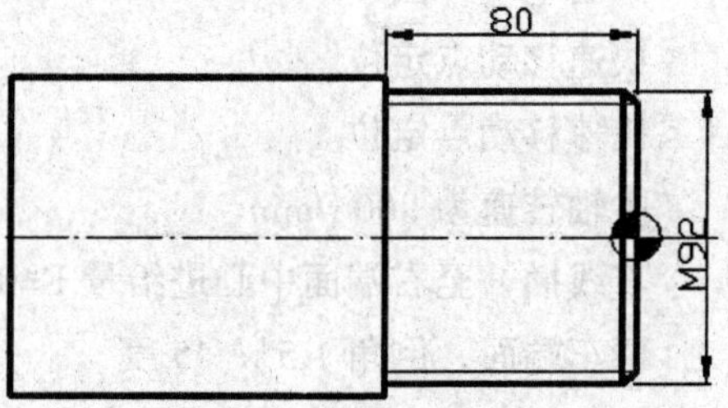


图 5-24 编程举例（1）

| | |
|---|---|
| G55 G00 X0 Z0 M03 S1000； | 工件基本参数设定 |
| T01D01； | 1 号刀补 |
| G00 X100 | |
| Z50 | |
| R100=96 R101=0 R102=100 R103=-100； | 定义螺纹切削参数 |
| R104=2 R105=1 R106=0.5 | |
| R109=15 R110=35 R111=15 | |
| R112=0 R113=7 R114=1 | |
| LCYC97； | 调用螺纹切削 |
| M05 | |
| M2 | |

编程举例（2）（见图 5-25）。

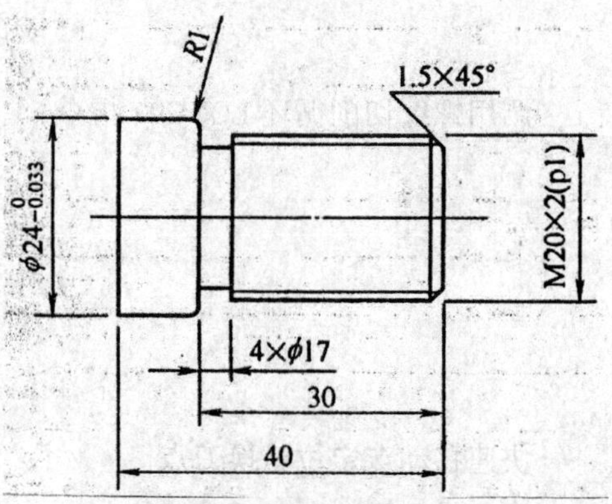


图 5-25 编程举例（2）

| | |
|---|---|
| SK05.MPF | 主程序名 |
| N10 G00 S500 M03 T01 | 设定工件坐标系，主轴正转转速为 500 r/min，选择 1 号刀。 |
| N30 G01 Z—29.8 F0.2 | 粗车螺纹外圆，留单边 0.2 mm 余量 |
| X24.4 RND=1 | 粗车台阶面，倒圆角 *R*1 |
| Z—46 | 粗车 24 外圆长 16 mm |
| X26 | 车出毛坯外圆 |
| N40 G00 X30 Z2 | 快速移动点定位 |
| X0 | 快速移动点定位 |
| N50 S800 M03 | 主轴转速为 800 r/min |
| N60 G01 Z0 F0.05 | 直线插补至右端面中心进给量 F=0.05 mm/r |
| X19.8 CHF=20121 | 精车端面，倒角 1.5 × 45 度 |
| Z-30 | 精车螺纹外圆〈外螺纹大径都是负偏差〉 |
| X23.99 RND=1 | 精车台阶面，倒圆角 *R*1 |
| Z-46 | 精车 23.99 外圆长 16 mm |
| N70 G00 X50 Z200 | 快速移动点定位至换刀点 |
| N80 M06 T02 S300 M03 | 换 2 号刀，主轴转速为 300 r/min |
| N90 G00 X25 | 快速移动点定位，先定位 X 方向 |
| Z200 | 再定位 Z 方向 |
| N100 G01 X17 F0.05 | 割槽，切削用量为：S=300r/min，F=0.05 mm/r |
| N110 G04 F2 | 槽底暂停 2 s |
| N120 G00 T03 | 退出槽底 |
| N130 G00 X50 | 快速移动点定位退刀，先定位 X 方向 |
| Z200 | 再定位 Z 方向 |
| N140 M06 T03 | 换 3 号 60 度螺纹车刀 |
| N105 G00 X20 Z6 | 快速移动点定位 |
| R100=19.8 R101=0 | |
| R102=19.8 R103=-26 | |
| R104=2 R105=1 | 调用螺纹切削循环 LCYC97 指令 |
| R106=0 R109=6 | |
| R110=105 R111=0.541 | |
| R112=0 R113=3 | |
| R114=2 | |
| LCYC97 | |
| N160 G00 X50 Z200 | 快速移动点定位至换刀点 |
| N170 M06 T02 | 换 2 号刀 |

N180 G00 X26　　　　快速移动点定位

Z-44

N190 G01 X0 F0.05　　切断

N200 G00 X0 F0.05　　退刀

Z200

N210 M05　　　　　　主轴停止

N220 M02　　　　　　程序结束

## 十九、子程序

1. 应用

原则上讲主程序和子程序之间并没有区别。

用子程序编写经常重复进行的加工，如某一确定的轮廓形状。子程序位于主程序的一种形式就是加工循环，加工循环包含一般通用的加工工序，如螺纹切削、坯料切削加工等。通过给规定的计算参数赋值就可以实现各种具体的加工。

2. 结构

子程序的结构与主程序的结构一样，在子程序中也是最后一个程序段中用 M2 结束子程序运行。子程序结束后返回主程序（见图 5-26）。

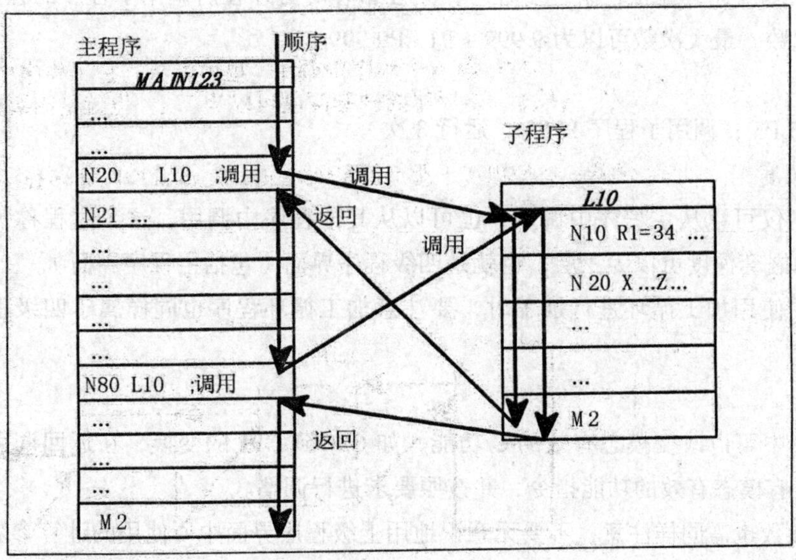


图 5-26　M2 结束子程序

3. 程序结束

除了用 M2 指令外，还可以用 RET 指令结束子程序。

RET 要求占用一个独立的程序段。

用 RET 指令结束子程序、返回主程序时不会中断 G64 连续路径运行方式，用 M2 指令则会中断 G64 运行方式，并进入停止状态。

4. 子程序程序名

为了方便地选择某一子程序，必须给子程序取一个程序名。程序名可以自由选取，但必须符合以下规定：

（1）开始两个符号必须是字母。

（2）其他符号为字母，数字或下划线。

（3）最多 8 个字符。

（4）没有分隔符。

其方法与主程序中程序名的选取方法一样。

5. 子程序调用

在一个程序中（主程序或子程序）可以直接用程序名调用子程序。子程序调用要求占用一个独立的程序段。

举例：

N10 L785 P3 ；调用子程序 L785

N20 WELLE7 ；调用子程序 WELLE7

6. 程序重复调用

如果要求多次连续地执行某一子程序，则在编程时必须在所调用子程序的程序名后地址 P 下写入调用次数，最大次数可以为 9 999（P1...P9 999）

举例：

N10 L785 P3 ；调用子程序 L785 ，运行 3 次

7. 嵌套深度

子程序不仅可以从主程序中调用，也可以从其他程序中调用，这个过程称为子程序的嵌套。子程序的嵌套深度可以为三层，也就是四级程序界面（包括主程序界面）。

注释：在使用加工循环进行加工时，要注意加工循环程序也同样属于四级程序界面中的一级。

8. 说明

在子程序中可以改变模态有效的 G 功能，如 G90 到 G91 的变换，在返回调用程序时请注意检查一下所有模态有效的功能指令，并按照要求进行调整。

对于 R 参数也需同样注意，不要无意识地用上级程序界面中所使用的计算参数，来修改下级程序界面的计算参数。

# 第四节　西门子 801 编程综合示例

## 一、综合示例（1）

如图 5-27 所示。

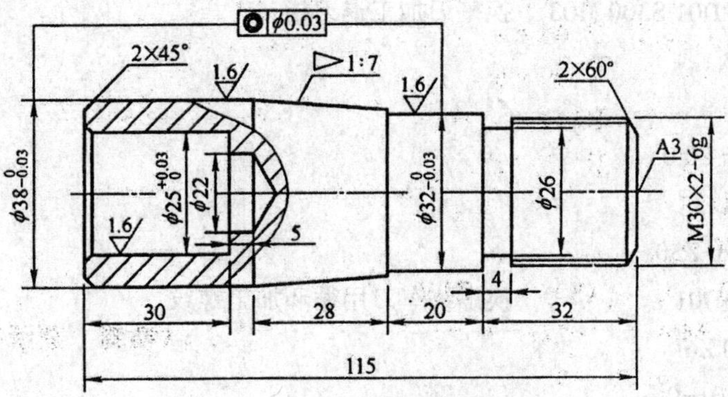


图 5-27　综合示例（1）

```
CK07.MPF                        加工右端的主程序
N10 G54 S500 M03 T01D01         设定工件坐标系，粗车右端外圆、锥面等
N20 G00 X34 Z2
N30 G01 Z-52 F0.1
    X34.6
    X38.6 Z-80
    X40
N40 G00 Z2
    X30.4
N50 G01 Z-31.8 F0.1
    X32.6
    Z-51.8
    X36
N60 G00 Z2
    X25.8
N70 S800 M03                    精车右端外圆 .. 锥面等
N80 G01 Z0 F0.05
```

```
    X29.8 Z-2
    Z-32
    X31.99 RND =0.2
    Z-52
    X34  RND=0.2
    X37.99  Z-80
N90 G00 X120 Z50             退至换刀点
N100 M06 T02D01 S300 M03     换割刀加工退刀槽
N110 G00 X33
     Z-32
N120 G01 X26 F0.05
X33 F0.5
N130 G00 X120 Z50
N140 M06 T03D01              换螺纹车刀用循环加工螺纹
N150 G00 X30 Z6
R100=29.8 R101=0
R102=29.8 R103=-28
R104=2  R105=1
R106=0  R109=6
R110=2  R111=1.083
R112=0  R113=5
R114=1
LCYC97
N160 G00 X120 Z50            退至起刀点
N170 M05                     主轴停止
N180 M02                     主轴程序结束

CKZ071.MPF                   调头车左端外圆 .. 镗孔程序
N10 G54 S500 M03 T01D01      设定工件坐标系 . 粗车零件左端外圆
N20 G01 X38.6 Z2
N30 G01 Z-37 F0.1
N40 G00 X40
    Z2
    X20
N50 S800 M03                 精车零件左端外圆 . 端面
```

```
N60 G01 Z0 F0.05
    X37.99 CHF=2.828
    Z-37
N70 G00 X80 Z200              退至换到点
N80 M06 T04D01 S250 M03       换镗孔刀
N90 G00 Z2                    粗镗孔
    X24.6
N100 G01 Z29.9 F0.08
     X21
N110 G00 Z2
     X27
N120 S400 M30                 精镗内孔
N130 G01 X27 Z0 F0.05
     X25.01 Z1
     Z-30
     X21
N140 G00 Z200                 退至起刀点
     X80
N150 M05                      主轴停转
N160 M02                      主程序结束
```

## 二、综合示例（2）

如图 5-28 所示。

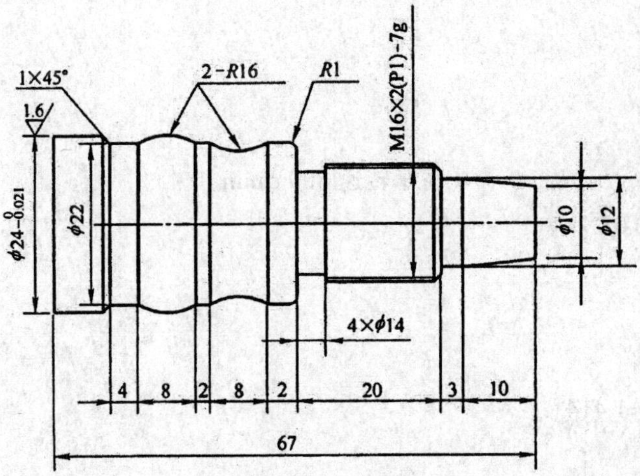


图 5-28　综合示例（2）

```
CKZ05.MPF
N10 G54 S500 M03 T01D01      设定工件坐标系，用 1 号车刀粗车，转速 500r/min
N20 G00 X19 Z2
N30G01 Z-32.8 F0.1
    X22.6 RND=1
    Z-37
N40 G02 X22.6 Z-45 CR=16
N50 G01 Z-47
N60 G03 X22.6 Z-55 CR=16
N70 G01 Z-58.8
    X24.6 CHF=1.414
    Z-73
    X26
N80 G00 Z2
    X13
N90 Z-12.8 F0.1
    X16.4 CHF=1.414
    Z-32.8
    X 24
N100 G00 Z2
    X10.6
N110 G01 Z0 F0.1
    X12.6 Z-10
    Z-12.8
    X17
N120G00 Z0
    X12
N130 S800 M03                〈精车转速 800 r/min〉
N140 G01 X0 F0.05
    X10
    X12 Z-10
    Z-13
    X15.8 CHF=1.414
    Z-33
    X22 RND=1
```

```
      Z-37
N150 G02 X22 Z-45 CR=16
N160 G01 Z-47
N170 G03 X22 Z-55  CR=16
N180 G01 Z-59
      X23.99 CHF=1.414
      Z-73
N190 G00 X80 Z200                〈至换刀点〉
N200 M06 T02D01 S300 M03         〈换 2 号割刀，主轴转速 300 r/min>
N210 G00 X23
      Z-33
N220 G01 X14 F0.05               〈割槽〉
      X23 F0.05
N230 G00 X80 Z200
N240 M06 T03D01                  〈换 3 号螺纹车刀〉
N250 G00 X16 Z-5
R100=15.8 R101=-13               〈螺纹循环参数赋值〉
R102=15.8 R103=-29
R104=2  R105=1
R106=0.06 R109=6
R110=1.5 R111=0.541
R112=0   R113=3
R114=2
LCYC97                           〈调用螺纹循环车双头螺纹〉
N260 G00 X80 Z200
N270 M06 T02D1                   〈换 2 号刀割断保证总长 67.5 mm〉
N280 G00 X24.5
      Z-71.5
N290 G01 X0 F0.05
N300 G00 X80
      Z200
N310  M05                        〈主轴停止〉
N320  M02                        〈主程序结束〉
```

# 第六章　西门子 801 数控车床操作

## 第一节　西门子 801 操作面板

SINUMERIK 操作面板，如图 6–1 所示。用操作键盘结合显示屏可以进行数控系统操作。

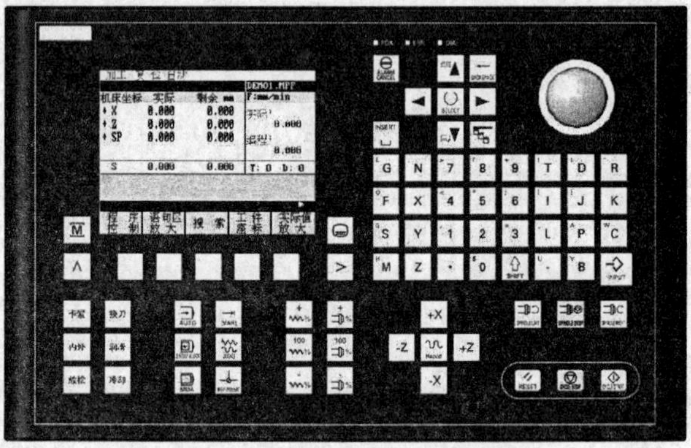

图 6–1　SINUMERIK 操作面板

### 一、数控系统功能键

 软菜单键

 加工显示

 返回键

 菜单扩展键

 区域转换键

 光标向左键

 光标向上键，上档：向上翻页键

 光标向右键

 光标向下键，上档：向下翻页键

 删除键（退格键）

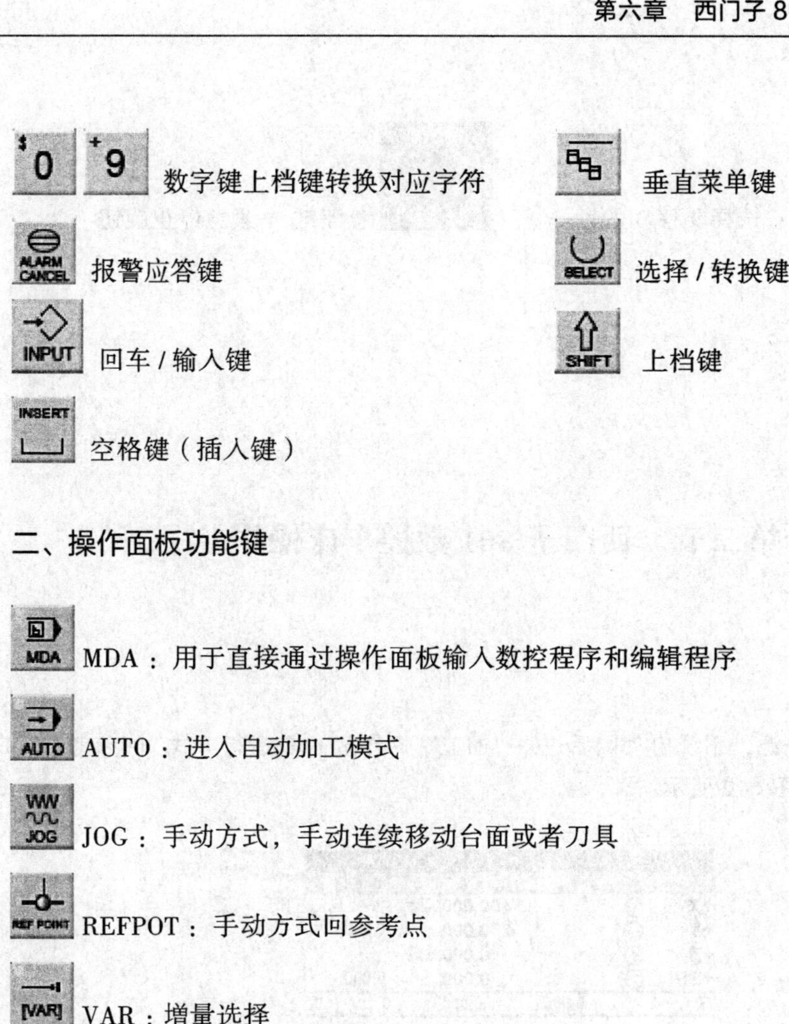

数字键上档键转换对应字符

垂直菜单键

报警应答键

选择 / 转换键

回车 / 输入键

上档键

空格键（插入键）

## 二、操作面板功能键

MDA：用于直接通过操作面板输入数控程序和编辑程序

AUTO：进入自动加工模式

JOG：手动方式，手动连续移动台面或者刀具

REFPOT：手动方式回参考点

VAR：增量选择

SINGL：自动加工模式中，单步运行

SPINSTAR：主轴正转

SPINSTAR：主轴反转

SPINSTP：主轴停止

RESET：复位键

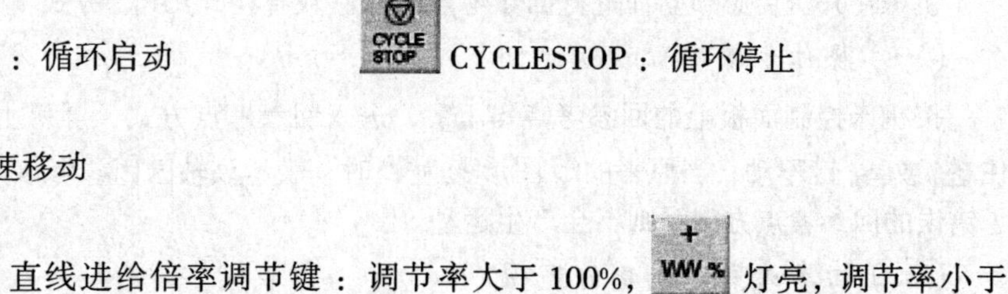

CYCLESTAR：循环启动

CYCLESTOP：循环停止

RAPID：快速移动

直线进给倍率调节键：调节率大于 100%，灯亮，调节率小于 100%，灯亮。

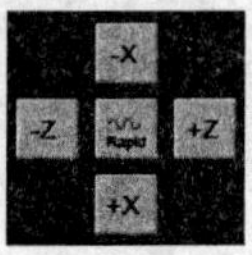

方向键：选择要移动的轴

急停键：紧急停止旋钮

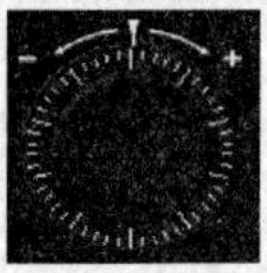
手轮

## 第二节　西门子 801 数控车床操作

### 一、开机

操作步骤：

接通 CNC 和机床电源，系统启动以后进入“加工”操作区 JOG 运行方式“回参考点窗口”，出现“手动 REF”，如图 6-2 所示。

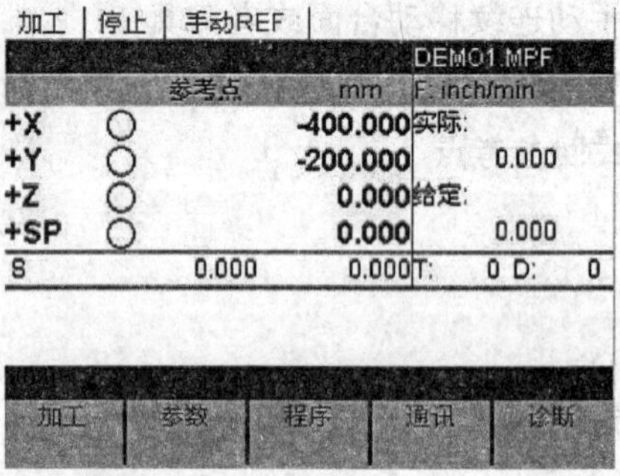


图 6-2　回参考点前的窗口

### 二、回参考点

机床在开机后必须立即进行回参考点操作。只有在“JOG”方式下才可以进行。

#### （一）操作步骤

按机床控制面板上的回参考点键 ，进入回参考点方式，屏幕上显示“手动 REF”，按住  或  键不动，当原来的○图形变为◕时，表示该轴已回参考点（见图 6-3）。如果选择了错误的回参考点方向，则不会产生运动。

#### （二）回参考点应注意的事项

（1）系统上电后，必须回参考点，发生意外而按下急停按钮，则必须重新回一次参考点。

（2）回参考点操作之前，应将刀架移到减速开关和负限位开关之间，以便机床在返回参考点的过程中找到减速开关。如果在参考点，再回参考点，刀架会正向离开后再慢速回参考点。

（3）为保证安全，防止刀架与尾架相撞，在回参考点时应首先 +$X$ 方向回参考点，然后再 +$Z$ 方向回参考点。

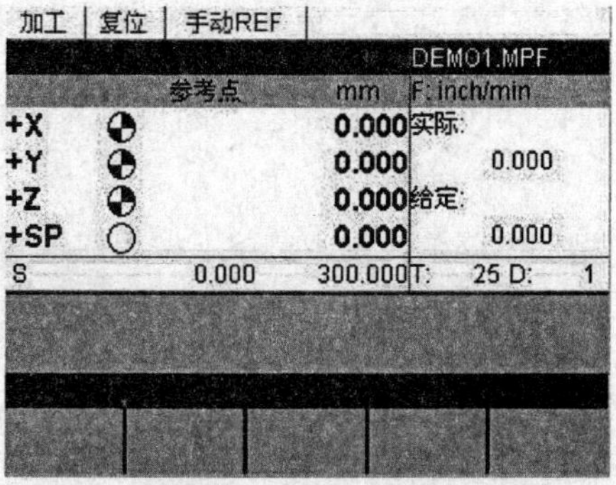


图 6-3　回参考点后的窗口

## 三、输入新程序

### （一）功能

输入一个新的零件程序文件。

### （二）操作步骤

（1）按区域转换键，显示主菜单，在主菜单上按程序键，打开程序目录窗口（见图 6-4）。

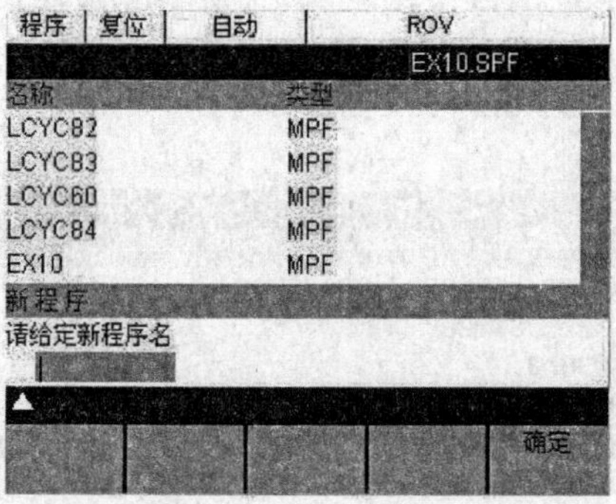


图 6-4　新程序窗口

（2）按“新程序”键，如果未出现新程序，再按一下菜单扩展键出现一对话窗口（见图 6-4），在此输入新的主程序或子程序名称。

（3）按确定键后打开一个新窗口，在窗口中输入零件加工程序，输入完成后即生成一个新程序。

（4）输入完成后，按菜单扩展键，再按关闭键，结束程序的编制，这样才能返回程序目录管理窗口。

## 四、零件程序的修改

### （一）功能

零件程序不处于执行状态时，可以对机床中已有的程序进行编辑修改。

### （二）操作步骤

（1）按区域转换键，显示主菜单，在主菜单上按程序键，打开程序目录窗口（见图 6–5）。

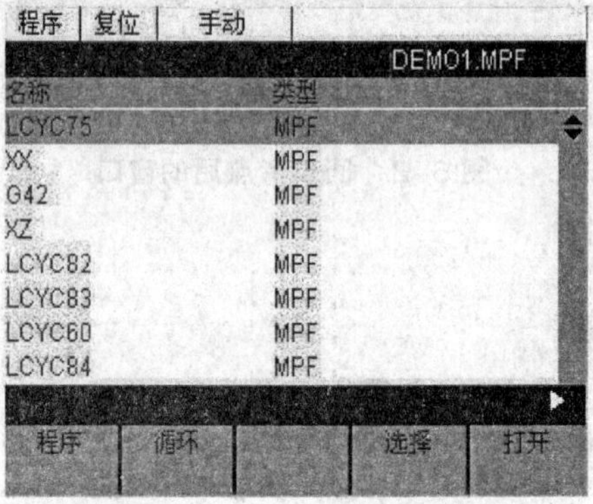


图 6–5　程序目录窗口

（2）按光标键选择待修改的程序。

（3）按选择键，再按“打开”键，屏幕上出现要修改的程序，在编辑窗口中，使用或键移动光标到要修改的程序段，使用或移动光标到需要修改的字符处，进行修改，（见图 6–6）。

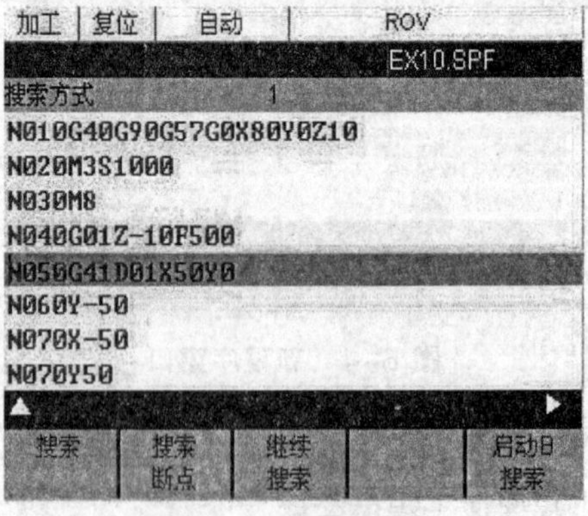


图 6–6　编辑窗口

（4）也可以使用程序段搜索功能找到需要修改的程序段。方法是打开程序后，按键，进入搜索窗口，输入“搜索关键字”或“行号”，找到要找的程序段进行修改。

修改完成后，按菜单扩展键 >，再按关闭键 关闭，结束程序的修改，按加工显示键 ，屏幕显示返回加工操作区，可进行其他工作。

## 五、JOG 手动运行方式

### （一）功能

在 JOG 运行方式中，可以使坐标轴点动或连续运行。

### （二）操作步骤

按手动操作键 ，进入 JOG 手动运行方式（见图 6-7）。

操作相应的方向键 +X +Z，可以使刀架按照相应的坐标轴运行。刀架移动速度由进给速度修调开关控制。如果同时按动相应的坐标轴键和“快进”键 ，则刀架以快进速度运行。按增量选择键 ，可以进行增量选择，刀架以步进增量方式进行增量运动。步进量有 1INC、10INC、100INC 和 1 000INC（0.001 mm、0.01 mm、0.1 mm、1 mm）四种，步进量在屏幕右上角显示。在此方式下还可以进行手动启动 / 停止主轴、手动换刀、手动开启 / 关闭冷却液等操作。

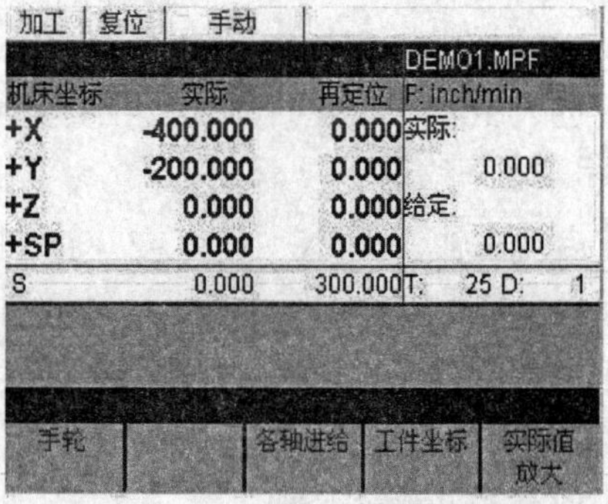

图 6-7 手动运行方式状态图

在 JOG 手动运行方式下，可以通过功能扩展键进入“手轮”方式操作，屏幕上显示手轮窗口，打开窗口，在“轴”一栏显示坐标轴名称 $X$ 和 $Z$，它们在软键菜单中也同时显示。按相应的坐标轴软键，在窗口中出现符号“√”，表示已选择该坐标轴手轮。

## 六、MDA 运行方式（手动数据输入）

### （一）功能

在 MDA 运行方式下可以编制一个零件程序段加以执行，但不能加工由多个程序段描述的轮廓。

### （二）操作步骤

选择机床操作面板上的 MDA 键，进入“MDA 方式”（见图 6-8）。在数据输入行输入一个程序段，完成后按键确定，再按数控启动键，立即执行输入的程序段。

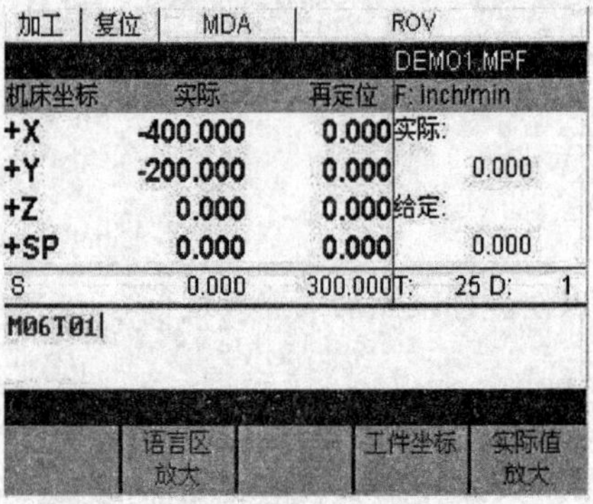

图 6-8　MDA 方式状态图

## 七、对刀

**（一）功能**

对刀就是在机床上确定工件坐标系原点的过程。

**（二）操作步骤**

（1）按手动操作键，进入 JOG 手动运行方式，在安全位置用 MDA 方式选择好所要对的刀，使 CNC 控制刀号与实际刀号一致。

（2）对 *X* 轴方向：按启动主轴，按 -X、+X、-Z、+Z 键，将车刀移动到工件附近，然后将进给速率调到低速挡，配合以增量进给，使刀具轻轻触碰到工件外圆或进行试切。

（3）按 +Z 键，使刀具退出工件到合适位置，按键停止主轴。注意不能按 -X 或 +X 键在 *X* 轴方向移动刀具。

（4）测量刚才对刀处工件的直径，计录下来。

（5）按键，显示主菜单，按键，按键，进入刀具补偿窗口（见图 6-9）。按 <<T 或 >>T 键，选择与刀架上的刀一致的刀号，按 <<D 或 >>D 键，选择所需要的刀沿号。

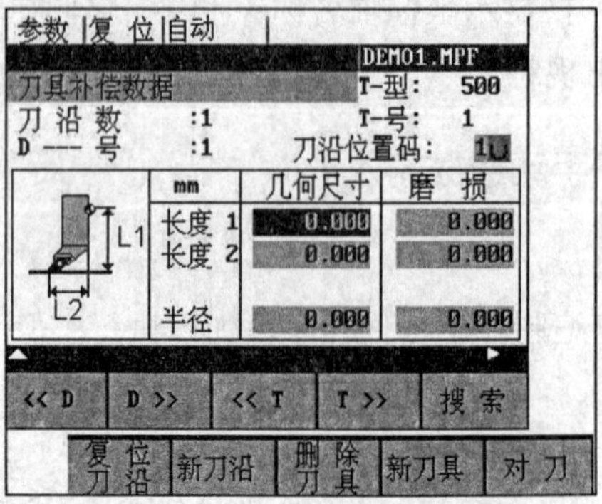

图 6-9　刀具补偿窗口

（6）按 键，按“对刀”键，出现 *X* 轴的对刀窗口（见图 6-10）。

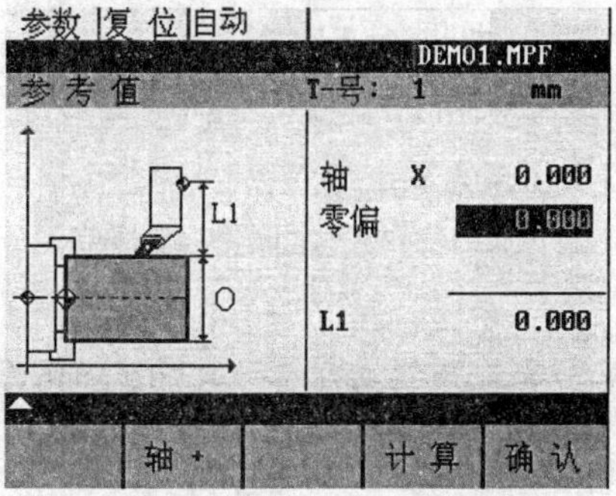


图 6-10　*X* 轴的对刀窗口

（7）在“零偏”栏中输入刚才测量的工件直径，按“计算”键，再按“确认”键，X 方向刀对好。

（8）对 Z 轴方向：按 启动主轴，按 -X、+X、-Z、+Z 键，将车刀移动到工件附近，然后将进给速率调到低速挡，配合以增量进给，使刀具轻轻触碰到工件右端面或进行试切。

（9）按 +X 键，使刀具退出工件到合适位置，按 键停止主轴。注意不能按 -Z 或 +Z 键在 *Z* 轴方向移动刀具。

（10）重复步骤（5）和（6），当出现 *X* 轴对刀窗口时，按“轴 +”键，进入 *Z* 轴对刀窗口（见图 6-11）。

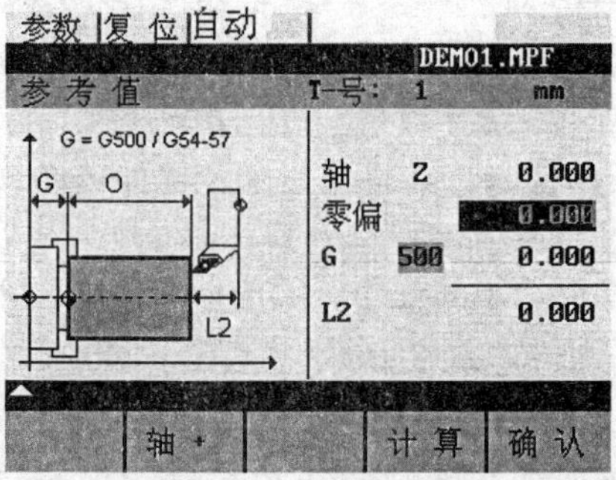


图 6-11　*Z* 轴对刀窗口

（11）在“零偏”栏中输入数值零，按“计算”键，再按“确认”键，*Z* 方向刀对好。注意：若对刀点不是编程零点，则在“零偏”栏中输入偏移值。

至此，一把刀对好，其他刀依同样方法进行对刀。

## 八、输入和修改零点偏置值

### （一）功能

通过设定零点偏置值，可以修改工件坐标系的原点位置。

（二）操作步骤

按区域转换键，显示主菜单，按参数键，再按零点偏移键，进入零点偏置窗口，屏幕上显示可设定零点偏置的情况（见图 6–12）。

按键把光标移到待修改的栏目，按键输入数值。一直按“向下翻页”键，屏幕上显示下一页 G56 和 G5 的零点偏置窗口。

按返回键，不确认零点偏置值，直接返回上一级菜单。

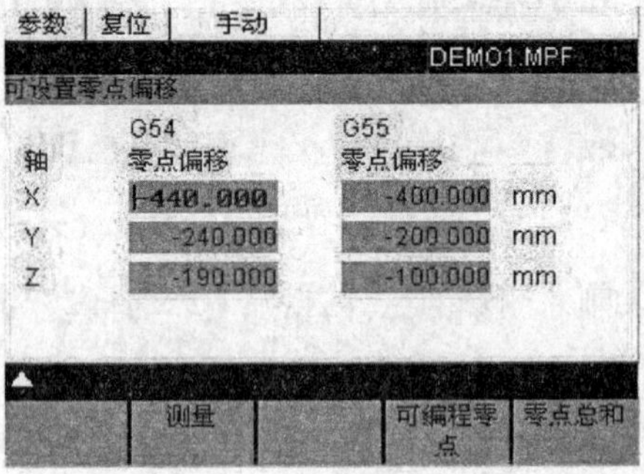


图 6–12　零点偏置窗口

## 九、选择和启动零件程序

（一）功能

选择要运行的程序，以加工零件。启动程序之前必须要调整好系统和机床，保证安全。

（二）操作步骤

按区域转换键，显示主菜单，在主菜单上按程序键，打开程序目录窗口（见图 6–13）。

在第一次选择“程序”操作区时，会自动显示“零件程序和子程序目录”。用光标键把光标定位到所选的程序上。

按“选择”键，选择待加工的程序，被选择的程序名称显示在屏幕区“程序名”下，即完成了程序的选择。

按加工显示键，屏幕显示加工操作区，按自动方式键，进入自动运行方式，按循环启动键，程序启动，开始加工零件。

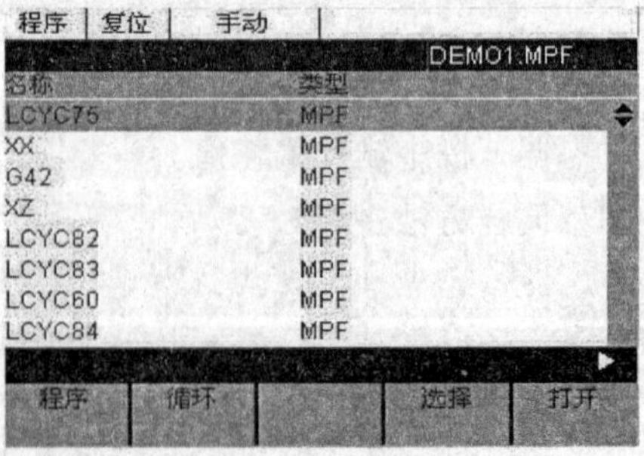


图 6–13　程序目录窗口

## 十、自动运行方式

### （一）功能

在自动方式下零件程序可以自动加工执行，这是零件加工中正常使用的方式。

### （二）操作步骤

按自动方式键，进入自动运行方式（见图 6-14），在屏幕右上角显示当前要运行的程序名称。

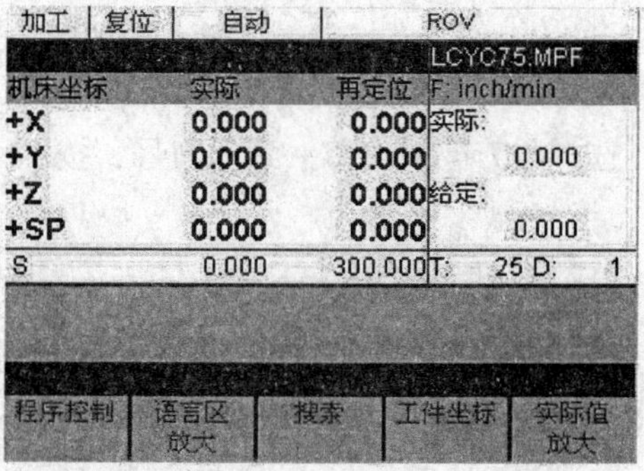


图 6-14 “自动方式”状态图

在自动加工过程中，可以停止和中断零件加工程序。方法有：

（1）用程序停止键，停止加工零件程序。通过按程序启动键，可恢复运行被中断的程序。

（2）用复位键，中断加工零件程序。再按程序启动键重新启动，则程序从头开始执行。

## 十一、程序运行的控制

按自动方式键，进入自动运行方式，按程序控制键，进入程序控制窗口（见图 6-15）。根据需要进行程序运行控制的设置。

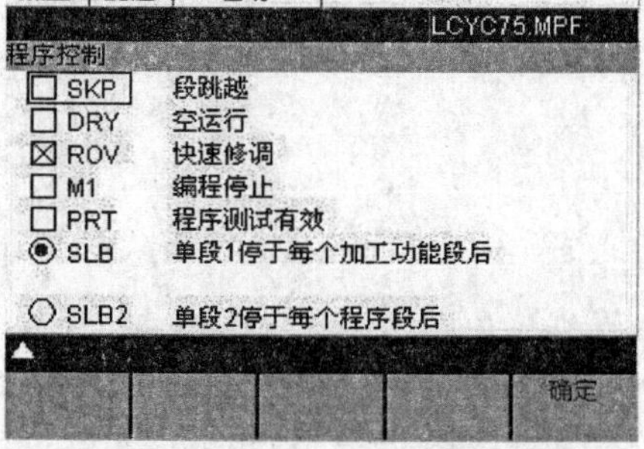


图 6-15 程序控制窗口

## 十二、刀具磨损补偿

### （一）功能

由于对刀不准确或刀具在进行了一段时间的加工后，会产生磨损，造成零件加工精度下降，甚至超差产生废品，因此在零件加工时，当发现零件尺寸变化时，可以使用系统的磨损补偿功能来消除误差。

### （二）操作步骤

（1）按  键，显示主菜单。

（2）按  键，按  键，进入刀具补偿窗口（见图 6-16）。

（3）按 <<T 或 >>T 键，选择与刀架上的刀一致的刀号，按 <<D 或 >>D 键，选择所需要的刀沿号。

（4）在“磨损”栏中输入需要补偿的数值。

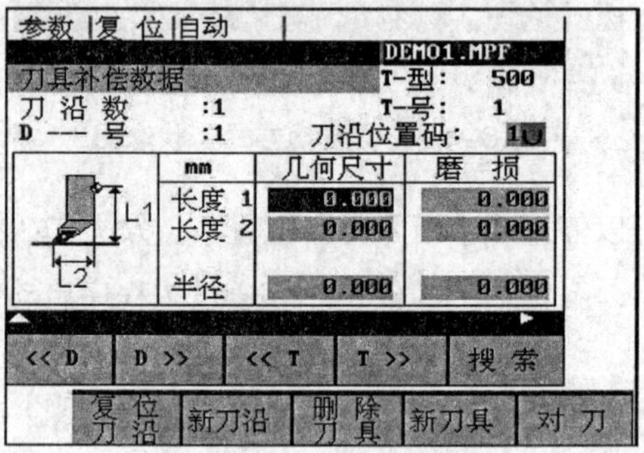


图 6-16　刀具补偿窗口

### （三）磨损补偿的方法

（1）$X$ 轴方向：用实际测量的直径减去理论直径值除以 2，输入窗口中的“长度 1”栏中，磨损补偿值的正、负与坐标轴移动的方向一致。

（2）$Z$ 轴方向：将刀具轴间误差计算后的值输入窗口中的“长度 2”栏中，其中正、负与坐标轴移动的方向一致。

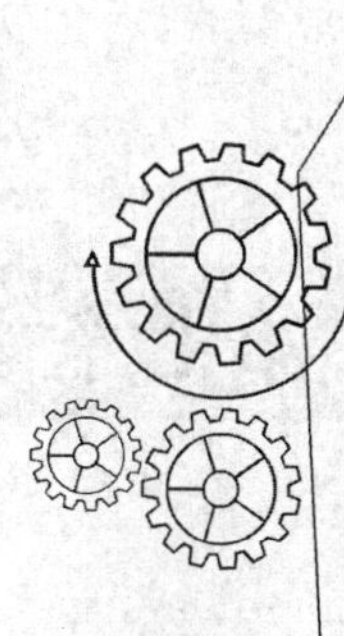

# 第四篇 JNC-10T 南京巨森系统

# 第七章　JNC-10T 系统编程

## 第一节　程序结构

在 JNC-10T 系统中，每个加工程序的最大容量是 8K（即 8196 个字符），并最多可拥有 999 个程序段。在输入程序时，必须按照系统所能接受的格式来编程。

### 一、程序段的格式

所谓程序段的格式，是指程序段书写规则，包括机床所要求执行的功能和运动所需要的所有几何数据及工艺数据。一个零件加工程序由若干以段号大小次序排列的程序段组成，每个程序段由以下几部分组成：

| | | |
|---|---|---|
| N | 程序段号 | 001 ~ 999 |
| G | 准备功能 | 01 ~ 99 |
| X、Z | 坐标或增量值 | 0 ~ ±9 999.99 |
| F | 进给速度 | 10 mm/min ~ 500 mm/min |
| M | 辅助功能 | |
| S | 主轴转速 | |
| T | 刀具号 | 1 ~ 8 |

JNC-10T 车床控制系统采用的程序段格式是可变程序段格式。所谓可变程序段格式就是程序段长度随着输入数据和字长的变化而变化。

程序通常由地址字和地址字后的数字及符号组成。一个程序段由一个或多个程序地址字组成。

例如：

```
X  -110.26                    F  400
|  | └—数据字（数字）          |   └—数据字
|  └—符号（负号）              └———地址字
└——地址字
```

这种程序段格式，以地址功能字为首，后跟一串数字。若干个程序地址字组成程序段。

例如：

N072 G03 X70 Z-36.5 I0 K-2 F200

（上段程序中 N、G、X、Z、I、K、F 均为地址功能字）

N ———— 程序段号

G ———— 准备功能

X Z I K —— 坐标地址

F ———— 进给量

072，03，70，36.5，0，2，200 均为数据字

“.”，“-”为符号

通常一个程序段可有如下格式（其中一些功能字的组合）：

N3 G2 X+/-4.2 Z+/-4.2 I+/-4.2 K+/-4.2 D4.2 L+/-4.2
P3.2 Q3.2 A2 F4 S4 T1 M2

其中：

+/-4.2 表示一个正的或负的最多可有 4 位整数，2 位小数的数值。

4.2 表示只允许正的最多有 4 位整数，2 位小数的数值。

2 表示一个 2 位的正整数。

其余可依此类推。

在 JNC-10T 上输入程序段时，系统会自动给出程序段号和相应的代码段格式，操作者只需输入相应的数据即可，这种方式的好处是提高了编程的效率和正确率。如果操作者是在计算机上先编好加工程序，然后再利用机床上传输数据的连接口传送给 CNC，那么就应注意上面所提到的编程要求。此外还应注意以下几点：

（1）程序段号必须从 N001 开始，并且段号间不可间断。段号应写在每段的最前面，并写满 3 位数，如 N×××。

（2）即使本段 G 代码与上段相同，也不可省略。

（3）如果传送到 CNC 的程序，在显示时发生错误，则说明程序格式有错，应仔细检查计算机中的程序。

## 二、编程单位

JNC-10T 系统中，除英制螺纹加工段中螺纹节距值以外，其余加工段中的坐标值均为公制（mm）。

### 三、直径编程

JNC-10T 系统中，程序段中 $X$ 轴的编程采用直径编程。也就是说，输入 $X$ 轴的尺寸值均采用直径量。

## 第二节 准备功能（G 功能）

准备功能用字母 G 后跟两位数字来编程，它总是编在程序段的开始，用来定义几何形状和 CNC 的工作状态。

JNC-10T 系统的 G 功能如下：

G00 快速定位
G01 直线插补
G02 顺时针圆弧插补
G03 逆时针圆弧插补
G04 暂停
G26 沿 X 方向回程序参考点
G27 沿 Z 方向回程序参考点
G28 先 X 方向再 Z 方向回程序参考点
G29 先 Z 方向再 X 方向回程序参考点
G32 车英制螺纹循环
G33 车直锥螺纹循环
G34 车直锥螺纹
G35 车英制螺纹
G36 子程序调用
G37 子程序开始
G38 子程序结束
G54..G57 G59 零点偏置
G74 回 X 轴机床参考点
G75 回 Z 轴机床参考点
G81 循环开始
G80 循环结束
G90 绝对值方式
G91 增量方式
G92 浮动原点设置

G95 主轴转速范围设定

G96 恒线速度切削

G97 取消恒线速度切削

下面，就以上 G 功能做详细说明。

## 一、G90——绝对值方式

书写格式：G90

一旦采用本指令后，后面的程序段的坐标值都应按绝对值方式编程，即所有点的表示数值都是在编程坐标系中的点坐标值，直到执行 G91 为止。

## 二、G91——增量方式

书写格式：G91

一旦采用本指令后，后面的程序段的坐标值都应按增量方式来编程，即所有点的表示数值均以前一个坐标位置作为起点，来计算运动终点的位置矢量。直到执行 G90 指令为止。

例：

N020 G91

N021 G01 X-40 Z10

N022 G01 Z10

## 三、G00——快速定位

1. 快速定位

快速定位是从刀具现在位置，快速移动到指定位置，它是由准备功能 G00 和刀具应到达的终点位置的坐标编程。

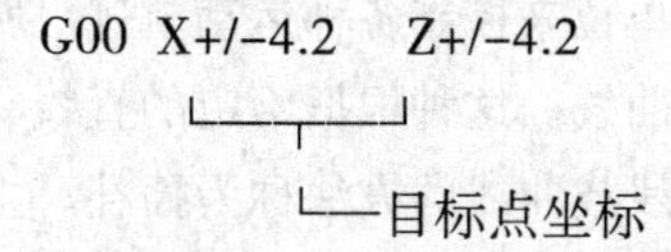

2. 书写格式

```
G00  X+/-4.2    Z+/-4.2
     └────┬────┘
          └─目标点坐标
```

3. 说明

（1）该编程系统规定，X 坐标值都是直径编程。

（2）由于 G00 指令是以数控系统规定的快速运动速度使刀具沿坐标轴运动，所以它与刀具切削时的进给速度指令 F 无关。

（3）不运动的坐标可以省略。

（4）目标点的坐标可以用绝对值，也可用增量值，正号应省略。

（5）执行此条指令时，将先沿 X 向再沿 Z 向快速运动至定位点，运动形式下如图所示。

4. 编程举例

车刀从 *A* 点到 *B* 点（见图 7-1）。

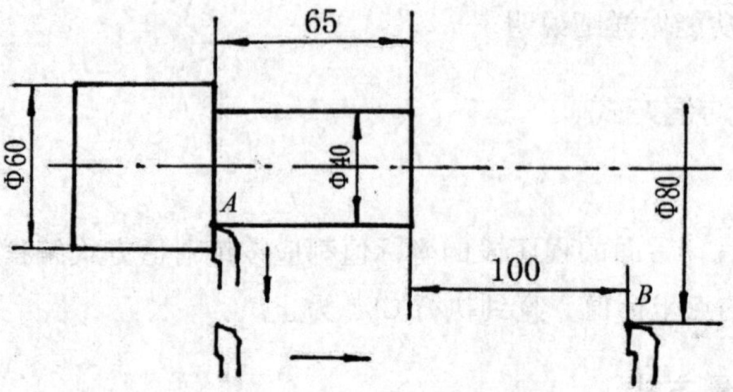


**图 7-1　车刀从 *A* 点到 *B* 点**

绝对值方式编程：

N005 G90

N006 G00 X80 Z100

…

增量方式编程：

N005 G91

N006 G00 X40 Z165

…

## 四、G01——直线插补

1. 插补原理

在数控机床的刀具轨迹控制中，无论是直线运动还是曲线运动，刀具或工作台的各运动坐标轴都是以数控机床的伺服系统发出的脉冲当量作为最小移动单位来控制各种运动轨迹。所以刀具的运动轨迹都是由极小的阶梯形折线拟合成直线、圆弧或曲线。这种根据给定的直线、圆弧或曲线函数，由数控装置用最小的阶梯形折线逼近理想的直线或曲线的方法称为插补。主要的插补方法有两种：直线插补和曲线插补。曲线插补分为圆弧插补、抛物线插补、正弦曲线插补、螺旋线插补等。

在插补编程指令中，G01 表示直线插补，G02 和 G03 表示圆弧插补。

2. 直线插补

G01 可以指令一个坐标轴做直线运动，用于加工外圆柱面或端面，也可以同时指令两个坐标轴联动，用于加工内外圆锥面。

3. 书写格式

```
G01  X+/-4.2  Z+/-4.2       F3
     └──┬──┘                │
        │                   └ 进给速度
        └── 目标点坐标
```

4. 说明

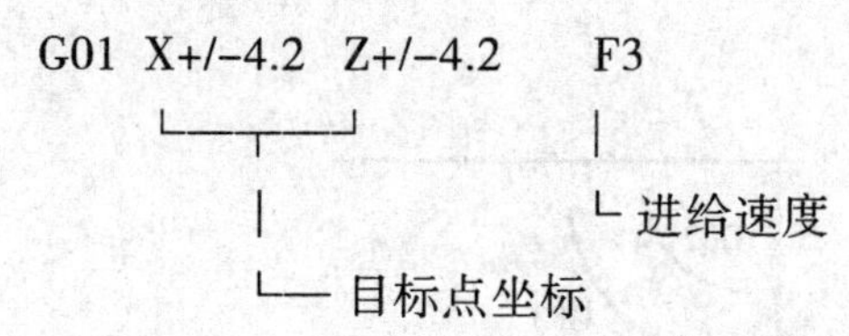

（1）在首次出现 G01 的程序段中必须有进给速度 *F*，刀具才能做切削运动。若没有 *F* 值，程序就不能运行并出现报警。*F* 为模态指令，在 *F* 值指定以后，对后面的程序段一直有效，除非后面的程序段中有新的 *F* 值指令，才会取代前面的 *F* 值指令。所以在后面的 G01、G02、G03 等程序段中，如果不需要改变进给速度，就不用再写 *F* 指令。

（2）不运动的坐标可以省略，数值不必写入。

（3）JNC-10T 数控系统的 *F* 值范围是：10 ~ 500 mm/min。

（4）目标点坐标可以用绝对值或增量值书写。

5. 编程举例

车刀从 *A* 点到 *B* 点（见图 7-2）。

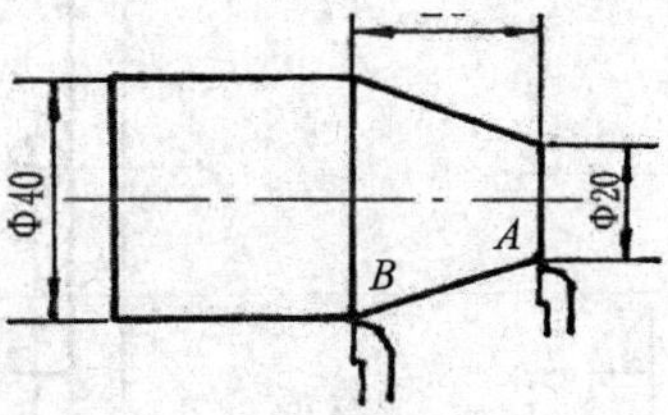


**图 7-2　车刀从 *A* 点到 *B* 点**

绝对值编程方式：

N020 G90

N021 G01 X40 Z-25 F100

…

增量编程方式：

N020 G91

N021 G01 X20 Z-25 F100

…

## 五、圆弧插补 G02、G03

1. 圆弧插补的方向

准备功能 G02、G03 为圆弧插补指令，它的圆弧插补方向与机床坐标系的坐标方向有关。根据 ISO 国际标准定义，顺时针和逆时针是指在右手直角坐标系中，对于 *ZX* 平面，从 *Y* 轴的正方向往负方向看，由 $X$ 坐标向 $Z$ 坐标方向旋转为顺时针圆弧插补，由 $Z$ 坐标向 $X$ 坐标方向旋转为逆时针圆弧插补（见图 7–3）。

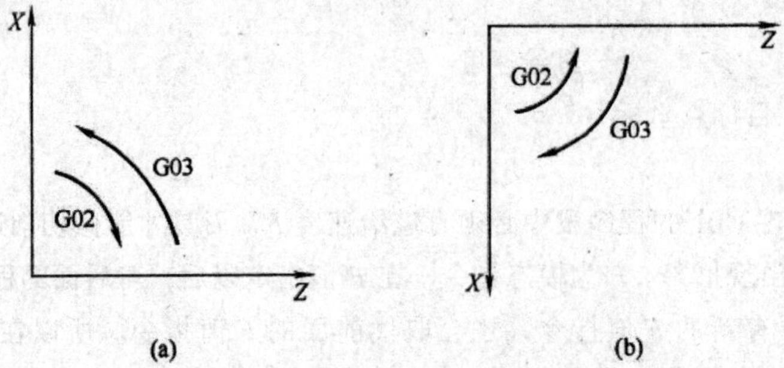


图 7–3　$X$ 坐标不同时圆弧插补的方向

CK6132 数控车床的圆弧插补方向和标准定义的方向不同，因为它们的 $X$ 坐标方向相反，所以顺时针圆弧插补 G02 实际上是逆进针方向，而逆时针圆弧插补 G03 实际上是顺时针方向。如图 7–4 所示，是 CK6132 数控车床的圆弧插补方向示意图：

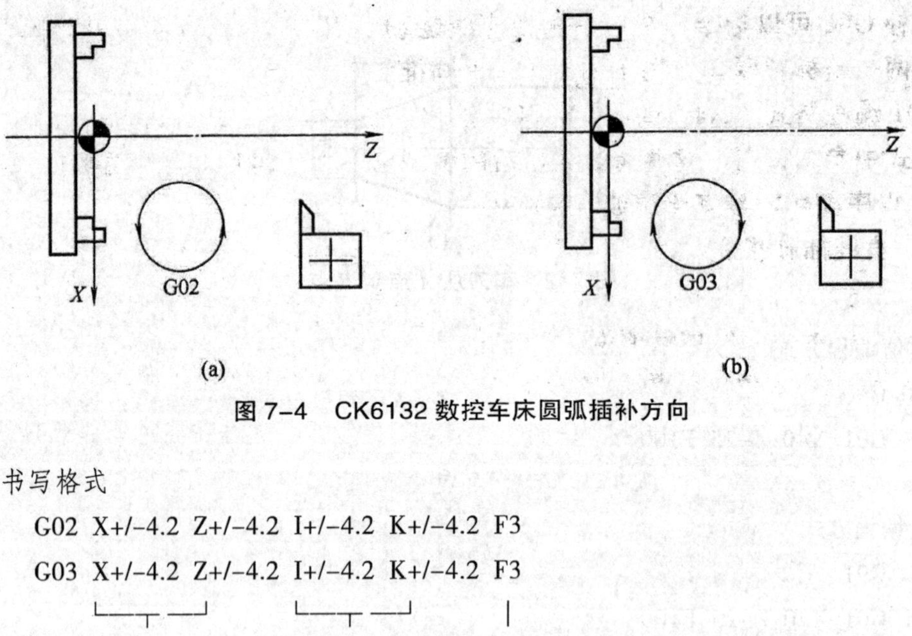


图 7–4　CK6132 数控车床圆弧插补方向

2. 书写格式

G02 X+/–4.2 Z+/–4.2 I+/–4.2 K+/–4.2 F3

G03 X+/–4.2 Z+/–4.2 I+/–4.2 K+/–4.2 F3

F3——进给速度

I、K——圆心坐标，可以用绝对值或增量值书写

X、Z——圆弧终点坐标，可以用绝对值或增量值书写

3. 说明

（1）$X$、$Z$ 在绝对值方式时，圆弧终点坐标是其在编程坐标系中的坐标值，在增量值方式时，是相对圆弧起点的增量值。

（2）$I$、$K$ 是圆心坐标。在绝对值方式时，是圆心在编程坐标系中的坐标值。在增量方式时，$I$ 是沿 $X$ 方向圆弧起点到圆心的距离，$K$ 是沿 $Z$ 方向圆弧起点到圆心的距离。圆心坐标在圆弧插补时不得省略。

（3）用 G02 指令编程时，可以自动过象限，但不能是整圆。

（4）G02 运行速度 $F$ 为 10 ~ 500 mm/min。

4. 编程举例（车刀从 $A$ 点到 $B$ 点）

（1）G02——顺时针圆弧插补（见图 7-5）。

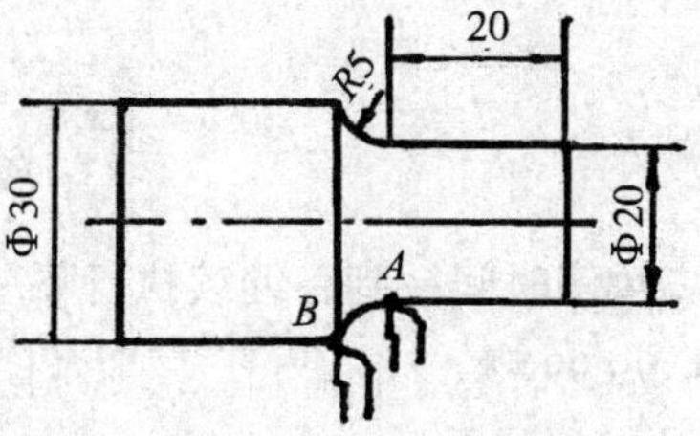


图 7-5 G02——顺时针圆弧插补

绝对值方式编程：

N010 G90

N011 G02 X30 Z-25 I30 K-20 F50

…

增量方式编程：

N010 G91

N011 G02 X10 Z-5 I10 K0 F50

…

（2）G03——逆时针圆弧插补（见图 7-6）。

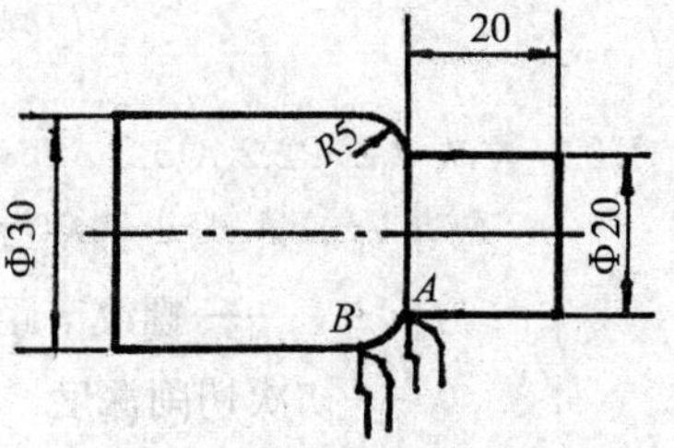


图 7-6 G03——逆时针圆弧插补

绝对值方式编程：

N010 G90

N011 G03 X30 Z-25 I20 K-25 F100

…

增量方式编程：

N010 G91

N011 G03 X10 Z-5 I10 K-5 F100

…

## 六、G04——暂停指令

1. 书写格式

```
G04 P2.2
    └—暂停时间
```

2. 说明

使用 G04 指令使程序暂停。暂停时间一到，继续执行下一段程序。暂停时间由 P 后数值说明，单位为秒，范围为 0.01 ~ 99.99 秒。

## 七、G26/G27—— X/Z 向回程序参考点（换刀参考点）

1. 书写格式

G26/G27

2. 说明

执行此条指令，刀架以最高速回 X/Z 向换刀参考点，换刀参考点在参数（PARAM）操作中设置。

## 八、G28/G29——先 X 向再 Z 向 / 先 Z 向再 X 向回程序参考点

书写格式：G28/G29

## 九、G33——直锥螺纹循环加工指令

1. 书写格式

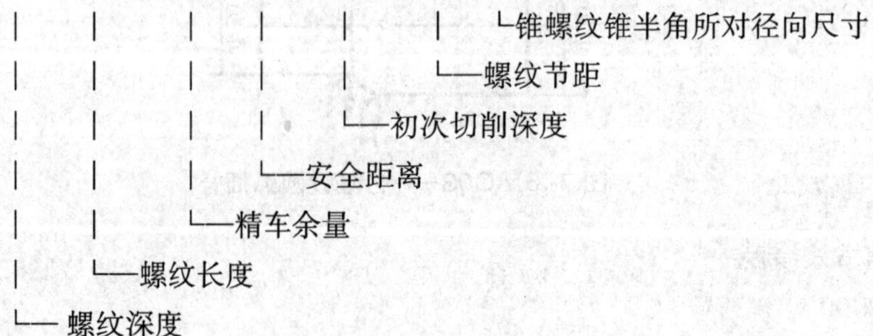

```
G33  D+/-4.2  L+/-4.2  I1.2  K3.2  X+/-2.2  P2.2  Q3.2
     |        |        |     |     |        |     └锥螺纹锥半角所对径向尺寸
     |        |        |     |     |        └—螺纹节距
     |        |        |     |     └—初次切削深度
     |        |        |     └—安全距离
     |        |        └—精车余量
     |        └—螺纹长度
     └— 螺纹深度
```

2. 说明

（1）$D$ 值为负时为内螺纹；$D$ 值为正时为外螺纹。

（2）$L$ 值为负时，右螺纹加工；$L$ 值为正时，左螺纹加工。（限于主轴正转直螺纹加工）设 $L$ 值时，必须留出 2 mm 升速进刀段与 2 mm 降速退刀段，即 $L$ 值包含 4 mm 的升降速长度。

（3）$I$ 值不输入则精车余量为零。

（4）$X$ 值如为正，则切入深度的增量将是一个常数即 $X$。

$X$ 值如为负，则第二次走刀深度的增量为 $(\sqrt{2}-1)X$，第 $n$ 次走刀深度为 $(\sqrt{n}-\sqrt{n-1})X$，直到完工深度。

（5）$K$ 值表示退刀时 $X$ 向离开螺纹表面的距离。

（6）$Q$ 值在加工直螺纹时输入 0。

（7）直螺纹加工最大主轴转速的设置与机床性能有关，建议参照：

Smax=（2 000/$P$）转 / 分，且 Smax ＜ 1 000 转 / 分（$P$ 为导程，单位 mm）。

锥螺纹加工最大主轴转速的设置建议参照：

Smax=（1 000/P）转 / 分，（$P$ 为导程，单位 mm）。

（8）加工前刀尖运动到图中 $A$ 点，螺纹加工循环完成后，刀尖返回 $A$ 点，以 $A$ 点为起始点编入后续程序（见图 7-7）。

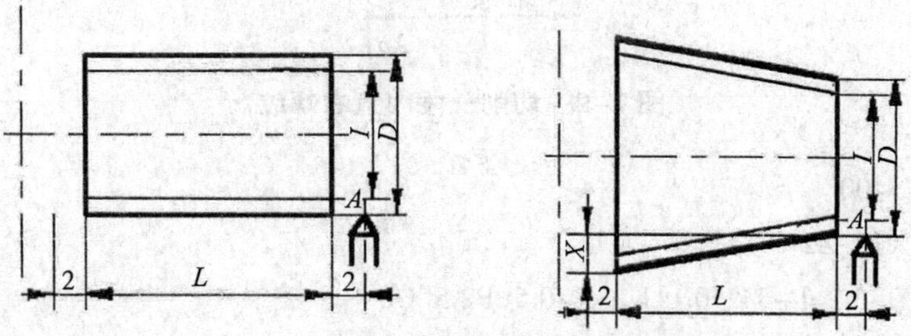


图 7-7 螺纹加工循环前后的刀尖运动

3. 举例

例 1：切削加工一段直螺纹，螺距为 3 mm，总切深为 2 mm（见图 7-8）。

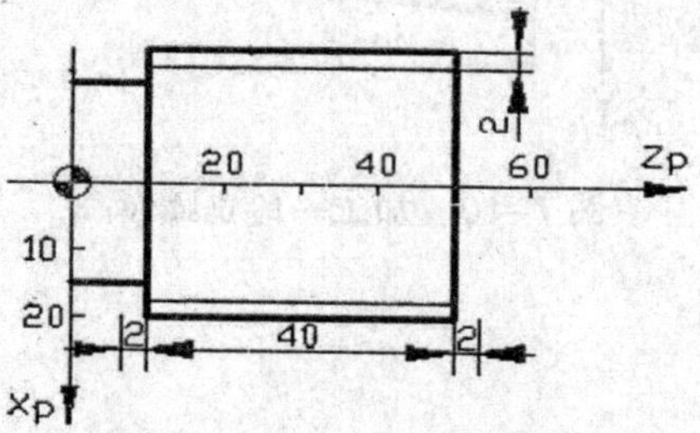


图 7-8 切削加工一段直螺纹

（1）右螺纹加工。

N010 M03 S240

N011 G00 X40 Z52

N012 G33 D4 L-44 I0.1 K2 X0.4 P3 Q0

（2）左螺纹加工。

N010 M03 S240

N011 G00 Z8

N012 G00 X40

N013 G33 D4 L44 I0.1 K2 X0.4 P3 Q0

注：也可用设置主轴转向的方法来确定左、右螺纹的加工。

例 2：切削一段内直右螺纹，螺距为 2.5 mm，总切深 1.6 mm（见图 7-9）。

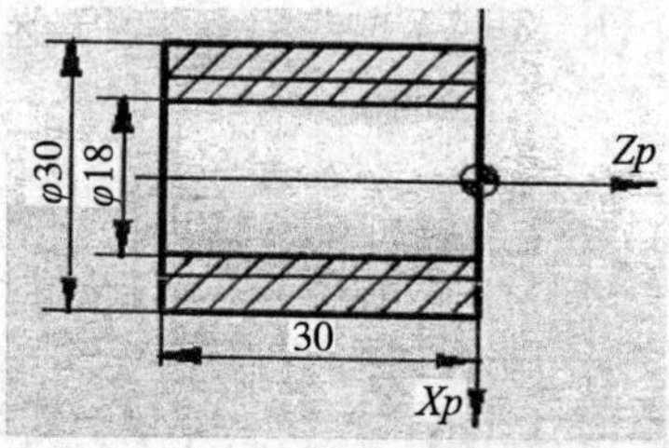


图 7-9 切削一段内直右螺纹

N010 M03 S400

N011 G00 X18 Z2

N012 G33 D-3.2 L-34 I0.1 K2 X-0.5 P2.5 Q0

例 3：加工一段锥螺纹，螺距为 3 mm，总切深 2 mm（见图 7-10）。

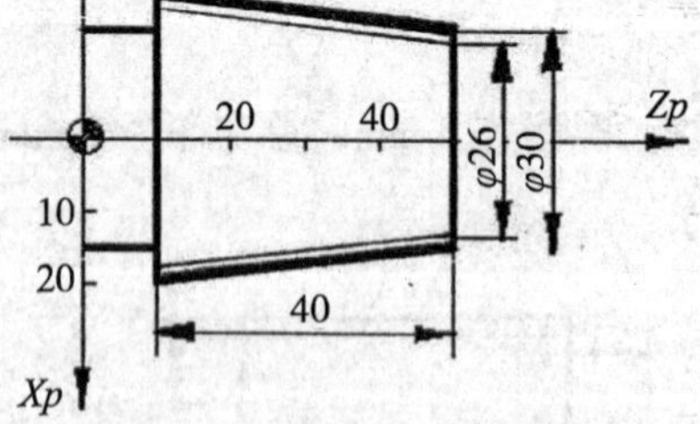


图 7-10 加工一段锥螺纹

（1）右螺纹加工。

N010 M03 S240

N011 G00 X30 Z52

N012 G33 D4 L-44 I0.1 K1 X0.4 P3 Q10

（2）左螺纹加工。

N010 M04 S240

N011 G00 X30 Z52

N012 G33 D4 L-44 I0.1 K1 X0.4 P3 Q10

例 4：加工管内锥螺纹，螺距为 1.5 mm，总切深为 1 mm（见图 7-11）。

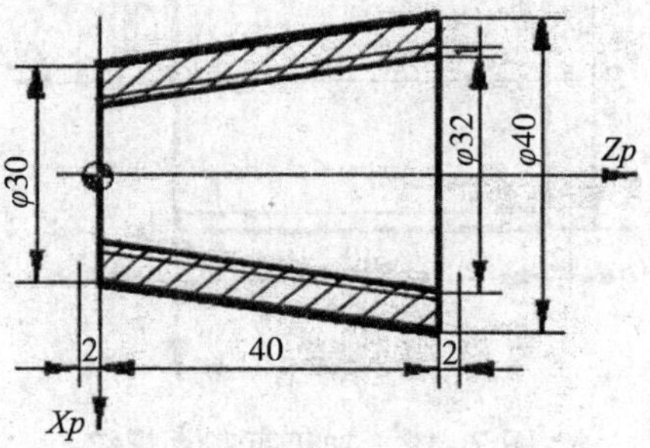


图 7-11　加工管内锥螺纹

N010 M03 S240

N011 G00 X32 Z42

N012 G33 D-2 L-44 I0.1 K1 X0.4 P1.5 Q10

## 十、G32——英制螺纹循环加工指令

1. 书写格式

```
G32 D+/-4.2  L+/-4.2 I1.2  K3.2  X+/-2.2  P2.1  Q3.2
     |          |       |     |      |         | 锥螺纹锥半角所对径向尺寸
     |          |       |     |      |         └—螺纹节距（牙数 / 英寸）
     |          |       |     |      └—初次切削深度
     |          |       |     └—安全距离
     |          |       └—精车余量
     |          └—螺纹长度
     └— 螺纹深度
```

2. 说明

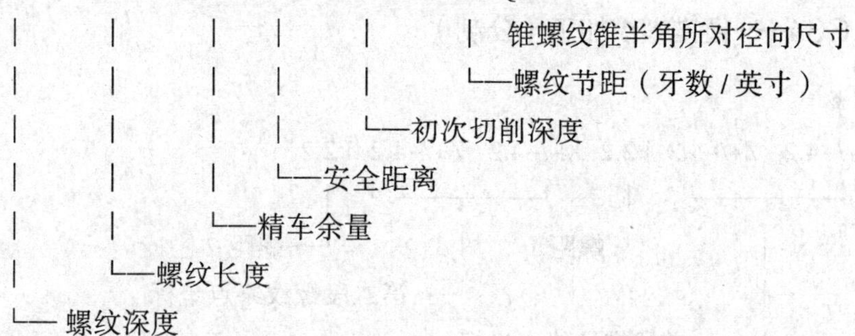

（1）G32 中除 $P$ 值外其余各值可参照 G33 的定义来设置。

（2）$P$ 值的范围为：$2\frac{1}{2}\sim31\frac{1}{2}$ 牙 / 英寸；其输入 PA.B 意为 $A\frac{1}{B}$ 牙 / 英寸。

$B$ 应是如下数字之一：2、3、4、5、6、8。

（3）转速设定时，应将 $P$ 值转换成螺距，再参照 G33 中的规定进行计算。

3. 举例

例：加工英制直螺纹，10 牙 / 英寸，总切深 1.5 mm，螺纹有效切削长度 40 mm（见图 7–12）。

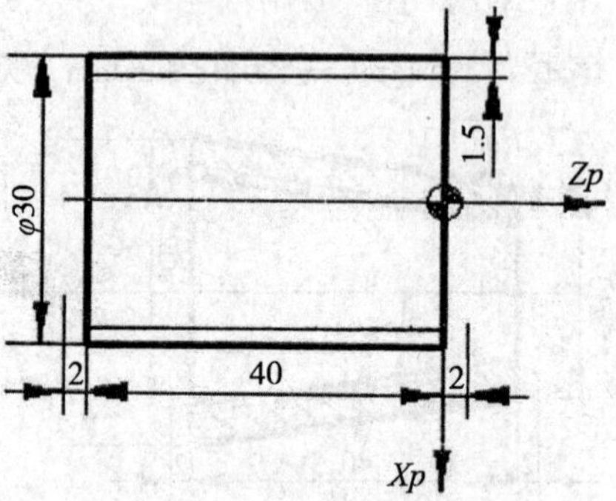


**图 7–12　加工英制直螺纹**

（1）加工右螺纹。

N100 M03 S300

N101 G00 X30 Z2

N102 G32 D3 L–44 I0.2 K2 X0.5 P10 Q0

（2）加工左螺纹。

N100 M03 S300

N101 G00 X30 Z–42

N102 G32 D3 L–44 I0.2 K2 X0.5 P10 Q0

## 十一、G34——直锥螺纹加工（公制）

1. 书写格式

```
G34  X+/–4.2   Z+/–4.2  P2.2  X+/–4.2   Z+/–4.2  P2.2
     └────┬────┘        |     └────┬────┘        |
          |             └ 螺距 1   |             └─螺距 2
          |                        └── 第二段螺纹终点坐标
          └─── 首段螺纹终点坐标
```

2. 说明

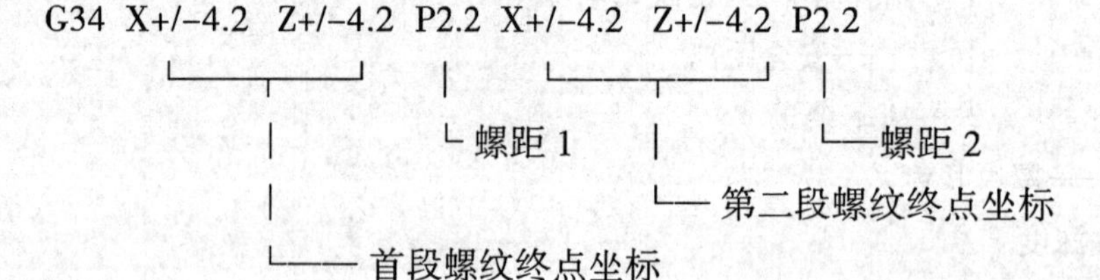

（1）此指令可连续加工两段螺纹。螺距 1 对应第一段螺纹，螺距 2 对应第二段螺纹，最大值均为 12 mm。

（2）当第二段螺纹数据不输入时，只加工首段。

（3）每段螺纹的加工长度应大于（*P*17*3）/100，*P*17 为系统参数。

（4）螺纹加工最大主轴转速的设置与机床性能有关，建议参照：

$S$max=（1 000/P）转 / 分，且 $S$max ＜ 1 000 转 / 分（$P$ 为导程，单位 mm）。

## 十二、G35——英制螺纹加工指令

1. 书写格式

G34 X+/–4.2 Z+/–4.2 P2.2 X+/–4.2 Z+/–4.2 P2.2

2. 说明

（1）$P$ 值的范围为：$2\frac{1}{2}$ ~ $31\frac{1}{2}$ 牙 / 英寸；其输入 PA.B 意为 $A\frac{1}{B}$ 牙 / 英寸。

（2）$B$ 应是如下数字之一：2、3、4、5、6、8。

## 十三、G36——子程序调用

1. 书写格式

G36 A2.2

|└—— 循环次数

└— 子程序号

2. 说明

（1）子程序号为 1 ~ 99。

（2）子程序循环次数为 1 ~ 99，若无小数部分则子程序只执行一次。

## 十四、G37——子程序开始

1. 书写格式

G37 A2

└—规定的子程序号

2. 说明

（1）子程序标号为 1 ~ 99。

（2）子程序可在程序结束指令 M02 或 M30 以后建立，其作用如同一个固定循环，供主程序在不同处调用。也可以将子程序建立在主程序体部分，此时子程序本身也将被执行。

（3）子程序中允许嵌套，即在子程序中可再调用子程序，子程序内也允许嵌套循环指令。最大嵌套层数为 8。

## 十五、G38——子程序结束

在每个子程序的最后设置，表示该子程序结束，返回主程序。

例：

N081 G36 A01

```
…
…
N140  M02
N141  G37  A01
N142  G01  X-5
N143  G01  Z-20
N144  G00  X4  Z20
N145  G38
```

## 十六、G54 ~ G57、G59——编程原点设置（零点偏置）

1. 本系统中提供了两种编程原点设置的方法参数设置和程序设置

（1）G54、G55、G56、G57。它们与机床原点在 $X$、$Z$ 轴的偏置值已设置在参数中，具体设置见操作部分。

（2）G59  X+/–4.2    Z+/–4.2

└──┬──┘

└──── 相对机床原点的偏置值

2. 说明

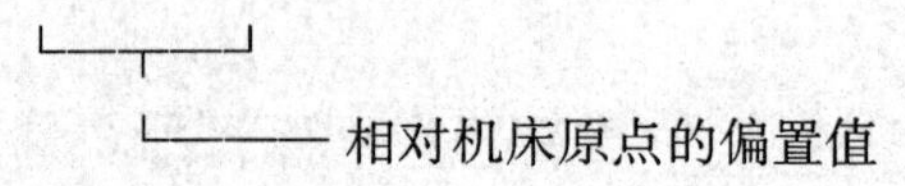

（1）使用上述指令后，编程原点将偏移到相对机床原点的 $X$、$Z$ 值位置。

（2）后续指令以此新的编程原点为依据设定坐标。

（3）使用该指令后，原设定的编程原点就自动失效。

## 十七、G74、G75——寻找 X、Z 向机床参考点

（1）运动过程中，坐标显示不发生变化，直至达到机床参考点位置。

（2）当轴运动到机床参考点后，若当前有刀偏补偿则显示刀尖与最后编入的工件零点之间的距离。

## 十八、G81——循环开始

1. 书写格式

G81  P2

└—循环次数

2. 说明

（1）循环次数为 1 ~ 99 次。

（2）循环允许有嵌套，也就是循环体内可以再有循环。 循环与子程序调用可以互相嵌套。最大嵌套层数为 8。

## 十九、G80——循环结束

1. 书写格式

G80

2. 说明

在每个循环的结束处都必须使用本指令，循环体必须建立在 G81 和 G80 之间。

## 二十、G92——浮动原点设置

1. 书写格式

G92 X+/4.2 Z+/-4.2

└──────设定的当前位置坐标值

2. 说明

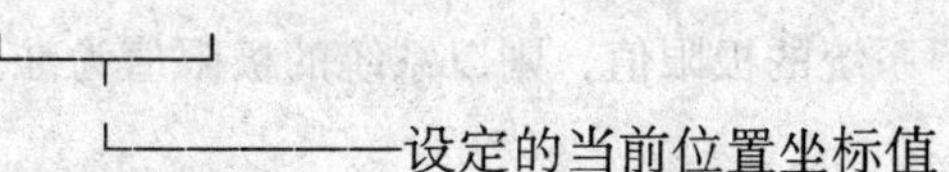

（1）该指令可将当前位置坐标设置成指定的坐标值，轴不发生运动。在有刀偏补偿的情况下，执行该指令后将刀尖位置设置成指定的坐标值；在无刀偏补偿的情况下，执行该指令后将对刀参考点位置设置成指定的坐标值。

（2）G92 将形成新的编程原点，后续程序段以此为原点编入。

（3）执行 G92 后，可根据需要执行 G54 ~ G57，G59 功能恢复原来的编程原点。

3. 举例

例：如图 7-13 所示，（数字）0 点为机械零点，*A* 为 G55 设定的编程原点（*X*=30，*Z*=20），*B* 为当前刀尖位置，*C* 为 G92 设定的浮动原点。

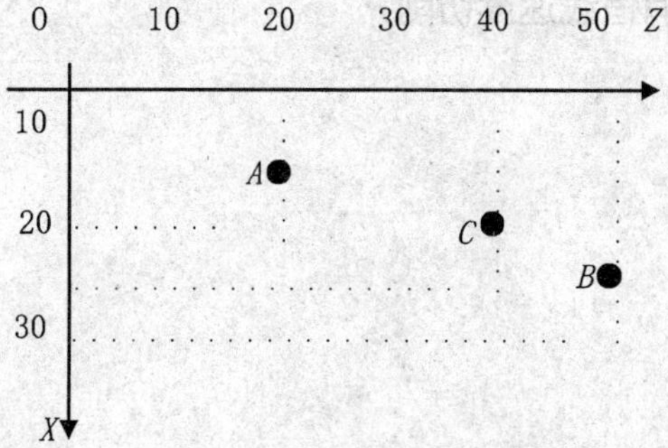


图 7-13 浮动原点设置

N030 G55 设置编程原点

N031 M06 T3.3

...

N050 G92 X10 Z10 ；设置浮动原点

...

N65　G55　恢复编程原点

## 二十一、G95——主轴转速范围设定

1. 书写格式

G95　P4　Q4

　　　|　　└—最高转速（转 / 分）

　　　└—最低转速（转 / 分）

2. 说明

（1）本指令只对 G96 功能起作用，对 M03、M04 设定的转速不起限制作用。

（2）如果设定的最高或最低转速超过了系统的极限值，则以系统的极限值为准。

## 二十二、G96——恒线速度切削

1. 书写格式

G96　V3

　　　└—线速度（米 / 分）

2. 说明

（1）本指令设置主轴转速为米 / 分。

（2）机床主轴必须具有无级变速功能，本指令才起作用。

（3）对于快速点位指令（G00、G26-G29）以及螺纹加工指令等，本指令不起作用。

（4）本指令由 G97 或 M02、M30、急停等取消。

## 二十三、G97——取消恒线速度切削

1. 书写格式

G97

2. 设置主轴转速为转 / 分

例如：

N020 M03

N021 G96 S200

N022 G95 P200 Q1500

....

....

N040 G97

## 第三节　辅助功能（M 功能）

M 功能也称辅助功能，辅助功能用字母 M 及后面两位数组成，JNC-10T 车床控制系统具有下列几个辅助功能：

M00　程序暂停
M02　程序结束
M30　程序结束并回到起始处

M03　主轴顺时针旋转
M04　主轴逆时针旋转
M05　主轴停

M06　换刀

M08　冷却液打开
M09　冷却液关闭

M21　辅助输出指令
M22　辅助输入指令

M23　发信号并等待回答信号

M24、M26、M28　发出持续信号
M25、M27、M29　撤消发出的信号

下面就本系统所具有的 M 功能做详细说明：

### 一、M00——程序暂停

说明：加工程序里出现 M00，程序运行至本指令则暂停。按下加工起动键（START）后，程序继续往下运行。

### 二、M02——程序结束

说明：M02 表示加工程序结束，用户可以返回进行其他功能操作或重新启动机床。

## 三、M03/M04——主轴正转 / 反转

程序里写有此指令，主轴按给定的 *S* 转速正向或反向旋转。*S* 的单位为转 / 分。

本系统中主轴采用无级变速时，最大转速设定在机床参数 P14 中。主轴采用有级变速时，转速设定为四挡：S1 ~ S4。

## 四、M05——主轴停止旋转

说明：程序里出现 M05 指令，则主轴旋转立即停止。

## 五、M06——换刀指令

1. 书写格式

M06 T1.02

```
     | └——刀偏补偿组号
     └——刀号
```

2. 说明

程序里编入 M06 指令后，系统将设定的刀具置于加工工位上并使用指定的刀补值。在本系统中，最多可有 8 把刀具，即从 *T*1 ~ *T*8。在参数（PARAM）操作功能中，可对所用的刀具进行对刀或是刀具参数的修改。刀偏补偿值共有 16 组，每把刀可有一组或数组补偿值。

## 六、M08/M09——冷却液打开 / 关闭

说明：指令执行过后，CNC 将打开 / 关闭冷却液。

## 七、M21——辅助输出指令

1. 书写格式

M21 A2

2. 说明

（1）M21 指令执行时，一种方式是 CNC 将从指定的输出端口发出持续信号，直到在指定的输入端口上有回答信号时，才撤除发出的信号。另一种方式是 CNC 直接在指定的输出端口上发出信号，持续一段时间后，自动撤除，无须依靠回答信号。

（2）在 A 后面的两位数字中，第一位数是输出口的编号，第二位数是输入口的编号。它们和机箱后盖 P3 插座上接口的关系如下：

| 第一位数 | P3 | 第二位数 | P3 |
|---|---|---|---|
| | | 0 | 表示无须回答信号 |
| 1 | O2 | 1 | I9 |
| 2 | O3 | 2 | I10 |

| | | | |
|---|---|---|---|
| 3 | O4 | 3 | I11 |
| 4 | O5 | 4 | I12 |

注：P3 插座上每个脚的详细定义见安装接连部分。

（3）当系统主轴采用有级变速时（S1 ~ S4），请勿使用 M21 指令。

例：

N010 M21 A20

表示从 2 号输出口（即 P3 口上的 03 脚）发出信号并持续一段时间后，自动撤除。

N011 M21 A31

表示从 3 号输出口（即 P3 口上的 04 脚）发出持续信号，直到在 1 号输入口上（即 P3 口上的 I9 脚）有回答信号时，才撤除发出的信号。

## 八、M22——辅助输入指令

1. 书写格式

M22 A1

2. 说明

（1）执行 M22 指令时，CNC 将检查指定的输入口上是否有回答信号，如有回答信号出现，则结束本指令，执行下一段程序，否则就一直等待。

（2）输入口不允许定义为 0 号口，其余与 M21 的输入口定义相同。

3. 举例

N020 M22 A3

等待 3 号输入口（即 P3 接口上的 I11 脚）的回答信号。

## 九、M23——发信号并等待回答信号

说明：本指令从 O5 口发出持续信号，直到 I9 口上接收到信号，才撤除发出的信号，之后程序继续执行。

## 十、M24、M26、M28——发出持续信号

说明：M24、M26、M28 指令分别从 O2、O3、O4 口发出持续信号。

## 十一、M25、M27、M29——撤消发出的信号

说明：M25、M27、M29 分别撤消 M24、M26、M28 发出的信号。

## 十二、M30——程序结束并返回到开始处

说明：M30 与 M02 作用相同，而且执行到 M30 时，CNC 将返回到程序开始处的第一个程序段。

# 第四节 编程实例

## 一、螺纹加工

如图 7-14 所示：毛坯尺寸 $\phi 26$，工件露出卡盘 50 mm。

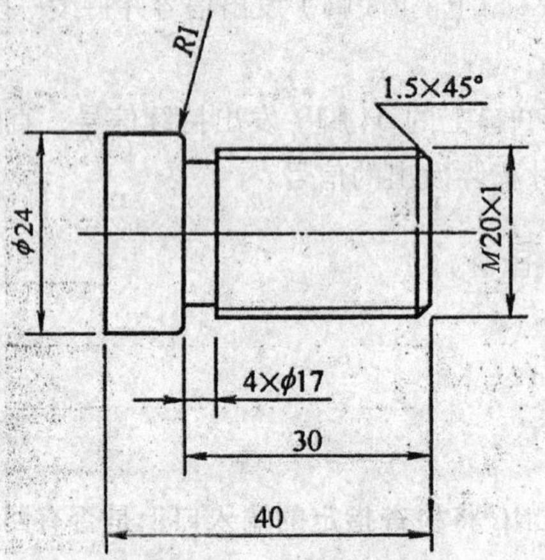


图 7-14 螺纹加工

加工程序：

| | |
|---|---|
| N001 G59 X0 Z50 | 设置编程原点 |
| N002 M06 T1.01 | 换 90° 车刀 |
| N003 M03 S800 | 调整转速 |
| N004 G00 X26 Z0 | 快速定位 |
| N005 G01 X0 F50 | 车端面 |
| N006 G00 Z2 | Z 向退刀 |
| N007 G00 X24 | X 向定位 |
| N008 G01 Z-45 F80 | 车外圆 |
| N009 G00 X26 | X 向退刀 |
| N010 G00 Z2 | Z 向退刀 |
| N011 G00 X21 | X 向定位 |
| N012 G01 Z-30 | 车外圆 |
| N013 G00 X26 | X 向退刀 |
| N014 G00 Z2 | Z 向退刀 |
| N015 G00 X17 | X 向定位 |

N016 G01 X20 Z-1.5　车倒角
N017 G01 Z-30　车外圆
N018 G01 X22　车台阶端面
N019 G03 X24 Z-31 I22 K-31　车圆弧
N020 G00 X26 Z100　快速回换刀点
N021 M06 T2.02　换切断刀
N022 M03 S300　调整转速
N023 G00 X26 Z-30　快速定位
N024 G01 X17 F50　车槽
N025 G04 P2　程序暂停 2 秒
N026 G00 X26　X 向退刀
N027 G00 Z100　快速回换刀点
N028 M06 T3.03　换螺纹刀
N029 G00 X20 Z2　快速定位
N030 G33 D1.63 L-30 I0.1 K1 X0.3 P1 Q0　车螺纹
N031 G00 Z100　快速回换刀点
N032 M06 T2.02　换切断刀
N033 G00 X26 Z-44　快速定位
N034 G01 X0　切断
N035 G00 X26 Z100　快速回换刀点
N036 M05　主轴停
N037 M02　程序结束

## 二、建立子程序

如图 7-15 所示：毛坯外径 31 mm，工件露出卡盘 45 mm。

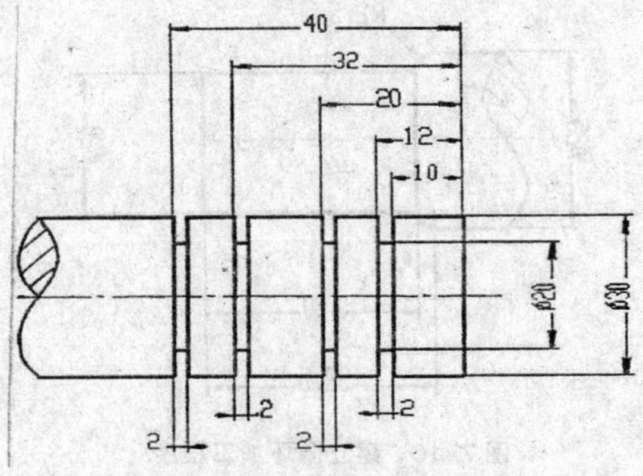


图 7-15　建立子程序

加工程序：

| | |
|---|---|
| N001 G59 X0 Z45 | 设置编程原点 |
| N002 M03 S600 | 调整转速 |
| N003 M06 T1.01 | 换切断刀 |
| N004 G00 X32 Z-12 | 快速定位 |
| N005 G36 A01 | 调用 01 子程序 |
| N006 G00 X32 Z-32 | 快速定位 |
| N007 G36 A01 | 调用 01 子程序 |
| N008 G00 X40 Z100 | 快速退刀，远离工件 |
| N009 M05 | 主轴停 |
| N010 M02 | 程序结束 |
| N011 G37 A01 | 开始定义 01 子程序 |
| N012 G91 | 设增量方式 |
| N013 G01 X-12 F40 | 车槽 |
| N014 G00 X12 | 快速退刀 |
| N015 G00 Z-8 | 快速定位 |
| N016 G01 X-12 | 车槽 |
| N017 G00 X12 | 快速退刀 |
| N018 G90 | 设绝对方式 |
| N019 G38 | 子程序结束 |

## 三、建立循环加工程序

如图 7-16 所示：毛坯外径 26 mm，工件露出卡盘 40 mm。

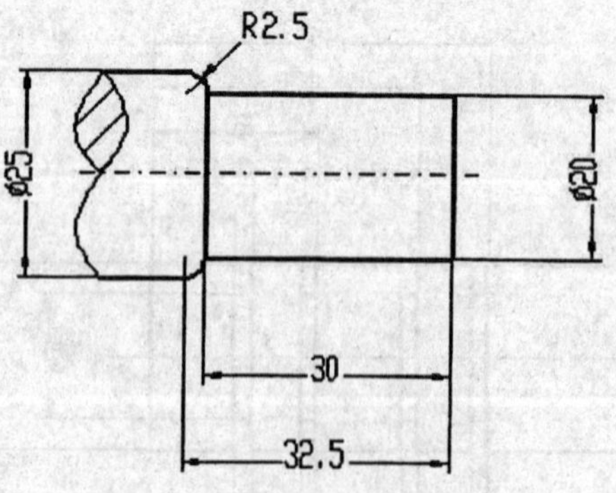


图 7-16 建立循环加工程序

加工程序：

| | |
|---|---|
| N001 G59 X0 Z40 | 设置编程原点 |
| N002 M03 S800 | 调整转速 |
| NOO3 M06 T3.03 | 换 90° 车刀 |
| N004 G00 X25 Z2 | 快速定位 |
| N005 G01 Z-50 F50 | 车外圆 |
| N006 G00 X26 Z0.2 | 快速定位 |
| N007 G91 | 设增量方式 |
| N008 G81 P5 | 循环开始：循环 5 次 |
| NOO9 G00 X-2 | X 向进刀 |
| N010 G01 X Z-30.2 | 车外圆 |
| N011 G00 X1 Z30.2 | 快速定位 |
| N012 G80 | 循环结束 |
| N013 G90 | 设绝对方式 |
| N014 G00 X20.2 Z-29.9 | 快速定位 |
| N015 G01 X20 Z-30 | 慢速到达圆弧起点 |
| N016 G03 X25 Z-32.5 F40 I20 K-32.5 | 车圆弧 |
| N017 G28 | 回换刀点 |
| N018 M05 | 主轴停 |
| N019 M02 | 程序结束 |

## 四、常规程序

如图 7-17 所示：毛坯外径 24 mm，工件露出卡盘 40 mm。

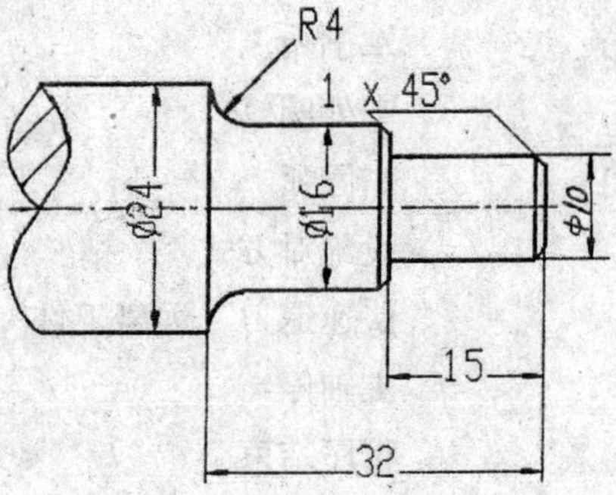


图 7-17 常规程序

加工程序：

| | |
|---|---|
| N001 G59 X0 Z40 | 设置编程原点 |

| | |
|---|---|
| N002 M03 S1000 | 主轴正转，转速 1 000 |
| N003 M06 T1.01 | 换 90° 车刀 |
| N004 G00 X20 Z1 | 快速定位 |
| N005 G01 Z-28 F50 | 粗车外圆 |
| N006 G02 X24 Z-30 I24 K-28 | 粗车圆弧 |
| N007 G00 Z1 | Z 向快速退刀 |
| N008 G00 X16 | X 向快速定位 |
| N009 G01 Z-16 | 车外圆 |
| N010 G01 X17 | X 向退刀 |
| N011 G01 Z-28 | 车外圆 |
| N012 G02 X24 Z-31.5 I24 K-28 | 车圆弧 |
| N013 G00 Z1 | Z 向快速定位 |
| N014 G00 X11 | X 向快速定位 |
| N015 G01 Z-15 | 车外圆 |
| N016 G01 X12 | X 向快速退刀 |
| N017 G00 Z0 | Z 向定位 |
| N018 G01 X0 | 车端面 |
| N019 G01 Z1 | Z 向离开端面 |
| N020 G00 X8 | X 向快速定位 |
| N021 G01 Z0 | Z 向慢速定位 |
| N022 G91 | 设增量方式 |
| N023 G01 X2 Z-1 | 车倒角 |
| N024 G01 Z-14 | 车外圆 |
| N025 G01 X4 | X 向退刀 |
| N026 G01 X2 Z-1 | 车倒角 |
| N027 G01 Z-12 | 车外圆 |
| N028 G02 X8 Z-4 I8 K0 | 车圆弧 |
| N029 G90 | 设绝对方式 |
| N030 G00 X55 Z100 | 快速退刀，远离工件 |
| N031 M05 | 主轴停 |
| N032 M02 | 程序结束 |

## 五、综合加工

如图 7-18 所示：毛坯外径 34 mm，工件露出卡盘 70 mm。

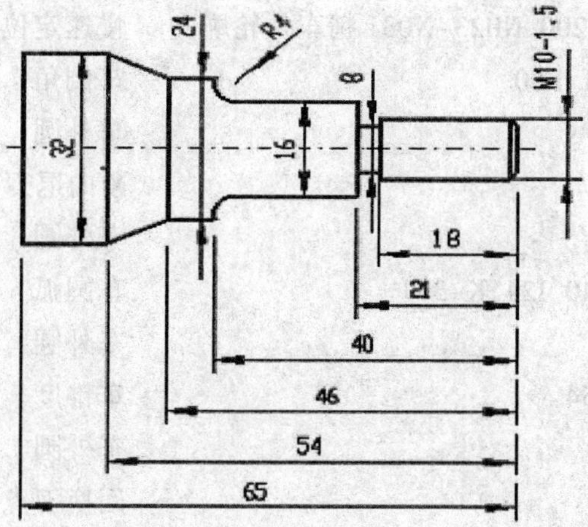


图 7-18 综合加工

加工程序：

| | |
|---|---|
| N001 G59 X0 Z70 | 设置编程原点 |
| N002 M06 T1.01 | 换外圆刀 |
| N003 M03 S600 | 调整转速 |
| N004 G00 X36 Z0 | 快速定位 |
| N005 G01 X0 F30 | 车端面 |
| N006 G00 Z1 | Z 向快速退刀 |
| N007 G00 X34.5 | X 向快速定位 |
| N008 G91 | 设增量方式 |
| N009 G81 P8 N008-N021 粗切外轮廓 | 循环开始：循环 8 次 |
| N010 G00 X-3 | X 向快速进刀 |
| N011 G01 Z-22 F60 | 车外圆 |
| N012 G01 X6 | X 向退刀 |
| N013 G01 Z-15 | 车外圆 |
| N014 G02 X8 Z-4 I8 K0 | 车圆弧 |
| N015 G01 Z-6 | 车外圆 |
| N016 G01 X8 Z-8 | 车锥度 |
| N017 G01 Z-11 | 车外圆 |
| N018 G00 X1 Z66 | 快速退刀定位 |
| N019 G00 X-23 | X 向快速进刀 |
| N020 G80 | 循环结束 |
| N021 G90 | 设绝对方式 |

```
N022 M03 S1000                                      调整转速
N023 G01 X8 Z0 F200 N023-N031 精车外轮廓            慢速定位
N024 G01 X10 Z-1 F50                                车倒角
N025 G01 Z-21                                       车外圆
N026 G01 X16                                        X 向退刀
N027 G01 Z-36                                       车外圆
N028 G02 X24 Z-40 I24 K-36                          车圆弧
N029 G01 Z-46                                       车外圆
N030 G01 X32 Z-54                                   车锥度
N031 G01 Z-65                                       车外圆
N032 G28                                            回换刀点
N033 M06 T3.03                                      换切断刀
N034 M03 S400                                       调整转速
N035 G00 X17 Z-21                                   切退刀槽定位
N036 G01 X8                                         切退刀槽
N037 G04 P5                                         暂停 5 秒
N038 G28                                            回换刀点
N039 M06 T4.04                                      换螺纹刀
N040 G00 X10 Z2                                     快速定位
N041 G33 D1.84 L-22 I0.1 K1 X-0.4 P1.5 Q0           车螺纹
N042 G28                                            回换刀点
N043 M06 T3.03                                      换切断刀
N044 G00 X35 Z-68                                   快速定位
N045 G01 X0 F40                                     切断
N046 G28                                            回换刀点
N047 M05                                            主轴停
N048 M02                                            程序结束
```

# 第八章 JNC-10T 系统操作

## 第一节 控制面板

如果要正确地使用 JNC-10T 系统，就必须掌握该系统在各种状态下的使用方法及系统监视器（CRT）所显示的各种信息的含义，键盘上每个键的定义和作用。下面介绍 JNC-10T 系统的操作方法。

### 一、控制面板

（一）JNC-10T 系统数控车床控制面板

控制面板（见图 8-1）。

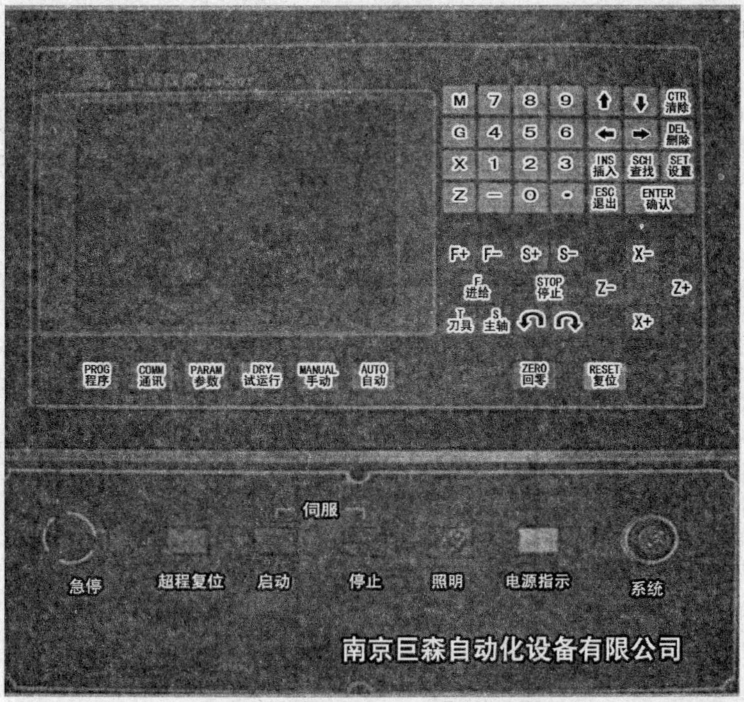


图 8-1 JNC-10T 系统控制面板

（二）NIM-2000 数控车床编程学习机控制面板

控制面板（见图 8-2）。

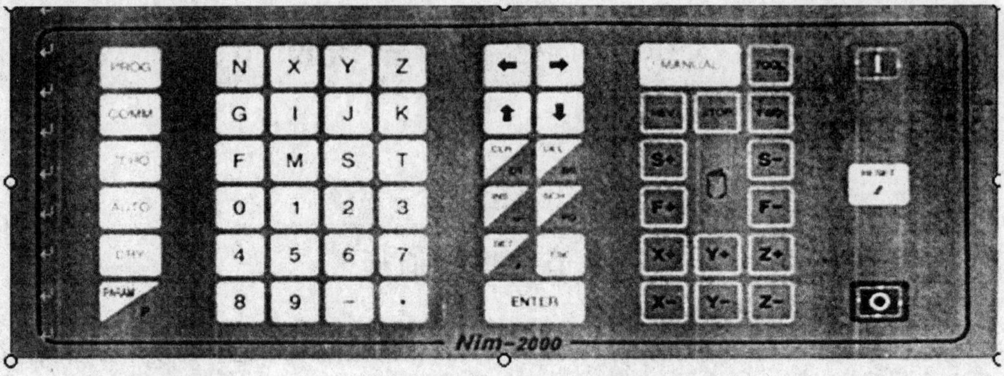


图 8-2　NIM-2000 数控车床编程学习机面板

## 二、显示单元

JNC-10T 系统的控制面板由功能选择键区、字母数字键区、编辑键区、手动操作键区等几部分组成。显示器给操作者提供了必要的人机对话的界面与实时加工的机床信息，键盘是操作者和 CNC 通讯的手段。

CRT 显示屏大致可划分成以下区域。

（一）机床状态显示区

在此区域中显示了当前的 CNC 操作状态、主轴转速（转 / 分）、当前刀号及刀架进给速度（毫米 / 分）等。除了手动、自动、对刀操作方式，在其他方式下还显示当前机床坐标值（见图 8-3）。

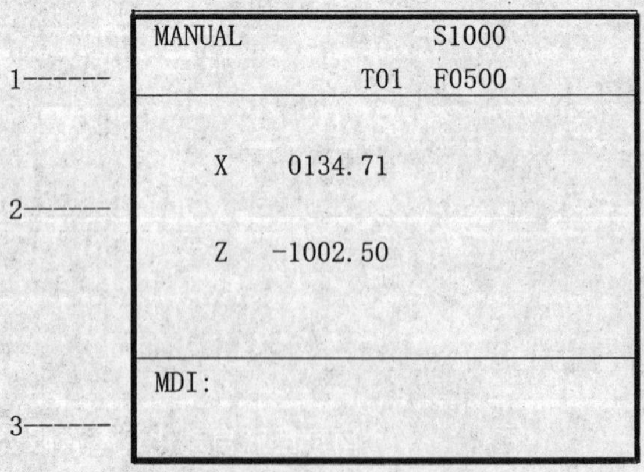


图 8-3　机床状态显示区

（二）主显示区

此区域内，在手动、自动、对刀时以大字符方式显示当前 *X-Z* 二向坐标。在其他方式下，可显示正在编辑的加工程序、各方式下的操作选择菜单、系统参数、图形模拟等多种信息。

（三）辅助显示区

这一区域用于提示操作者选择某种功能，给出 CNC 报警信息及报警号。在自动状态下，显示已加工和正在加工的程序段。在编辑和参数方式时，还可作为进行数据输入及修改的区域。

## 三、键盘部分

（一）功能选择键

这一部分共有六个键，可使 CNC 进入六种操作状态：

MANUAL（手动）：手动操作功能选择键。
在此状态下，可手动控制换刀、主轴变速、主轴正反转、主轴停、回零、进给量设定及 *X* 与 *Z* 轴进给、坐标值预置。

PARAM（参数）：参数功能键。
可选择设置刀偏值、换刀点、零点偏置量及一些机床参数。

DRY（试运行）：加工程序试运行，拖板不运动，M 功能不起作用。

AUTO（自动）：自动加工功能选择键。
进入此状态，CNC 控制加工程序自动执行。也可用于选择连续或单段加工。

PROG（编辑）：编辑状态选择键。
操作者可利用此键进入程序管理状态。进行程序输入修改、删除、更名等操作。

COMM（通讯）：通讯状态选择键。
在此状态下，可实现 CNC 系统与计算机的数据交换。

（二）字母数字键

M，G，X，Z：在编辑中，具有地址功能键的作用。
在回零中，X，Z 键用以确定回机床参考点的运动轴。

0-9，.，-：数字符号键，在编辑中用以输入数据。在各菜单操作时，用来选择菜单中的一项。

（三）编辑键

← →　：光标操作键。编辑时用于选择段中的地址码。

↑ ↓　：光标操作键。在编辑中，用于选择程序段。

INS ：程序段插入键。（仅用于编辑状态）

DEL ：程序段删除键、操作功能撤消键、报警信息消除键。

SCH ：程序段查找键。

CLR ：清除已输入数据键。

ENTER：回车键。用于确认各种操作结果，数据输入等。

SET ：自动状态下作为加工程序设定及手动时换刀点设定。

ESC ：退出键。用于从各子操作屏返回上一级操作屏，或是用于结束或退出某一项操作功能。

（四）手动操作键

下列各键仅在手动状态下起作用。

T ：手动设定刀具及刀偏补偿组。

FWD ：主轴正转。

REV ：主轴反转。

STOP ：主轴停。

S ：手动设定主轴转速。

S+ ：主轴升速。每按一次主轴转速增加 20 转 / 分，按住不放，则主轴速度连续向上变化。

S- ：主轴减速。每按一次主轴转速减少 20 转 / 分，按住不放，则主轴速度连续向下变化直至为 0。

F+ ：$X$，$Z$ 两个方向的进给速度升速。按一次进给速度值增加 10 毫米 / 分，按住不放，则连续变化直至系统所设定的最高点位速度。

F- ：$X$，$Z$ 两个方向的进给速度降速。每按一次进给速度减少 10 毫米 / 分，按住不放，则速度连续变化，直至为 10 毫米 / 分。此时释放此键后，再按一下则变为点动。

X+、X- ：$X$ 轴正、负方向连续或点动进给。

Z+、Z- ：$Z$ 轴正、负方向连续或点动进给。

ZERO（回零）：回机床参考点。手动操作功能下使用）控制拖板分别沿 $X$，$Z$ 两向运动至机床参考点。

（五）其他

START：自动加工起动键。还可用于程序自动执行过程被 STOP 键中断或是程 序指令（M00）暂停后的再起动。

STOP ：自动加工暂停键。在加工过程中，遇有紧急情况，可使用此键中断加工。

RESET：CNC 系统复位键。按下此键，系统内部各种状态和外部接口的各种输出信号都将回到初始状态。

# 第二节　编　辑

此项功能包括了对程序的输入、修改和一些管理操作。在主屏下，按 PROG 键后，监视器屏幕显示如图 8-4 所示。

```
FILEMANAGE          EDIT: PXX
-----------------------------------
  1-EDIT            2-RENAME
  3-DELETE          4-COPY
  5-CHECK           6-REBUILD

  SELECT:
-----------------------------------
DIRECTORY:  XX FILES XXX FREE
  P01  L0142    P02  L0151
  P14  L0236    P22  L0130
```

```
文件管理          编辑 P：XX
------------------------------
1、编辑           2、更名
3、删除           4、复制
5、检查           6、重建
```

图 8-4　监视器屏幕显示

在屏幕右上角显示的是当前编辑的程序号，只要不被新的程序号取代，将一直保存。屏幕中间部分是六项操作功能，后面将分别介绍。屏幕下部是文件目录区，将显示所有的程序号和长度。

进入本系统后，按相应的数字键，就可选择所希望的操作。按 ESC 则返回主屏。

在 JNC-10T 系统中，总共可容纳 99 个程序，加工程序从 P01 ~ P99。每个加工程序可以有 999 个程序段，总长不超过 8K。系统共提供了 24K 容量存储器用于存放加工程序，并有后备电池支持关机后的掉电保护。

选择编辑功能后，CNC 要求输入程序号，如果屏幕显示的程序号就是所需程序号，按回车就可。否则，用 CLR 键清除，然后再输入所要编辑的程序号。CNC 将根据此程序号检查加工程序目录区以便做出判断：是建立一个新程序还是修改一个已有的程序。

## 一、编辑一个程序

进入程序编辑画面后（见图 8-5），在左上角显示 EDIT，在右上角显示 PXX 是当前程序号。如果是新程序则显示 INSERT 表示输入新程序段。屏幕中间部分是程序显示窗，每一页可显示 10 行程序，满一页后可用↑↓ 键上下滚行。下端是操作窗，在操作窗中显示的是当前程序段，可进行输入、修改等项操作。

```
EDIT                              P05
--------------------------------------
N001 G59 X0         Z200
N002 G90
N003 G92 X50        X10
N004 M03 S1000
--------------------------------------
N005
```

图 8-5　程曦编辑画面

在输入状态下，字母数字键和编辑键（←，→，↑，↓，CLR，DEL，ESC，ENTER，SCH，INS）有效。

输入程序段时，操作者首先应键入 G 或 M 代码，系统根据输入的代码，自动给出相应的编程格式，要求按此格式键入相应的数据。例如，键入 G00 后，在 CNC 的操作窗中将显示：

N005 G00 X　　Z

CNC 将光标置于 X 后，这时可使用符号和数字键输入数据。（X 应按直径方式输入）

光标控制键 ←，→（左移，右移）控制光标左、右移动选择所需的地址字。CLR 键则可清除已输入的数据，以便键入新的数据。如果当前输入的 G 或 M 代码有误，则可用 DEL 清除当前输入段，以便重新输入新的程序段。

当一个程序段的输入已全部完成，这时可用 ENTER 键确认。CNC 将把此段显示在显示窗口中，并在操作窗中自动给出下一个段号。

在输入 G00，G01，G02，G03，G04 等代码时，可直接用数字键 0 ~ 4 代替。这样可简化和加快这些高频率使用代码的输入速度。同时，在本段中欲填入的坐标值与上段中相同，则可以省略，以表示坐标值不变。

例如：N005 G01 X10 Z5 F10

N006 G01 X　Z50　F

在绝对方式时，N006 中 X 坐标值表示为 10，F 值为 10mm/min

在增量方式时，N006 中 X 增量值表示为 0，F 值为 10mm/min

在输入和修改过程中，CNC 将对输入的代码和数值进行检查。一旦发现错误，将在屏幕上部给出提示。主要有以下几种。

第一种：BAD G, M CODE　错误的 G，M 代码

这表示操作者输入了系统不支持的 G，M 代码

第二种：BAD DATA　错误的数据

操作者输入的数据违反了这一代码所允许的格式

第三种：MUST INPUT DATA 必须输入数据

在某些地址字后面数据不可省略，否则将导致执行错误。

第四种：NO　M02　OR　M30　未输入程序结束指令

这一错误表明，操作者要退出输入方式时，尚未给出程序结束段。为了保证编辑正确，CNC 强制要求操作者在输入 M02 后，才可结束整个输入过程，将程序存入内存。

（一）程序段选择

利用光标上移和下移键（ ↑ 和 ↓ ），可在整个程序中选择所要的程序段，被选中的程序段将出现在操作窗中，成为当前程序段。光标上移可直到第一个程序段，下移可到最后一个程序段。当移动到最后一个程序段时，将自动进入插入状态（INSERT），此时可输入一个新程序段。

（二）当前程序段的删除

在修改程序段方式时，使用 DEL 键可将当前所选中操作窗中的程序段删除，当前段的后一个程序段将取代当前段，程序总段数减一。

在程序段插入方式时，DEL 键将删除输入的 G 或 M 代码而不是删除插入行。要取消插入行直接使用上移（ ↑ ）、下移（ ↓ ）键即可。此处删除功能与修改方式时略有不同，操作者应予注意。

在修改方式中，如果发现当前段的 G 或 M 代码有误，则应先用 DEL 键清除本段，然后再利用 INS 键，插入新的一行输入正确的 G 或 M 代码。

（三）查找跳转功能

当一个加工程序较长时，利用上移（ ↑ ）、下移（ ↓ ）键选择所希望的程序段，操作慢而不便。因此，可按 SCH 键，表示需要跳转；这时在屏幕上部将显示：

SEARCH　A　BLOCK（1-XXX）：

括号中（1-XXX）是整个程序的段号范围，操作者可键入在这范围中的段号，并用 ENTER 键确认（段号不必输满三位数，前面的 0 可省略）。CNC 接受这段号后，将在整个程序中查找。一旦找到，就将光标置到这一行上，并在操作窗中显示。如果输入的段号有误或在程序中没有找到，则 CNC 将提示：

NOT　FOUND!

接任意一键可将此提示清除并返回先前的操作。

（四）插入一个程序段

如需在程序中加入一行新的程序段，可按 INS 键，进入插入状态。 在此状态下，屏幕上部将显示 INSERT 提示符。插入操作时，总是将插入行置于当前行的位置，将当前行向后推，使当前行及其后面的程序段，其段号全部都加 1。程序总段数加 1。

一旦进入插入状态后，要退出或取消插入状态，按 上移（ ↑ ）、下移（ ↓ ）键即可。

当一个插入状态中的程序段输入完毕，用 ENTER 确认后，其插入状态自动取消，屏幕上部 INSERT 提示符也将消失。

注意：

（1）在修改方式中，所有操作结果都应用 ENTER 键确认，否则操作结果将丢失。

（2）在插入及修改方式中，按 ESC 键都表示结束全部编辑操作，返回上一层。这时 CNC 给出提示：

1. SAVE　2. CANCEL　SELECT

键入 1，然后按 ENTER（或直接用 ENTER），CNC 就会自动地把编辑的程序存放到内存区域中。如选 2，则表示放弃当前编辑的程序。

（3）如果在程序存放到内存区域中之前，CNC 系统突然发生掉电或关机等情况，则所编辑程序将被放弃。

## 二、程序更名

选择此项操作后，CNC 在屏幕中间提示：

RENAME　P：

这时可在 P 后输入要更改的程序号，CNC 会检查输入的程序号，如不存在则报警。如果正确则提示输入新的程序号：

RENAME　P XX　TO　P

在 P 后输入所要的程序号即可。

## 三、删除程序

选择此操作后，CNC 在屏幕中间提示：

DELETE　P

在 P 后输两位数的程序号，然后用 ENTER 键确认。CNC 在内存查找到此程序后会将其删除，并释放它所占用的内存，并给出操作成功的提示。如程序号有误则给出报警。

## 四、复制

选择此操作后，CNC 在屏幕中间提示：

COPY　P

在 P 后输两位数的程序号，然后用 ENTER 键确认。CNC 会检查输入的程序号，如不存在则报警。如果正确则提示输入新的程序号：

COPY　P XX　TO　P

在 P 后输入所要的程序号即可。如程序号有误则给出报警。

## 五、检查

操作者在编辑或自动加工等过程中，如果发现程序发生了错误，或是系统给出了程序出错报警，那么应进入此项操作。这里所讲的程序错误是指由于意外的原因而导致已输入内存的程序全部或部分的数据损坏和丢失。执行此项操作后，CNC 将在程序目录显示区域将损坏的程序之程序号列出。操作者应把这些程序号记录下来，然后逐个处理。

处理步骤：

（1）进入编辑修改功能，将出错的程序调出在屏幕上显示，并逐段检查，发现错误后修正。如果发生的数据损坏导致有些段显示混乱无法修改，那么退出这一步骤。

（2）进入重建文件区（REBUILD）功能。这一操作在后面详细介绍。

（3）再用编辑修改功能将丢失的数据补上。

（4）如果数据损失严重，即使保留了部分数据也无意义，则使用文件区初始化功能。见系统安装连接部分。

在正常情况下，完全不必使用检查（CHECK）操作。

### 六、重建文件区

在用检查操作发现了文件区错误后，可选用本操作。CNC 扫描文件区域，将检查出的错误的数据全部删除，保留没遭受破坏的程序段。所有被重建过的程序其程序号都将在目录区列出。操作者应检查这些程序，用编辑修改功能将丢失的数据补上。

正常情况下，不要使用本项操作。

### 七、列程序目录

在屏幕下半部分是程序目录区。第一行列出了当前所拥有文件个数和剩余的内存空间。后面列出了程序号及其长度如：

```
PXX       LXXXX
 │          └── 程序长度
 └──程序号
```

每一页可列十二个程序，超过这个数时可用 ↑ 和 ↓（上页、下页）查看另一页的程序号。

## 第三节　手动操作

CNC 提示了对机床及各种电器控制的手动操作，如手动连续进给、点动、主轴升、降速等。在主屏下按功能选择操作 MAN 便进入手动控制状态，屏幕显示如图 8-6 所示。

屏幕上部显示的是机床当前状态，包括目前处于加工位置的刀具编号（$T$），主轴的转速（$S$）和当前设定的机床进给速度（$F$）。

屏幕中间大字符显示的是 $X$，$Z$ 轴的坐标，若通电后已回过机床参考点，则 $X$，$Z$ 显示的是对刀参考点在机床坐标系内的坐标值；若未回过机床参考点，则 $X$，$Z$ 显示的是随机值。

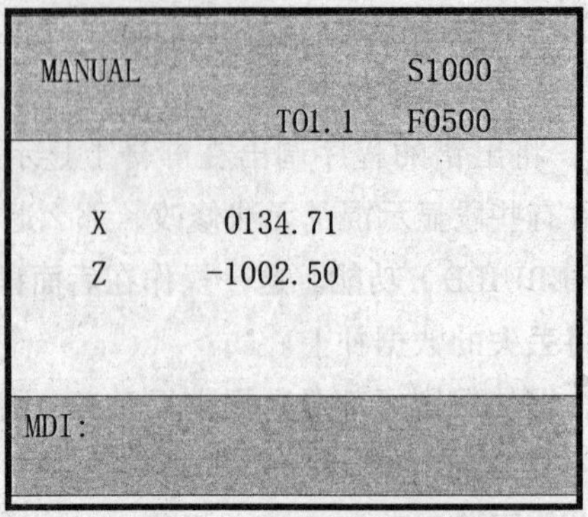


图 8-6 手动控制状态显示屏

## 一、主轴控制

在 MDI 提示符后可按 S 及转速，再按 ENTER 键，则 S 设为指定数据。用 S+ 和 S- 键也可调整主轴转速。设定好主轴转速后，按 FWD 键则主轴正转，按 REV 键则主轴反转，按 STOP 键主轴停。

## 二、轴运动

用 F+ 和 F- 键可设定进给的速度，速度为 10 ~ 500 mm/min、1000 mm/min、2 000 mm/min 和点位速度，点位速度由参数 P4 确定，进给速度每档为 10 mm。当进给速度处于 10 mm/min 状态时，再按一下 F- 键就可设置为点动。点动的步进量为 Z 向 0.01 mm，X 向 0.005 mm。

设定好进给速度后，可用 X+，X-，Z+，Z- 键控制刀架沿 X 向或 Z 向运动，此时显示的大字符 X，Z 坐标值随动变化，直至运动停止。

## 三、换刀

在 MDI 提示符后可按 T 及 X.XX，再按 ENTER 键，则刀架转换到指定的位置并取指定的刀偏补偿数据。

## 四、MDI（手动数据输入）功能

在 MDI 提示符后可输入 MXX 指令，它们是 M03，M04，M05，M06，M08，M09，M23，M24，M25，M26，M27，M28，M29。M 指令输入正确后按 START 键执行指定的 M 功能。如要取消输入的 M 指令，则按 DEL 即可。

## 五、坐标值预置

在 MDI 提示符后可输入 X 或 Z，再输入所要预置的坐标值，按 ENTER 键后系统接收此值并显示。在按 ENTER 之前，如要取消输入则按 DEL 键就可。

### 六、回零

在 MDI 提示符后可按 ZERO 键，系统提示：

ZERO　SETTING ?

按 X 或 Z 后，系统将运动到 X 或 Z 向参考点。准确定位后，屏幕上将显示机床参考点的坐标（由参数 P3 确定）。

需要注意的是，安装了机床参考点，则 P5（7）=1。

（1）若进入回零状态时，CNC 系统已接收到位于机床参考点的信号，即机床拖板正好处于参考点位置，则 CNC 将首先控制拖板以慢速反向运动，使拖板离开机床参考点定位开关，然后再正向运动正确定位。

（2）若进入回零状态时，已超出了机床参考点的范围，则 CNC 将使机床拖板一直运动，直至撞到超程限位开关。因此，在本操作前应先检查一下拖板是否已超出机床参考点的范围。

（3）本项功能中所称的回零，实际是指回机床参考点。 由于参考点与机床原点间的距离已设为定值，因此，回参考点后，机床零点也就确定了。

### 七、超程保护

#### （一）软限位

在轴运动的过程中，一旦超出了系统设定的限位坐标（参数 P1、P2），系统将给出报警。此时，应在手动操作状态下，以手动方式反向驶离限位位置。

#### （二）硬限位

在 CNC 操作的过程中（主要是在控制机床运动的状态下），一旦机床限位开关被压下，则系统的当前状态均无效，系统各个坐标轴任何形式的移动包括自动、手动、点动、回机床参考点等均不能实现。屏幕上显示报警信号，提醒操作者。此时，应按如下步骤进行处理。

（1）断开机床限位信号。这与用户在使用本系统时的限位信号连接方法有关（一般可串接在一个常闭开关或按钮上）。详见系统安装连接部分。

（2）在手动操作状态下，以手动方式慢速移动刀架，反向驰离限位开关，直到退出限位开关，然后接通机床限位信号（一般可释放常闭开关）。至此，CNC 系统已恢复正常操作。

## 第四节　参数设置

在主屏下，选择 PARAM 功能键，则参数设置功能画面显示如下：

| | |
|---|---|
| 1-TOOL MEASURE/TOOL REFERENCE | 1- 设置刀偏值和换刀参考点 |
| 2-EDIT TOOL OFFSET | 2- 修改刀偏值 |
| 3-SET G54 ~ G57 | 3- 设置 G54 ~ G57 的偏置值 |

4–SYSTEM PARAMETERS　　　　　　　　4– 系统参数设置

在这一页下，直接用数字键选用所需功能。

## 一、设置刀偏值和换刀参考点

### （一）设置刀偏值

进入此状态后，首先应查看 CNC 系统是否已回零，驱动是否打开。只有当这些工作都已完成后，对刀所获刀偏值才有实际意义。系统最多可设置 16 组刀偏值，每把刀可根据需要设置一组或数组刀偏值。

刀偏值设置的步骤如下：

（1）在 MDI 后键入 M06 TX.XX 将所要设置的刀具旋转到当前加工工位上。

注意：刀偏补偿组号不可为零。

（2）打开主轴，将转速设定在适当的值上。

（3）按手动进给键以适当速度控制刀架运动，使刀具尖端靠在工件外圆上（如工件安装后有微量径向跳动或工件表面粗糙，应先手动慢速车一次外圆）

（4）刀尖靠上外圆后，使其仅作 *Z* 向运动离开工件，然后关闭主轴，仔细量出工件外径。按 X 键后，CNC 系统提示用户：

MDI：X　　　　　　T.MEASURE（刀具测量）

此时，可在 X 后键入工件直径，并用 ENTER 键确认，*X* 向对刀完成。系统显示刀尖的 *X* 向坐标。

（5）按手动进给键使刀具尖端靠上工件端面（如端面粗糙，应先手动慢速车一次端面）。

（6）刀尖靠上端面后，使其仅作 *X* 向运动离开工件，然后关闭主轴，仔细量出工件长度。按 *Z* 键后，CNC 系统提示用户：

MDI：Z　　　　　　T.MEASURE（刀具测量）

此时，可在 Z 后键入“0”（或工件长度），并用 ENTER 键确认，*Z* 向对刀完成。系统显示刀尖的 *Z* 向坐标。

按下 X 或 Z 键后，可用 DEL 键取消对刀操作。

（7）设置其他刀具只需重复步骤 1 ~ 6。

采用对刀仪对刀时，操作步骤相同。不同之处是，将刀尖运动到对刀目镜所视十字交叉点，输入交叉点相应数值以代替工件长度和直径的数值。

### （二）设置换刀参考点

按手动进给键将刀架运动至某一位置，确保刀盘任意旋转而不会碰上工件，按下 SET 键，CNC 系统提示：

SET TOOL REFERENCE POINT？（设置换刀参考点？）

用 ENTER 键确认设置当前位置为换刀点。按 DEL 键则取消设置。

加工程序中的 G26 ~ G29 指令使刀架回到这一点。

## 二、刀偏值修改

进入此项操作后，CNC 列出以前保存的所有刀偏值。显示状况如下：

| TOOL | X | Z |
|---|---|---|
| #1 | –0 120.50 | –0 240.06 |
| … | … | … |
| … | … | … |
| #8 | –0 266.76 | –0 190.54 |

若需要修改上述刀偏值，则可用光标控制键 ↑ ↓ ← → 将光标移动到所需修改的数据上，然后按 ENTER 键确认。此时屏幕底行提示信息。例如，选择修改 1 号刀的 X 向刀偏，则提示：

EDIT #1 X：

操作者可在 X 后用编辑数字键，键入所需的修正值。确认无误后按 ENTER 键，则提示行消失，修正后的数据在刀偏值表中显示出来。所有数据修改完毕，按 ESC 退出。

需要注意的是，在正确对刀以后，刀偏值一般不需要修改，只是在经过一段时间加工刀具磨损后，或是试加工后发现实际刀偏值与设置刀偏值有所不同时，才需对刀偏值做小范围的调整。

## 三、零点偏置 G54——G57 数值

进入本操作后。CNC 提示：

| | X | Z |
|---|---|---|
| G54 | XXXX.XX | XXXX.XX |
| … | … | … |
| … | … | … |
| G57 | XXXX.XX | XXXX.XX |

上述数据的设定操作与刀偏修改基本相同。

MACH XXXX.XX XXXX.XX

显示的是对刀参考点在机床坐标系中的坐标数值，不可修改。

## 四、系统参数设置

在 JNC-10T 系统中，系统参数与机床的运行状况、精度等密切相关，它设置的正确与否，将直接影响到机床的运行。这一项操作主要是提供给数控机床生产厂家或是本系统的用户使用。对于安装本系统的数控机床的用户可以查阅这些参数的设置情况，以了解机床的性能，但若要修改则慎重，以免造成机床运动故障。

进入系统参数设置后，屏幕分两页显示 P1 ~ P17 参数（具体含义见安装和调试手册）：

操作者可用↑ ↓ ← → 键将光标移至需要修改的参数上，然后按 ENTER 键，屏幕底行给出提示：

EDIT P：　　（修改参数）

要求用户输入数据。输入完毕按 ENTER ，修改过的数据就显示在参数表中。修改完后应按 RESET 键，使系统采用新的参数。

操作者也可用↑ ↓ ← → 键将光标移至需要修改的参数上，然后按 SET 键，系统将自动将其设为初始值。

## 第五节　试运行

试运行加工时，机床拖板不运动且 M 功能无效。具有图形模拟和坐标值跟踪两种方式。

图形模拟功能用于显示刀具在加工程序控制下，其运动加工的整个过程。该功能可使操作者在显示屏上观察到加工的全过程及加工结果，可直观地发现程序中的错误。

按 DRY 键就可进入试运行功能。CNC 在屏幕中间提示选择：

1-ACTUAL PATH

2-THEORETICAL PATH

按 1 选择实际路径。

此方式下显示的加工轨迹将包含刀偏补偿值。进给速度、G00 速度由编程值确定。

按 2 选择理论路径。

此方式下显示理论上的加工轨迹将不包含刀偏补偿值。进给速度固定为 500 mm/min，G00 速度为 2 000 mm/min。

此时，如要选择加工程序可按 SET 键，系统提示输入程序号。如要选择加工起始段号可按 SCH 键，系统提示输入程序段号，并用 ENTER 键确认。按 AUTO 键可选择单段或连续运行（上述操作参见自动操作部分）。

设置完后按 START 键，加工程序开始执行，但此时显示的为坐标值。

进入图形模拟方式应在加工开始前按 G 键，显示：

OUTSIDE DIAMETER：　　（毛坯外径）

INSIDE DIAMETER：　　（毛坯内径）

LENGTH：　　（毛坯长度）

CENTRE X：　　（卡盘端面中心 X 坐标）

Z：　　　　　　　　　　（卡盘端面中心 Z 坐标）

系统将逐条显示上述提示和原先设定值，如果数据与原先的一致，则直接按 ENTER 键即可；如需修改则按 CLR 键清除后再输入新数据。

上述数据中毛坯内径可根据毛坯的情况决定是否需要输入。当毛坯为实心圆棒时，可直接设为 0。对毛坯外径和长度必须输入。这三个数据应根据程序所要加工的毛坯确定，如随意输入有可能造成模拟过程失真。

要求输入的卡盘端面中心在机械坐标系（机床坐标系）中的 $X$，$Z$ 值，是为了确立屏幕图形坐标与机械坐标的对应关系。通常在机床上，将机械坐标原点设置在卡盘端面中心，这样图形模拟时卡盘端面中心坐标设为 0 即可。

数据输入完毕，就进入图形模拟过程。屏幕上显示出卡盘与毛坯，在毛坯下方显示九种刀型的刀库。毛坯在屏幕上所占空间的大小，可通过 ↑（放大）和 ↓（缩小）键进行调整。在进入图形后将显示设定的毛坯，此时可用↑↓键调整毛坯图形的大小。

模拟开始前，操作者应根据编程时所选用的刀具情况，用 ← 和 → 键将光标移至相应的刀型之下，然后按数字键，给所选刀具设定相应的刀号。整个设置过程必须从左向右设定。全部刀具都设定好后，再按 ENTER 键确认，此后按 START 键系统开始执行加工程序。当刀具超出显示范围时，屏幕就只有坐标值的变化而没有轨迹显示。

在模拟过程中，屏幕上方显示当前程序段号、加工指令和坐标值。若遇程序暂停指令（M00）或单段运行时模拟暂停，可按 START 键使其继续。图形模拟过程可直观地检查加工程序的编制正确与否，同时还可能对某些错误给出报警。

图形模拟结束，按 ESC 键退出。

注意：

（1）图形模拟过程因受屏幕分辨率影响，微量进刀有时反映不出，斜线和圆弧运动轨迹有时也会产生一点一线的误差，这并非编程错误，不影响加工程序的正确执行。

（2）当毛坯尺寸很小而图形较大时，如果进给速度较快会在毛坯上出现不连续的刀痕，此时应缩小毛坯图形。

## 第六节　加工过程

### 一、自动加工

在主屏下，选择 AUTO 键则进入自动加工状态。在进行自动加工前，操作者应确信已正确进行回零、对刀等操作。此时，系统在屏幕第一行显示的 PXX 和 NXXX 是将要执行的程序号和起始段号。如果无须改变则按 START 键即可开始加工。

### （一）改变程序号

按 SET 键，CNC 系统在屏幕底行提示：

PROGRAM NUMBER : P X X

可输入两位数的程序号，用 CLR 可清除输入的程序号，按下 ENTER 键则确认。此时，提示行消失，CNC 调入新的程序，起始段为 N001。按 START 键则开始执行加工程序。

### （二）选择程序段

如要从任一程序段开始加工，则按 SCH 键，选择程序段，系统提示：

BLOCK N

输入三位数的段号，用 ENTER 键确认后，系统把所选择的程序段调至当前执行位置。

加工过程正式开始后，屏幕显示如图 8-7 所示。

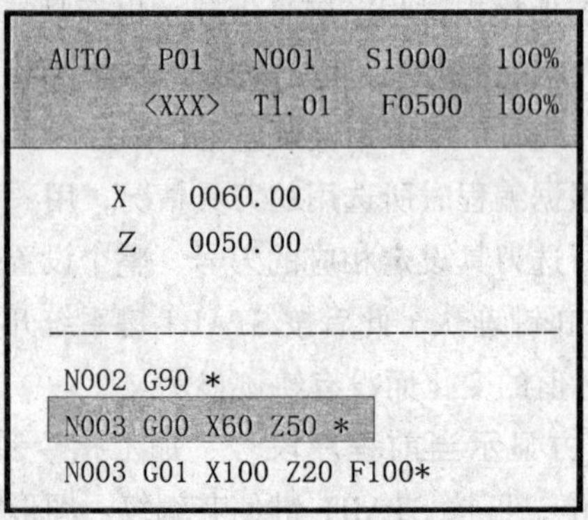


图 8-7　加工过程开始的屏幕

屏幕上部显示当前的机床状态。其中 <XXX> 为已加工的零件数；当执行到循环程序段时，显示 LPX.XX 以提示剩余的循环次数。屏幕中间以大字符形式坐标跟踪刀尖运动轨迹，屏幕下面区域第一行显示已执行完的一条指令，中间行以逆显示方式显示正在执行的程序段，底行显示将要执行的程序段。

加工过程结束，则屏幕跟踪停止。若要继续加工，则按 START 键，屏幕重新进入开始执行加工程序状态，此时不必再输入程序号，重复上述过程即可。

## 二、单段加工

在实际的机床控制系统中，在自动加工前或加工的过程中，如需逐段执行加工程序，则可按下 AUTO 键。此时，屏幕显示“SINGLE”，每执行完一段程序，加工过程便自动停顿，按 START 键继续执行下一段。如要连续执行，只要再按 AUTO 键即可。

## 三、加工过程图形轨迹跟踪

图形跟踪功能用于显示刀具在加工程序控制下，其运动加工的整个过程。该功能可使操作者在显示屏上观察到加工轨迹的全过程及加工结果，可直观地发现程序中的错误。

进入自动加工后，按 G 键就可进入图形模拟功能。CNC 在屏幕底行提示输入图形显示区域的数据：

CENTRE X：

Z：

WIDTH：

上述提示要求输入屏幕显示中心在当前坐标系中的 X,Z 值以及屏幕对应在坐标系中的宽度值。不同的中心坐标值可将图形设在不同的位置，而调整宽度值则能放大或缩小显示的图形轨迹。

图形跟踪过程中，切削进给用连续实线表示，G00 等快速运动指令用虚线表示。

### 四、加工过程特殊情况处理

#### （一）超程

在加工过程中，若刀架运动超出极限范围，CNC 系统就会发出超程报警，机床停止运动。报警后的处理方法可参照手动操作中超程保护进行。

#### （二）暂停

在加工过程中，若要中断加工程序的执行，则可按下面板上的暂停键 STOP，此时右上角显示 STOP。加工程序中止执行，若要继续执行，按下 START 键即可。

注意：

在执行螺纹加工过程中请勿使用暂停功能。因其在停止时可能会发生过冲，而恢复加工过程直接进入高速运动状态时，进给会因突跳而截止。

## 第七节　数据通讯

JNC-10T 系统提供了和计算机的通讯，使 JNC-10T 系统可以利用计算机强大的文件管理功能处理加工程序。在这里充当主机的可以是计算机，也可以是与 JNC-10T 系统配套的编程器（编程器主要作为教学和编程手段）。

进入数据通讯功能后，屏幕提示如下：

EXTERNAL　　　BAUD：2400

1-RECEIVE FROM HOST　　　1- 从主机接收数据

2-TRANSMIT TO HOST　　　2- 发送数据至主机

SELECT：

其中右上角显示的BAUD表示的是当前RS-232通讯的波特率。它共有五种速率可供选择，分别为600，1200，2400，4800和HIGH。HIGH方式主要用于与10T CNC间的通讯，它具有较高的数据传送速率。操作者应仔细选择波特率，以确保通讯的正确。

操作者只需键入相应的数字键，再按ENTER确认，就可进入所希望的操作。

注意：在下列操作中对于P00程序系统默认是对内部参数而言。

## 一、从主机接收数据

操作步骤如下：

(1)将主机和CNC系统的通讯电缆接连好。

(2)用↑↓键选择合适的波特率。

(3)在主机上选择相应的波特率，做好发送数据的准备。

(4)键入数字键1，用ENTER确认。CNC系统进入接收状态，屏幕提示：

RECEIVING...... （正在接收）

(5)主机进入发送数据状态。

(6)CNC系统接收完毕将显示：COMMUNTICATION COMPLETED！（通讯结束）

如果读入程序的程序号与系统中已有的程序号冲突，则提示：

1- OVERWRITE　2- RENAME　3- CANCEL

可用数字选择相应的操作，(1- 覆盖 2- 更名 3- 忽略)。

覆盖就是用新输入的程序取代系统中相同程序号的程序；更名就是给输入程序编制一个新的程序号存入；忽略就是不做任何操作放弃输入程序。

## 二、向主机发送数据

操作步骤如下：

(1)将主机和CNC系统电缆连接正确。

(2)用↑↓键选择合适的波特率。

(3)在主机上选择相应的波特率，进入接收状态。

(4)选择本项操作，输入所要发送程序的程序号。CNC系统提示主机应进入接收状态：

TRANSMIT：HOST IS READY？（发送：主机准备好否？）

按ENTER键，CNC开始发送：

TRANSMITTING......

注意：

传送距离一般不应超过 15m，距离远时应先用较低的波特率。

## 第八节 数控系统报警信息说明

01. 系统参数校验错误
02. 加工程序校验错误
03. 无此加工程序
04. 未回机床零点
05. 加工程序错误
06. 程序已存在
07. 加工程序段不存在
08. 加工程序数已满 99
09. 存储器溢出
10. 接收等待时间溢出
11. 通讯数据校验错误
12. 读磁带机数据错误
13. 键盘错误（键短路）
14. 系统程序运行错误
15. 刀号错误
16. 无换刀回答信号
17. 输入参数错误
18.G 代码错误
19.M 代码错误
20.S 代码错误
21.T 代码错误
22.G32、G33 数据错误
23. 无此子程序
24. 主处理器错误
25. 程序存储器（EPROM）错误
26. 数据存储器（RAM）错误
27. 机床超硬限位报警
28. 机床超软限位报警

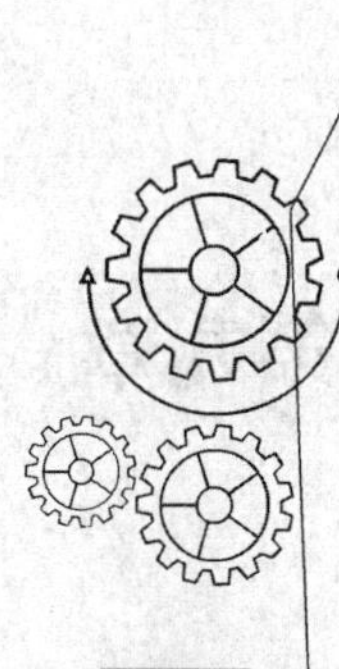

# 第五篇　华中（HNC-21/22T）数控系统

# 第九章　华中数控车床系统功能

## 一、准备功能

具体 G 指令代码及功能见表 9-1。

表 9-1　G 指令代码与功能

| G 命令 | 功　能 | G 命令 | 功　能 |
|---|---|---|---|
| G00 | 快速定位 | G41 | 刀尖半径偏置（左侧） |
| G01 | 直线插补 | G42 | 刀尖半径偏置（右侧） |
| G02 | 顺时针圆弧插补 | G53 | 直接机床坐标系编程 |
| G03 | 逆时针圆弧插补 | G54—G59 | 坐标系选择 |
| G04 | 暂停指令 | G71 | 内外径粗切循环 |
| G09 | 停于精确的位置 | G72 | 台阶粗切循环 |
| G20 | 英制输入 | G73 | 闭环车削复合循环 |
| G21 | 公制输入 | G76 | 切螺纹循环 |
| G22 | 内部行程限位 有效 | G80 | 内外径切削循环 |
| G23 | 内部行程限位 无效 | G81 | 端面车削固定循环 |
| G27 | 检查参考点返回 | G82 | 螺纹切削固定循环 |
| G28 | 参考点返回 | G90 | 绝对值编程 |
| G29 | 从参考点返回 | G91 | 增量值编程 |
| G30 | 回到第二参考点 | G92 | 工件坐标系设定 |
| G32 | 切螺纹 | G96 | 恒线速度控制 |
| G36 | 直径编程 | G97 | 恒线速度控制取消 |
| G37 | 半径编程 | G94 | 每分钟进给率 |
| G40 | 取消刀尖半径偏置 | G95 | 每转进给率 |

地址“G”和数字组成的字表示准备功能，称之为G功能。G功能根据其功能分为若干个组，在同一条程序段中，如果出现多个同组的G功能，那么取最后一个有效。

G功能分为模态与非模态两类。一个模态G功能被指令后，直到同组的另一个G功能被指令才无效。而非模态的G功能仅在其被指令的程序段中有效。

例：……

N10 G01 X250. Y300.

N11 G04 X100

N12 G01 Z–120.

N13 X380. Y400.

……

在这个例子的N12这条程序中出现了“G01”功能，由于这个功能是模态的，因此尽管在N13这条程序中没有“G01”，但是其作用还是存在的。

## 二、辅助功能

地址“M”和两位数字组成的字表示辅助功能，称之为M指令。

具体M指令代码及功能见表9–2。

表9–2　M指令代码与功能

| M指令 | 功　能 | M指令 | 功　能 |
|---|---|---|---|
| M00 | 程序停 | M28 | 刀座返回原点 |
| M01 | 选择停止 | M30 | 程序结束（复位）并回到开头 |
| M02 | 程序结束（复位） | M48 | 主轴过载取消 不起作用 |
| M03 | 主轴正转（CW） | M49 | 主轴过载取消 起作用 |
| M04 | 主轴反转（CCW） | M60 | APC循环开始 |
| M05 | 主轴停 | M80 | 分度台正转（CW） |
| M06 | 换刀 | M81 | 分度台反转（CCW） |
| M08 | 切削液开 | M98 | 子程序调用 |
| M09 | 切削液关 | M99 | 子程序结束 |
| M16 | 刀具入刀座 | | |

## 三、主轴转速功能

地址 S 后跟四位数字；单位：转 / 分钟。

格式：Sxxxx。

## 四、进给功能

地址 F 后跟四位数字；单位：毫米 / 分钟。

格式：Fxxxx。

## 五、刀具功能

刀具功能主要用来指令数控系统进行选刀或换刀，用 T 代码与其后的 4 位数字表示。

# 第十章　基本指令与编程

## 一、G00 快速定位

1. 格式

G00 X（U）_ Z（W）_

2. 说明

X，Z：在绝对编程时，快速定位终点在工件坐标系中的坐标。

U，W：在增量编程时，快速定位终点相对于起点的位移量。

G00 指令刀具相对于工件以各轴预先设定的速度，从当前位置快速移动到程序段指令的定位目标点。

G00 指令中的快移速度由机床参数“快移进给速度”对各轴分别设定，不能用 F 规定。

G00 一般用于加工前快速定位或加工后快速退刀。

移动速度可由面板上的快速修调按钮修正。

G00 为模态功能，可由 G01，G02，G03 或 G32 功能注销。

3. 注意

在执行 G00 指令时，由于各轴以各自速度移动，不能保证各轴同时到达终点，因此联动直线轴的合成轨迹不一定是直线。操作者必须格外小心，以免刀具与工件发生碰撞。常见的做法是，将 *X* 轴移动到安全位置，再安全地执行 G00 指令。

## 二、G01 直线插补

### （一）线性进给

1. 格式

G01 X（U）_ Z（W）_ F_

2. 说明

X，Z：在绝对编程时，终点在工件坐标系中的坐标。

U，W：在增量编程时，终点相对于起点的位移量。

F_：合成进给速度。

G01 指令刀具以联动的方式，按 F 规定的合成进给速度，从当前位置按线性路线（联动直线轴的合成轨迹为直线）移动到程序段指令的终点。

G01 是模态代码，可由 G00，G02，G03 或 G32 功能注销。

3. 举例

如图 10-1 所示，用直线插补指令编程。

```
%3305
N1 G92 X100 Z10          （设立坐标系，定义对刀点的位置）
N2 G00 X16 Z2 M03        （移到倒角延长线，Z 轴 2mm 处）
N3 G01 U10 W-5 F300      （倒 3×45° 角）
N4 Z-48                  （加工 φ26 外圆）
N5 U34 W-10              （切第一段锥）
N6 U20 Z-73              （切第二段锥）
N7 X90                   （退刀）
N8 G00 X100 Z10          （回对刀点）
N9 M05                   （主轴停）
N10 M30                  （主程序结束并复位）
```

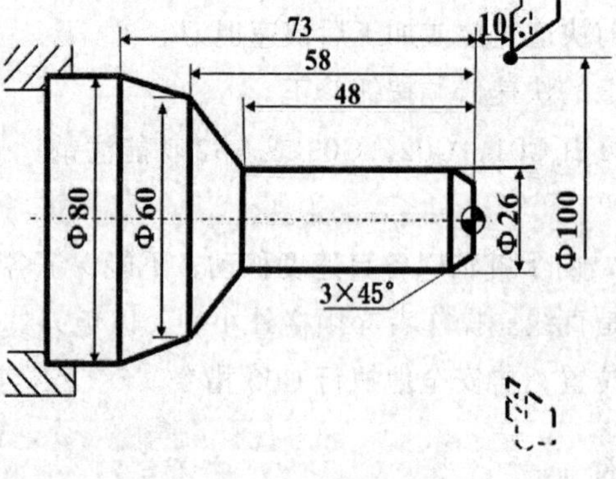


图 10-1　G01 编程实例

（二）倒直角

1. 格式

G01 X（U）_ Z（W）_C_

2. 说明

直线倒角 G01，指令刀具从 $A$ 点到 $B$ 点，然后到 $C$ 点（见图 10-2）。

X，Z：在绝对编程时，未倒角前两相邻轨迹程序段的交点 $G$ 的坐标值；

U，W：在增量编程时，$G$ 点相对于起始直线轨迹的始点 $A$ 点的移动距离。

C：是相邻两直线的交点 $G$，相对于倒角始点 $B$ 的距离。

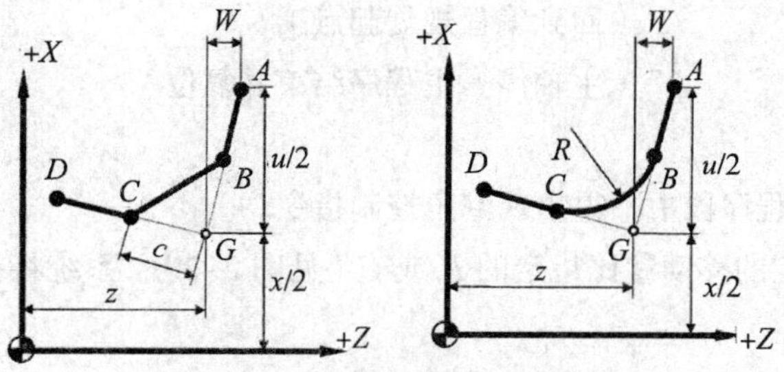


图 10-2　倒角参数说明

（三）倒圆角

1.格式

G01 X（U）_ Z（W）_R_

2.说明

直线倒角 G01，指令刀具从 *A* 点到 *B* 点，然后到 *C* 点。

X，Z：在绝对编程时，未倒角前两相邻轨迹程序段的交点 *G* 的坐标值。

U，W：在增量编程时，*G* 点相对于起始直线轨迹的始点 *A* 点的移动距离。

R：是倒角圆弧的半径值。

3.举例

如图 10-3 所示，用倒角指令编程。

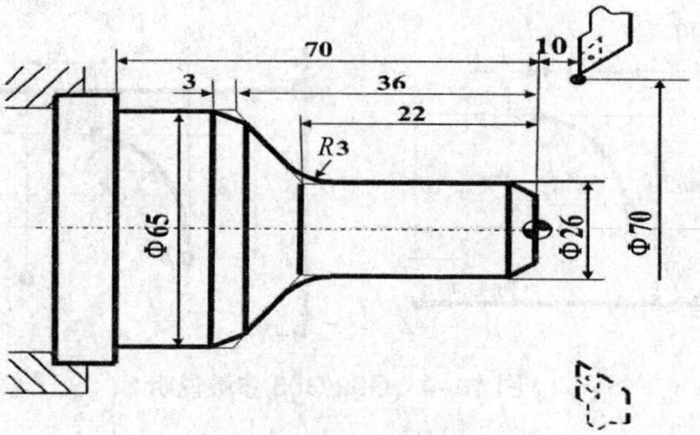


图 10-3　倒角指令编程

%3307

| | |
|---|---|
| N1 G00 U-70 W-10 | （从编程规划起点，移到工件前端面中心处） |
| N2 G01 U26 C3 F100 | （倒 3×45° 直角） |
| N3 W-22 R3 | （倒 R3 圆角） |
| N4 U39 W-14 C3 | （倒边长为 3 等腰直角） |
| N5 W-34 | （加工 $\phi$65 外圆） |

N6 G00 U5 W80　　　　（回到编程规划起点）

N7 M30　　　　（主轴停、主程序结束并复位）

4. 注意

（1）在螺纹切削程序段中不得出现倒角控制指令。

（2）*X*，*Z* 轴指定的移动量比指定的 *R* 或 *C*（见图 2–2），系统将报警，即 *GA* 长度必须大于 *GB* 长度。

## 三、G02/G03 圆弧插补

1. 格式

G02/G03 X（U）_ Z（W）_ I _ K_ F_

G02/G03 X（U）_ Z（W）_ R _ F_

2. 说明

X，Z：在绝对编程时，圆弧终点在工件坐标系中的坐标。

U，W：在增量编程时，圆弧终点相对于圆弧起点的位移量。

I，K：圆心相对于圆弧起点的增加量（等于圆心的坐标减去圆弧起点的坐标，如图 10–4 所示）。在绝对、增量编程时，都以增量方式指定；在直径、半径编程时，*I* 都是半径值。

R：圆弧半径；

F：被编程的两个轴的合成进给速度；

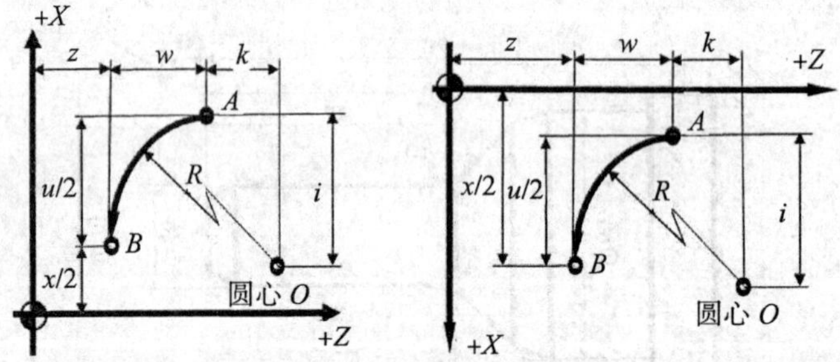


图 10–4　G02/G03 参数说明

3. 注意

（1）顺时针或逆时针是从垂直于圆弧所在平面的坐标轴的正方向看到的回转方向。

（2）同时编入 *R* 与 *I*、*K* 时，*R* 有效。

4. 举例

如图 10–5 所示，用圆弧插补指令编程。

%3310

N1 G92 X40 Z5　　　　（设立坐标系，定义对刀点的位置）

N2 M03 S400　　　　（主轴以 400r/min 旋转）

N3 G00 X0 （到达工件中心）
N4 G01 Z0 F60 （工进接触工件毛坯）
N5 G03 U24 W-24 R15 （加工 R15 圆弧段）
N6 G02 X26 Z-31 R5 （加工 R5 圆弧段）
N7 G01 Z-40 （加工 $\phi$26 外圆）
N8 X40 Z5 （回对刀点）
N9 M30 （主轴停、主程序结束并复位）

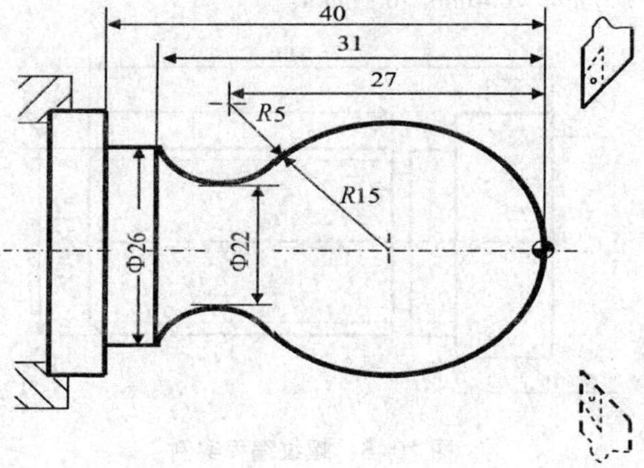


图 10-5 G02/G03 编程实例

## 四、螺纹切削 G32

1. 格式

G32 X（U）_Z（W）_R_E_P_F_

2. 说明

X，Z：在绝对编程时，有效螺纹终点在工件坐标系中的坐标。

U，W：在增量编程时，有效螺纹终点相对于螺纹切削起点的位移量。

F：螺纹导程，即主轴每转一圈，刀具相对于工件的进给值。

R，E：螺纹切削的退尾量，$R$ 表示 $Z$ 向退尾量，$E$ 为 $X$ 向退尾量，$R$，$E$ 在绝对或增量编程时，都以增量方式指定，其为正表示沿 $Z$，$X$ 正向回退，为负表示沿 $Z$，$X$ 负向回退。使用 $R$，$E$ 可免去退刀槽。$R$，$E$ 可以省略，表示不用回退功能。根据螺纹标准 $R$ 一般取 0.75 ~ 1.75 倍的螺距，$E$ 取螺纹的牙型高。

P：主轴基准脉冲处距离螺纹切削起始点的主轴转角。

使用 G32 指令能加工圆柱螺纹、锥螺纹和端面螺纹。

3. 注意

（1）从螺纹粗加工到精加工，主轴的转速必须保持一常数。

（2）在没有停止主轴的情况下，停止螺纹的切削将非常危险；因此螺纹切削时进给保持功能无效，如果按下进给保持按键，刀具在加工完螺纹后停止运动。

（3）在螺纹加工中不使用恒定线速度控制功能。

（4）在螺纹加工轨迹中应设置足够的升速进刀段 $\delta$ 和降速退刀段 $\delta'$，以消除伺服滞后造成的螺距误差。

4. 举例

如图 10-6 所示，对圆柱螺纹编程。螺纹导程为 1.5mm，$\delta$=1.5mm，$\delta'$=1mm，每次吃刀量（直径值）分别为 0.8mm、0.6 mm、0.4mm、0.16mm。

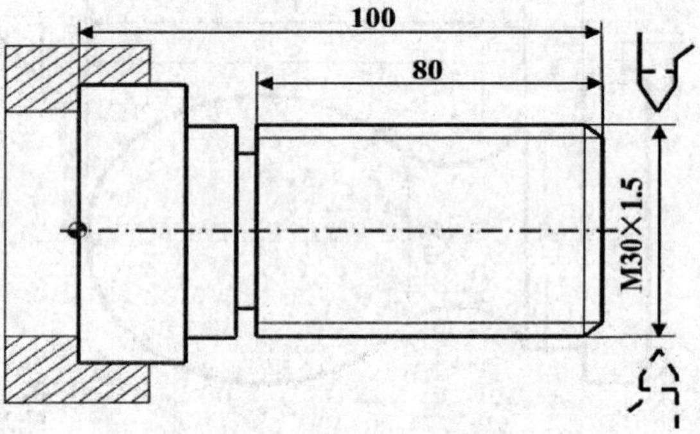


图 10-6　螺纹编程实例

```
%3312
N1 G92 X50 Z120          （设立坐标系，定义对刀点的位置）
N2 M03 S300              （主轴以 300r/min 旋转）
N3 G00 X29.2 Z101.5      （到螺纹起点，升速段 1.5mm，吃刀深 0.8mm）
N4 G32 Z19 F1.5          （切削螺纹到螺纹切削终点，降速段 1mm）
N5 G00 X40               （X 轴方向快退）
N6 Z101.5                （Z 轴方向快退到螺纹起点处）
N7 X28.6                 （X 轴方向快进到螺纹起点处，吃刀深 0.6mm）
N8 G32 Z19 F1.5          （切削螺纹到螺纹切削终点）
N9 G00 X40               （X 轴方向快退）
N10 Z101.5               （Z 轴方向快退到螺纹起点处）
N11 X28.2                （X 轴方向快进到螺纹起点处，吃刀深 0.4mm）
N12 G32 Z19 F1.5         （切削螺纹到螺纹切削终点）
N13 G00 X40              （X 轴方向快退）
N14 Z101.5               （Z 轴方向快退到螺纹起点处）
N15 U-11.96              （X 轴方向快进到螺纹起点处，吃刀深 0.16mm）
N16 G32 W-82.5 F1.5      （切削螺纹到螺纹切削终点）
```

N17 G00 X40　　　　（X 轴方向快退）
N18 X50 Z120　　　　（回对刀点）
N19 M05　　　　　　（主轴停）
N20 M30　　　　　　（主程序结束并复位）

## 五、自动返回参考点 G28

1. 格式

G28 X _ Z _

2. 说明

X，Z：在绝对编程时，中间点在工件坐标系中的坐标。

U，W：在增量编程时，中间点相对于起点的位移量。

G28 指令首先使所有的编程轴都快速定位到中间点，然后再从中间点返回到参考点。

G28 指令用于刀具自动更换或者消除机械误差，在执行该指令之前应取消刀尖半径补偿。

在 G28 的程序段中不仅产生坐标轴移动指令，而且记忆了中间点坐标值，以供 G29 使用。

电源接通后，在没有手动返回参考点的状态下，指定 G28，从中间点自动返回参考点，与手动返回参考点相同。这时从中间点到参考点的方向就是机床参数“回参考点方向”设定的方向。

G28 指令仅在其被规定的程序段中有效。

## 六、自动从参考点返回 G29

1. 格式

G29 X _ Z _

2. 说明

X，Z：在绝对编程时，定位终点在工件坐标系中的坐标。

U，W：在增量编程时，定位终点相对于 G28 中间点的位移量。

G29 可使所有编程轴以快速进给经过由 G28 指令定义的中间点，然后再到达指定点。通常该指令紧跟在 G28 指令之后。

G29 指令仅在其被规定的程序段中有效。

3. 举例

用 G28，G29 对路径编程（见图 10-7）：要求由 *A* 经过中间点 *B* 并返回参考点，然后从参考点经由中间点 *B* 返回到 *C*。

%3313
N1 G92 X50 Z100　　（设立坐标系，定义对刀点 *A* 的位置）
N2 G28 X80 Z200　　（从 *A* 点到达 *B* 点再快速移动到参考点）
N3 G29 X40 Z250　　（从参考点 *R* 经中间点 *B* 到达目标点 *C*）
N4 G00 X50Z100　　（回对刀点）

N5 M30　　　　　　（主轴停、主程序结束并复位）

本例表明，编程员不必计算从中间点到参考点的实际距离。

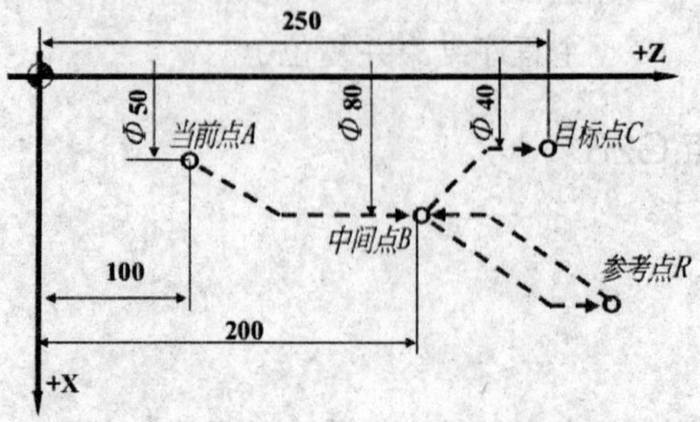


图 10–7　G28/G29 编程实例

## 七、暂停指令 G04

1. 格式

G04 P _

2. 说明

P：暂停时间，单位为 s。

G04 在前一程序段的进给速度降到零之后才开始暂停动作。

在执行含 G04 指令的程序段时，先执行暂停功能。

G04 为非模态指令，仅在其被规定的程序段中有效。

G04 可使刀具作短暂停留，以获得圆整而光滑的表面。该指令除用于切槽、钻镗孔外，还可用于拐角轨迹控制。

## 八、恒线速度指令 G96、G97

1. 格式

G96 S _

G97 S _

2. 说明

G96：恒线速度有效。

G97：取消恒线速度功能。

S：G96 后面的 *S* 值为切削的恒定线速度，单位为 m/min。

G97 后面的 *S* 值为取消恒线速度后，指定的主轴转速，单位为 r/min；如缺省，则为执行 G96 指令前的主轴转速度。

3. 注意

使用恒线速度功能，主轴必须能自动变速。

4. 举例

如图 10-8 所示，用恒线速度功能编程。

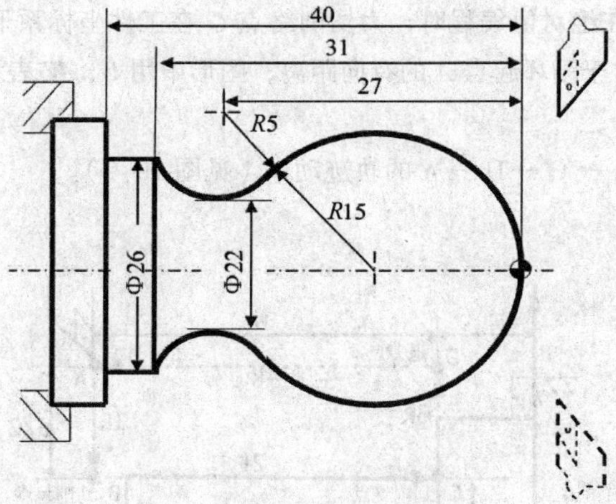


图 10-8 恒线速度编程实例

| | |
|---|---|
| %3314 | |
| N1 G92 X40 Z5 | （设立坐标系，定义对刀点的位置） |
| N2 M03 S400 | （主轴以 400r/min 旋转） |
| N3 G96 S80 | （恒线速度有效，线速度为 80m/min ） |
| N4 G00 X0 | （刀到中心，转速升高，直到主轴到最大限速） |
| N5 G01 Z0 F60 | （接触工件） |
| N6 G03 U24 W-24 R15 | （加工 R15 圆弧段） |
| N7 G02 X26 Z-31 R5 | （加工 R5 圆弧段） |
| N8 G01 Z-40 | （加工 $\phi$26 外圆） |
| N9 X40 Z5 | （回对刀点） |
| N10 G97 S300 | （取消恒线速度功能，设定主轴按 300r/min 旋转） |
| N11 M30 | （主轴停、主程序结束并复位） |

## 九、简单循环

有三类简单循环，分别是：G80：内（外）径切削循环；G81：端面切削循环；G82：螺纹切削循环。

切削循环通常是用一个含 G 代码的程序段完成含多个程序段指令的加工操作，使程序简化。

声明：下述图形中 *U*，*W* 表示程序段中 *X*，*Z* 字符的相对值；*X*，*Z* 表示绝对坐标值；*R* 表示快速移动；*F* 表示以指定速度 *F* 移动。

## （一）内（外）径切削循环 G80

1. 圆柱面内（外）径切削循环

（1）格式。G80 X_Z_F_

（2）说明。*X*，*Z* 在绝对值编程时，为切削终点 *C* 在工件坐标系下的坐标；在增量值编程时，为切削终点 *C* 相对于循环起点 *A* 的有向距离，图形中用 *U*，*W* 表示，其符号由轨迹 1 和 2 的方向确定。

该指令执行 A → B → C → D → A 的轨迹动作（见图 10-9）。

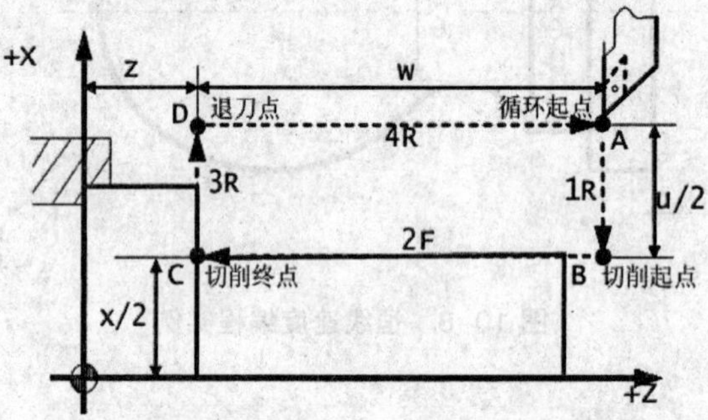


图 10-9　圆柱面内（外）径切削循环

2. 圆锥面内（外）径切削循环

（1）格式。G80 X__Z__I___F__

（2）说明。*X*，*Z* 在绝对值编程时，为切削终点 *C* 在工件坐标系下的坐标；在增量值编程时，为切削终点 *C* 相对于循环起点 *A* 的有向距离，图形中用 *U*，*W* 表示。

*I* 为切削起点 *B* 与切削终点 *C* 的半径差。其符号为差的符号（无论是绝对值编程还是增量值编程）。

该指令执行 A → B → C → D → A 的轨迹动作（见图 10-10）。

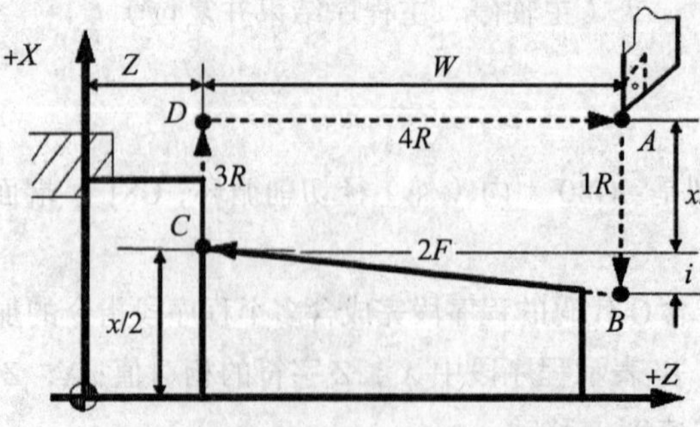


图 10-10　圆锥面内（外）径切削循环

（3）举例。如图 10-11 所示，用 G80 指令编程，点画线代表毛坯。

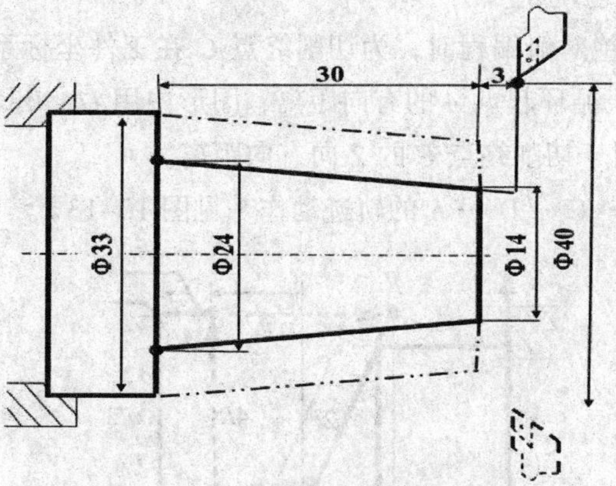


图 10-11　G80 切削循环编程实例

| | |
|---|---|
| %3317 | |
| M03 S400 | （主轴以 400r/min 旋转） |
| G91 G80 X-10 Z-33 I-5.5 F100 | （加工第一次循环，吃刀深 3mm） |
| X-13 Z-33 I-5.5 | （加工第二次循环，吃刀深 3mm） |
| X-16 Z-33 I-5.5 | （加工第三次循环，吃刀深 3mm） |
| M30 | （主轴停、主程序结束并复位） |

### （二）端面切削循环 G81

1. 端平面切削循环

（1）格式。G81 X_Z_F_

（2）说明。*X*，*Z* 在绝对值编程时，为切削终点 *C* 在工件坐标系下的坐标。在增量值编程时，为切削终点 *C* 相对于循环起点 *A* 的有向距离，图形中用 *U*，*W* 表示，其符号由轨迹 1 和 2 的方向确定。

该指令执行 A → B → C → D → A 的轨迹动作（见图 10-12）。

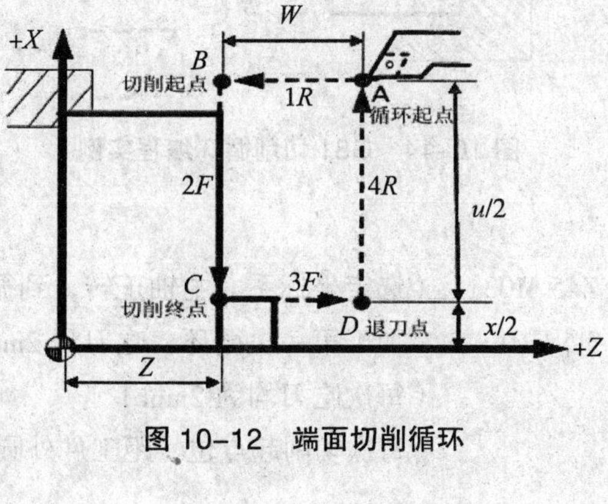


图 10-12　端面切削循环

2. 圆锥端面切削循环

（1）格式。G81 X_Z_ K_F_

（2）说明。*X*，*Z* 在绝对值编程时，为切削终点 *C* 在工件坐标系下的坐标；在增量值编程时，为切削终点 *C* 相对于循环起点 *A* 的有向距离，图形中用 *U*，*W* 表示。

K：切削起点 *B* 相对于切削终点 *C* 的 *Z* 向有向距离。

该指令执行 A → B → C → D → A 的轨迹动作（见图 10-13）。

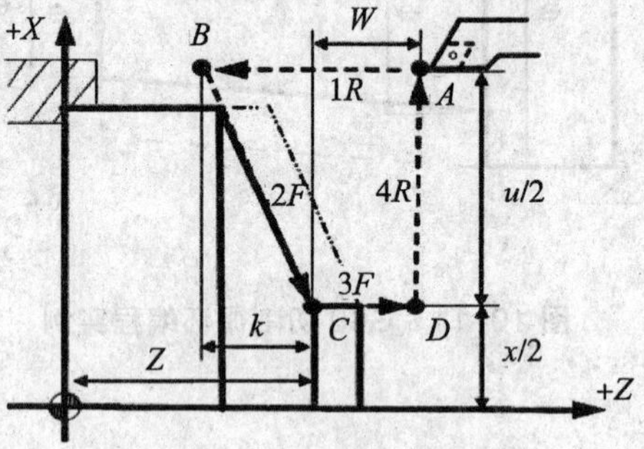


图 10-13　圆锥端面切削循环

（3）举例。如图 10-14 所示，用 G81 指令编程，点画线代表毛坯。

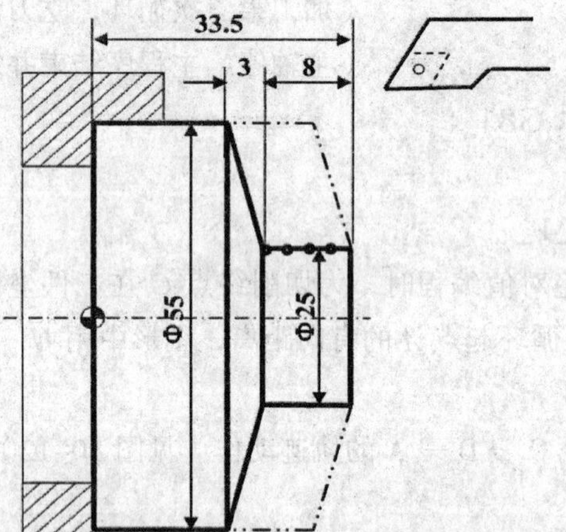


图 10-14　G81 切削循环编程实例

%3320

N1 G54 G90 G00 X60 Z45 M03　　（选定坐标系，主轴正转，到循环起点）

N2 G81 X25 Z31.5 K-3.5 F100　　（加工第一次循环，吃刀深 2mm）

N3 X25 Z29.5 K-3.5　　（每次吃刀均为 2mm）

N4 X25 Z27.5 K-3.5　　（每次切削起点位，距工件外圆面 5mm，故 K 值为 -3.5）

N5 X25 Z25.5 K-3.5　　　　（加工第四次循环，吃刀深 2mm）
N6 M05　　　　（主轴停）
N7 M30　　　　（主程序结束并复位）

### （三）螺纹切削循环 G82

1. 直螺纹切削循环

（1）格式。G82 X（U）_Z（W）_R_E_C_P_F_

（2）说明。X，Z：在绝对值编程时，为螺纹终点 *C* 在工件坐标系下的坐标；在增量值编程时，为螺纹终点 *C* 相对于循环起点 *A* 的有向距离，图形中用 *U*，*W* 表示，其符号由轨迹 1 和 2 的方向确定。

R，E：螺纹切削的退尾量，*R*、*E* 均为向量，*R* 为 *Z* 向回退量；*E* 为 *X* 向回退量，*R*、*E* 可以省略，表示不用回退功能。

C：螺纹头数，为 0 或 1 时切削单头螺纹。

P：单头螺纹切削时，为主轴基准脉冲处距离切削起始点的主轴转角（缺省值为 0）；多头螺纹切削时，为相邻螺纹头的切削起始点之间对应的主轴转角。

F：螺纹导程。

该指令执行 A → B → C → D → E → A 的轨迹动作（见图 10-15）。

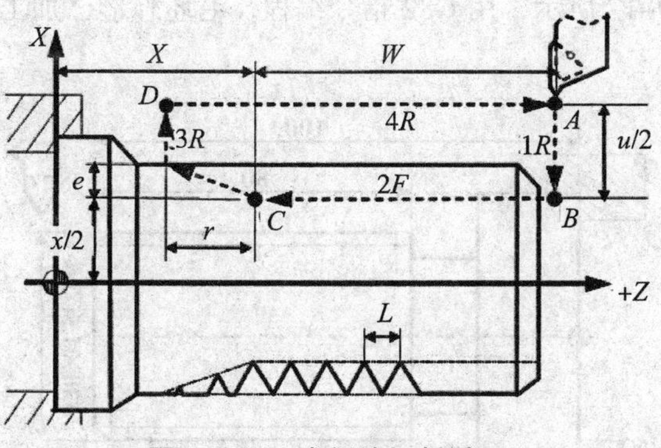


图 10-15　直螺纹切削循环

注意：

螺纹切削循环同 G32 螺纹切削一样，在进给保持状态下，该循环在完成全部动作之后才停止运动。

2. 锥螺纹切削循环

（1）格式。G82 X_Z_I_R_E_C_P_F_

（2）说明。X，Z：在绝对值编程时，为螺纹终点 *C* 在工件坐标系下的坐标；在增量值编程时，为螺纹终点 *C* 相对于循环起点 *A* 的有向距离，图形中用 *U*、*W* 表示。

I：螺纹起点 *B* 与螺纹终点 *C* 的半径差。其符号为差的符号（无论是绝对值编程还是增量值编程）。

R，E：螺纹切削的退尾量，$R$、$E$ 均为向量，$R$ 为 $Z$ 向回退量；$E$ 为 $X$ 向回退量，$R$、$E$ 可以省略，表示不用回退功能。

C：螺纹头数，为 0 或 1 时切削单头螺纹。

P：单头螺纹切削时，为主轴基准脉冲处距离切削起始点的主轴转角（缺省值为 0）；多头螺纹切削时，为相邻螺纹头的切削起始点之间对应的主轴转角。

F：螺纹导程。

该指令执行 A → B → C → D → A 的轨迹动作（见图 10-16）。

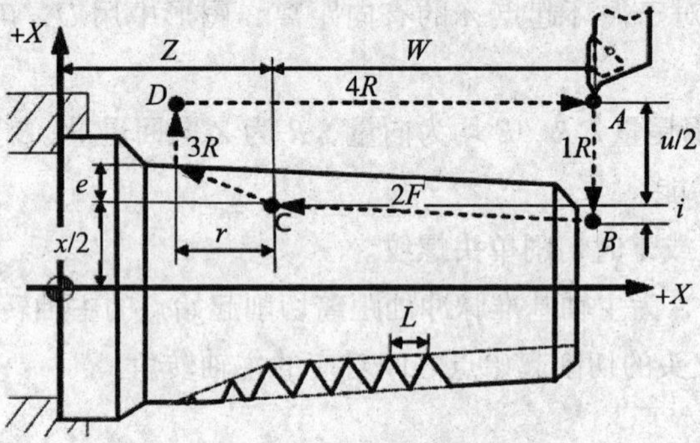


图 10-16 锥螺纹切削循环

（3）举例。如图 10-17 所示，用 G82 指令编程，毛坯外形已加工完成。

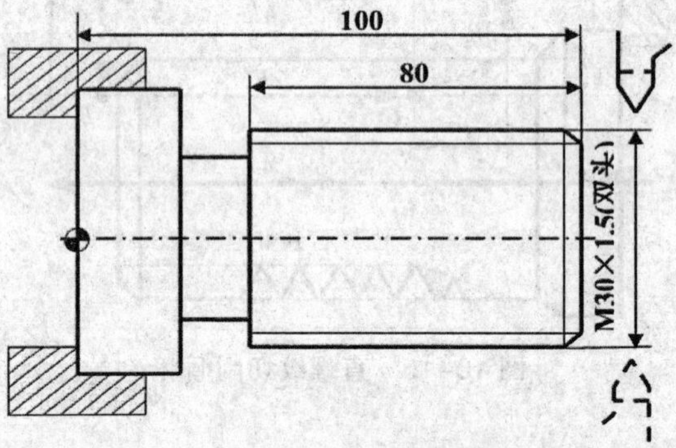


图 10-17 G82 切削循环编程实例

%3323

N1 G55 G00 X35 Z104　　　　（选定坐标系 G55，到循环起点）

N2 M03 S300　　　　（主轴以 300r/min 正转）

N3 G82 X29.2 Z18.5 C2 P180 F3　　　　（第一次循环切螺纹，切深 0.8 mm）

N4 X28.6 Z18.5 C2 P180 F3　　　　（第二次循环切螺纹，切深 0.4 mm）

N5 X28.2 Z18.5 C2 P180 F3　　　　（第三次循环切螺纹，切深 0.4 mm）

N6 X28.04 Z18.5 C2 P180 F3　　　（第四次循环切螺纹，切深 0.16mm）

N7 M30　　　　　　　　　　　　　（主轴停、主程序结束并复位）

## 十、复合循环

有四类复合循环，分别是：① G71：内（外）径粗车复合循环；② G72：端面粗车复合循环；③ G73：封闭轮廓复合循环；④ G76：螺纹切削复合循环。

运用这组复合循环指令，只需指定精加工路线和粗加工的吃刀量，系统会自动计算粗加工路线和走刀次数。

### （一）内（外）径粗车复合循环 G71

1. 无凹槽加工

（1）格式。G71 U（Δd）R（r）P（ns）Q（nf）X（Δx）Z（Δz）F（f）S（s）T（t）

（2）说明。该指令执行如图 10-18 所示的粗加工和精加工，精加工路径为 A → A' → B' → B 的轨迹。

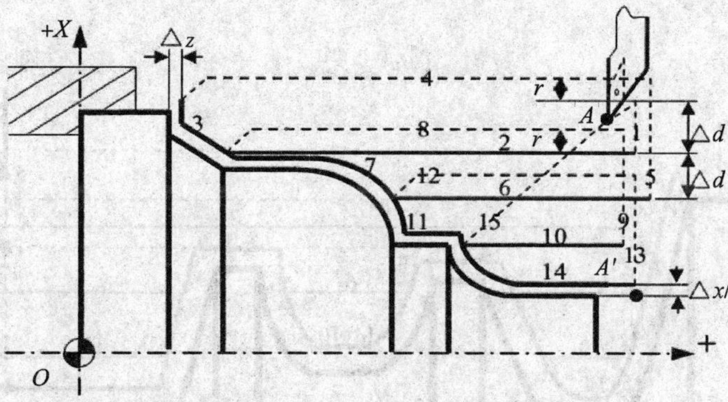


图 10-18　内、外径粗切复合循环

*Δd*：切削深度（每次切削量），指定时不加符号，方向由矢量 AA′ 决定。

*r*：每次退刀量；

*ns*：精加工路径第一程序段（即图中的 *AA′*）的顺序号。

*nf*：精加工路径最后程序段（即图中的 *B′B*）的顺序号。

Δ*x*：*X* 方向精加工余量。

Δ*z*：*Z* 方向精加工余量。

*f*，*s*，*t*：粗加工时 G71 中编程的 *F*，*S*，*T* 有效，而精加工时处于 *ns* 到 *nf* 程序段之间的 *F*，*S*，*T* 有效。

G71 切削循环下，切削进给方向平行于 *Z* 轴，*X*(ΔU) 和 *Z*(ΔW) 的符号如图 10-19 所示。其中（+）表示沿轴正方向移动，（-）表示沿轴负方向移动。

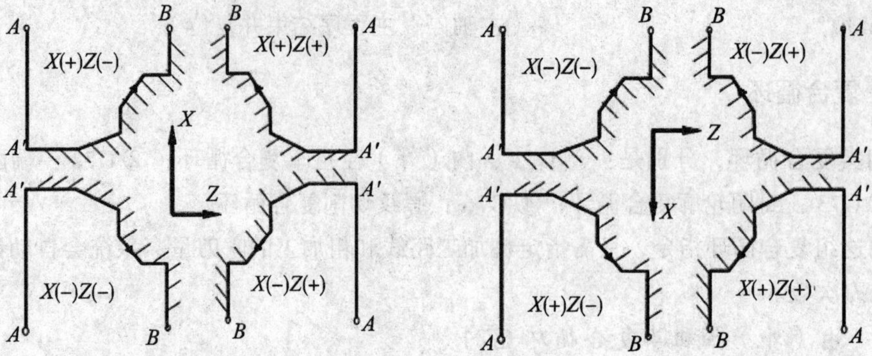


图 10-19　G71 复合循环下 X（ΔU）和 Z（ΔW）的符号

2. 有凹槽加工

（1）格式。G71 U（Δd）R（r）P（ns）Q（nf）E（e）F（f）S（s）T（t）

（2）说明。该指令执行如图 10-20 所示粗加工和精加工，其中精加工路径为 $A \rightarrow A' \rightarrow B' \rightarrow B$ 的轨迹。

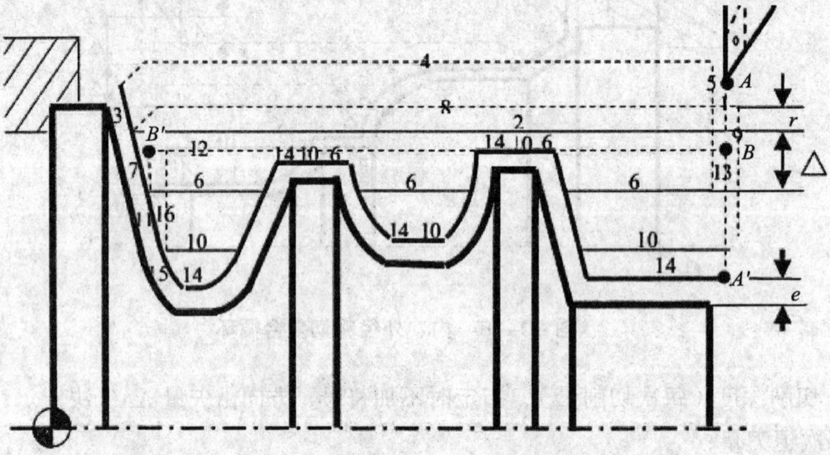


图 10-20　内（外）径粗车复合循环 G71

$\Delta d$：切削深度（每次切削量），指定时不加符号，方向由矢量 $AA'$ 决定。

$r$：每次退刀量。

$ns$：精加工路径第一程序段（即图中的 $AA'$）的顺序号。

$nf$：精加工路径最后程序段（即图中的 $B'B$）的顺序号。

$e$：精加工余量，其为 $X$ 方向的等高距离；外径切削时为正，内径切削时为负。

$f$，$s$，$t$：粗加工时 G71 中编程的 $F$，$S$，$T$ 有效，而精加工时处于 $ns$ 到 $nf$ 程序段之间的 $F$，$S$，$T$ 有效。

3. 注意

（1）G71 指令必须带有 *P*，*Q* 地址 *ns*，*nf*，且与精加工路径起、止顺序号对应，否则不能进行该循环加工。

（2）*ns* 的程序段必须为 G00/G01 指令，即从 *A* 到 *A'* 的动作必须是直线或点定位运动。

（3）在顺序号为 *ns* 到顺序号为 *nf* 的程序段中，不应包含子程序。

4. 举例

例 1：用外径粗加工复合循环编制零件的加工程序（见图 10-21）：要求循环起始点在(*X*46，*Z*3）位置，切削深度为 1.5mm（半径量）。退刀量为 1mm，*X* 方向精加工余量为 0.4mm，*Z* 方向精加工余量为 0.1mm，其中点划线部分为工件毛坯。

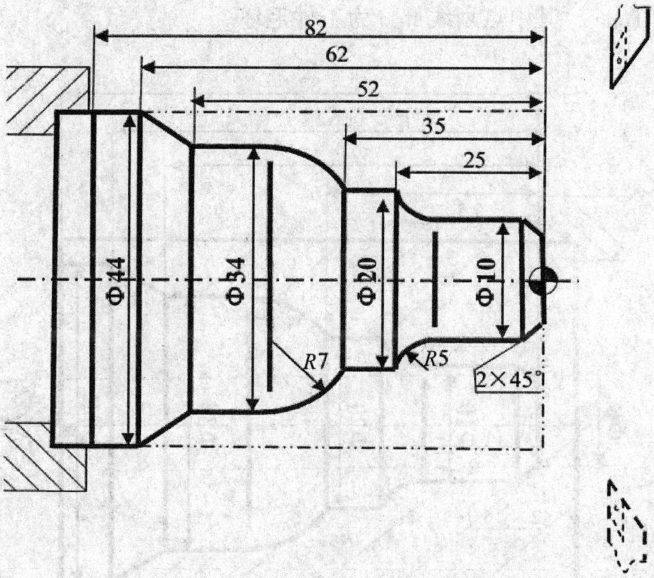


图 10-21 G71 外径复合循环编程实例

| | |
|---|---|
| %3327 | |
| N1 G59 G00 X80 Z80 | （选定坐标系 G55，到程序起点位置） |
| N2 M03 S400 | （主轴以 400r/min 正转） |
| N3 G01 X46 Z3 F100 | （刀具到循环起点位置） |
| N4 G71U1.5R1P5Q13X0.4 Z0.1 | （粗切量：1.5mm 精切量：X0.4mm Z0.1mm） |
| N5 G00 X0 | （精加工轮廓起始行，到倒角延长线） |
| N6 G01 X10 Z-2 | （精加工 2×45° 倒角） |
| N7 Z-20 | （精加工 $\phi$10 外圆） |
| N8 G02 U10 W-5 R5 | （精加工 R5 圆弧） |
| N9 G01 W-10 | （精加工 $\phi$20 外圆） |

N10 G03 U14 W-7 R7　　（精加工 R7 圆弧）
N11 G01 Z-52　　（精加工 $\phi$34 外圆）
N12 U10 W-10　　（精加工外圆锥）
N13 W-20　　（精加工 $\phi$44 外圆，精加工轮廓结束行）
N14 X50　　（退出已加工面）
N15G00 X80 Z80　　（回对刀点）
N16 M05　　（主轴停）
N17 M30　　（主程序结束并复位）

例 2：用内径粗加工复合循环编制零件的加工程序（见图 10-22）：要求循环起始点在 *A*（46，3），切削深度为 1.5mm（半径量）。退刀量为 1mm，*X* 方向精加工余量为 0.4mm，*Z* 方向精加工余量为 0.1mm，其中点划线部分为工件毛坯。

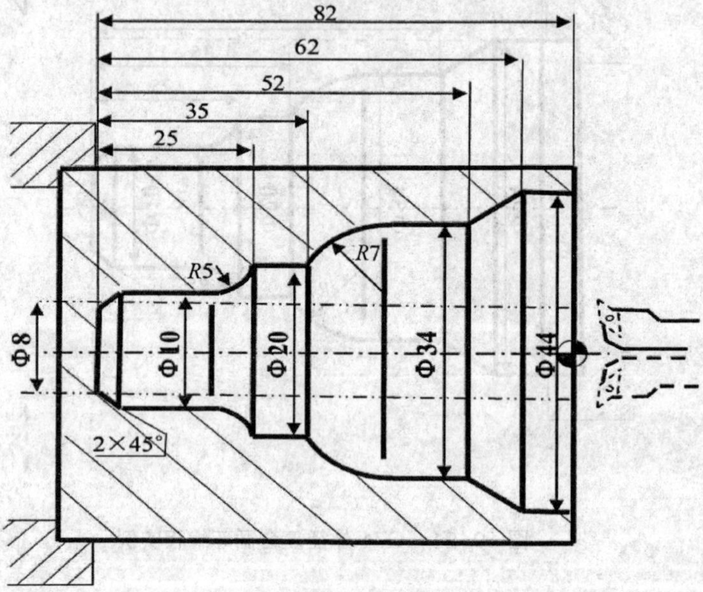


图 10-22　G71 内径复合循环编程实例

%3328
N1 T0101　　（换一号刀，确定其坐标系）
N2 G00 X80 Z80　　（到程序起点或换刀点位置）
N3 M03 S400　　（主轴以 400r/min 正转）
N4 X6 Z5　　（到循环起点位置）
G71U1R1P8Q16X-0.4Z0.1 F100　　（内径粗切循环加工）
N5 G00 X80 Z80　　（粗切后，到换刀点位置）
N6 T0202　　（换二号刀，确定其坐标系）

| | |
|---|---|
| N7 G00 G42 X6 Z5 | （二号刀加入刀尖圆弧半径补偿） |
| N8 G00 X44 | （精加工轮廓开始，到 $\phi$44 外圆处） |
| N9 G01 W-20 F80 | （精加工 $\phi$44 外圆） |
| N10 U-10 W-10 | （精加工外圆锥） |
| N11 W-10 | （精加工 $\phi$34 外圆） |
| N12 G03 U-14 W-7 R7 | （精加工 R7 圆弧） |
| N13 G01 W-10 | （精加工 $\phi$20 外圆） |
| N14 G02 U-10 W-5 R5 | （精加工 R5 圆弧） |
| N15 G01 Z-80 | （精加工 $\phi$10 外圆） |
| N16 U-4 W-2 | （精加工倒 2×45° 角，精加工轮廓结束） |
| N17 G40 X4 | （退出已加工表面，取消刀尖圆弧半径补偿） |
| N18 G00 Z80 | （退出工件内孔） |
| N19 X80 | （回程序起点或换刀点位置） |
| N20 M30 | （主轴停、主程序结束并复位） |

例 3：用有凹槽的外径粗加工复合循环编制零件的加工程序（见图 10-23），其中点划线部分为工件毛坯。

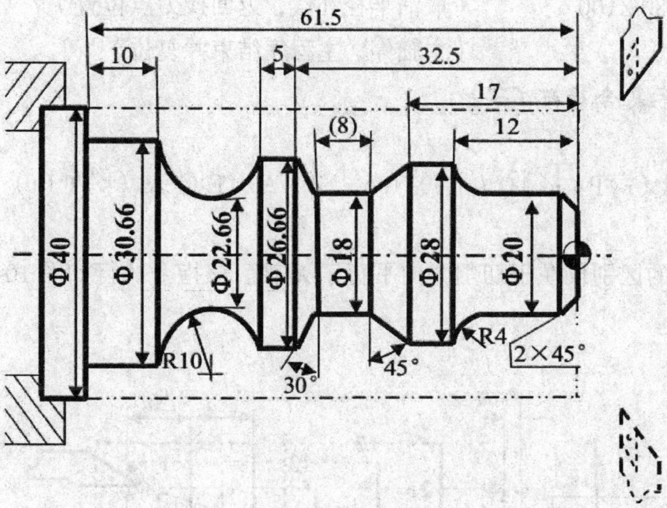


图 10-23　G71 有凹槽复合循环编程实例

%3329

| | |
|---|---|
| N1 T0101 | （换一号刀，确定其坐标系） |
| N2 G00 X80 Z100 | （到程序起点或换刀点位置） |
| M03 S400 | （主轴以 400r/min 正转） |
| N3 G00 X42 Z3 | （到循环起点位置） |

N4G71U1R1P8Q19E0.3F100　（有凹槽粗切循环加工）
N5 G00 X80 Z100　（粗加工后，到换刀点位置）
N6 T0202　（换二号刀，确定其坐标系）
N7 G00 G42 X42 Z3　（二号刀加入刀尖圆弧半径补偿）
N8 G00 X10　（精加工轮廓开始，到倒角延长线处）
N9 G01 X20 Z-2 F80　（精加工倒 2×45° 角）
N10 Z-8　（精加工 $\phi$20 外圆）
N11 G02 X28 Z-12 R4　（精加工 R4 圆弧）
N12 G01 Z-17　（精加工 $\phi$28 外圆）
N13 U-10 W-5　（精加工下切锥）
N14 W-8　（精加工 $\phi$18 外圆槽）
N15 U8.66 W-2.5　（精加工上切锥）
N16 Z-37.5　（精加工 $\phi$26.66 外圆）
N17 G02 X30.66 W-14 R10　（精加工 R10 下切圆弧）
N18 G01 W-10　（精加工 $\phi$30.66 外圆）
N19 X40　（退出已加工表面，精加工轮廓结束）
N20 G00 G40 X80 Z100　（取消半径补偿，返回换刀点位置）
N21 M30　（主轴停、主程序结束并复位）

### （二）端面粗车复合循环 G72

1. 格式

G72 W（Δd）R（r）P（ns）Q（nf）X（Δx）Z（Δz）F（f）S（s）T（t）

2. 说明

该循环与 G71 的区别仅在于切削方向平行于 $X$ 轴。该指令执行如图 10-24 所示的粗加工和精加工。

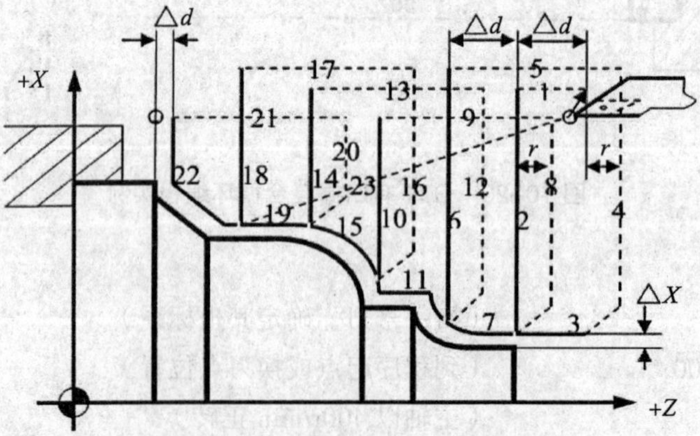


图 10-24　端面粗车复合循环 G72

△ *d*：切削深度（每次切削量），指定时不加符号，方向由矢量 *AA'* 决定。

*r*：每次退刀量。

*ns*：精加工路径第一程序段的顺序号。

*nf*：精加工路径最后程序段的顺序号。

△ *x*：*X* 方向精加工余量。

△ *z*：*Z* 方向精加工余量。

*f*, *s*, *t*：粗加工时 G71 中编程的 *F*, *S*, *T* 有效，而精加工处于 *ns* 到 *nf* 程序段之间的 *F*, *S*, *T* 有效。

G72 切削循环下，切削进给方向平行于 *X* 轴，*X*( △ *U*) 和 *Z*( △ *W*) 的符号如图 10-25 所示。其中（+）表示沿轴的正方向移动，（-）表示沿轴负方向移动。

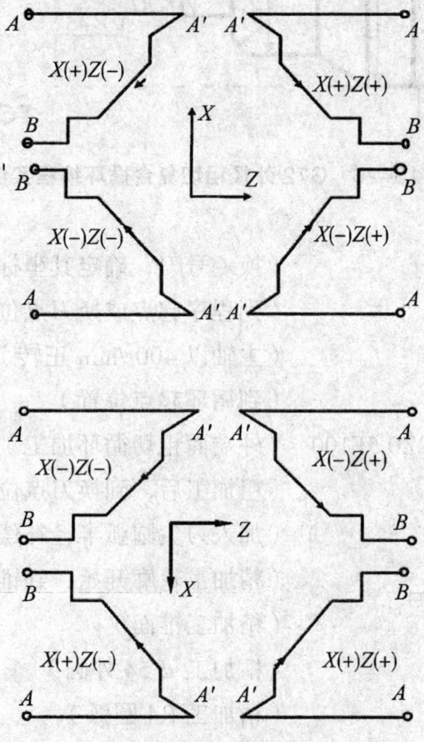


图 10-25　G72 复合循环下 X（△U）和 Z（△W）的符号

3. 注意

（1）G72 指令必须带有 *P*，*Q* 地址，否则不能进行该循环加工。

（2）在 *ns* 的程序段中应包含 G00/G01 指令，进行由 *A* 到 *A'* 的动作，且该程序段中不应编有 X 向移动指令。

（3）在顺序号为 *ns* 到顺序号为 *nf* 的程序段中，可以有 G02/G03 指令，但不应包含子程序。

4. 举例

例 1：编制零件的加工程序（见图 10-26）：要求循环起始点在（X80，Z1）位置，切削深度为 1.2mm。退刀量为 1mm，$X$ 方向精加工余量为 0.2mm，$Z$ 方向精加工余量为 0.5mm，其中点划线部分为工件毛坯。

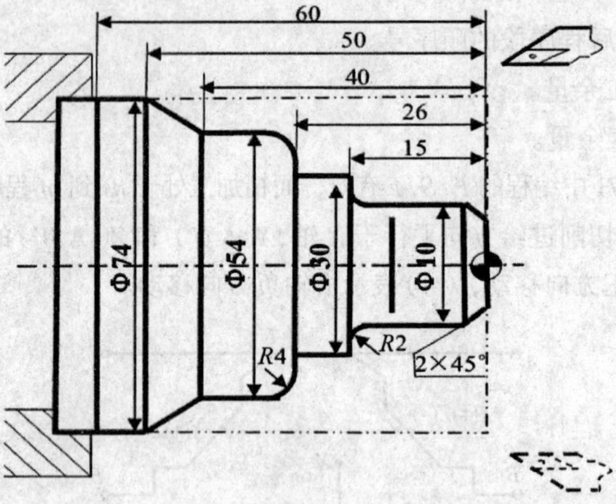


图 10-26　G72 外径粗切复合循环编程实例

| | |
|---|---|
| %3331 | |
| N1 T0101 | （换一号刀，确定其坐标系） |
| N2 G00 X100 Z80 | （到程序起点或换刀点位置） |
| N3 M03 S400 | （主轴以 400r/min 正转） |
| N4 X80 Z1 | （到循环起点位置） |
| N5 G72W1.2R1P8Q17X0.2Z0.5F100 | （外端面粗切循环加工） |
| N6 G00 X100 Z80 | （粗加工后，到换刀点位置） |
| N7 G42 X80 Z1 | （加入刀尖圆弧半径补偿） |
| N8 G00 Z-56 | （精加工轮廓开始，到锥面延长线处） |
| N9 G01 X54 Z-40 F80 | （精加工锥面） |
| N10 Z-30 | （精加工 $\phi$54 外圆） |
| N11 G02 U-8 W4 R4 | （精加工 R4 圆弧） |
| N12 G01 X30 | （精加工 Z26 处端面） |
| N13 Z-15 | （精加工 $\phi$30 外圆） |
| N14 U-16 | （精加工 Z15 处端面） |
| N15 G03 U-4 W2 R2 | （精加工 R2 圆弧） |
| N16 Z-2 | （精加工 $\phi$10 外圆） |
| N17 U-6 W3 | （精加工倒 2×45° 角，精加工轮廓结束） |
| N18 G00 X50 | （退出已加工表面） |
| N19 G40 X100 Z80 | （取消半径补偿，返回程序起点位置） |
| N20 M30 | （主轴停、主程序结束并复位） |

例 2：编制零件的加工程序（见图 10–27）：要求循环起始点在（X6，Z3）位置，切削深度为 1.2mm。退刀量为 1mm，X 方向精加工余量为 0.2mm，Z 方向精加工余量为 0.5mm，其中点划线部分为工件毛坯。

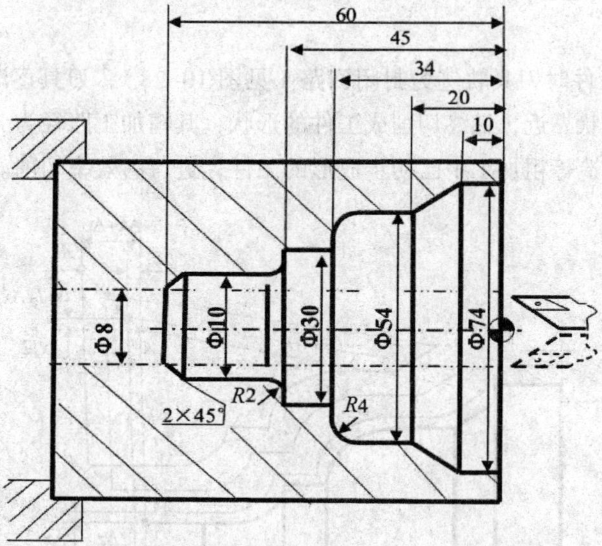


图 10–27　G72 内径粗切复合循环编程实例

| | |
|---|---|
| %3333 | |
| N1 G92 X100 Z80 | （设立坐标系，定义对刀点的位置） |
| N2 M03 S400 | （主轴以 400r/min 正转） |
| N3 G00 X6 Z3 | （到循环起点位置） |
| G72W1.2R1P5Q15X–0.2Z0.5F100 | （内端面粗切循环加工） |
| N5 G00 Z–61 | （精加工轮廓开始，到倒角延长线处） |
| N6 G01 U6 W3 F80 | （精加工倒 2×45° 角） |
| N7 W10 | （精加工 $\phi$10 外圆） |
| N8 G03 U4 W2 R2 | （精加工 R2 圆弧） |
| N9 G01 X30 | （精加工 Z45 处端面） |
| N10 Z–34 | （精加工 $\phi$30 外圆） |
| N11 X46 | （精加工 Z34 处端面） |
| N12 G02 U8 W4 R4 | （精加工 R4 圆弧） |
| N13 G01 Z–20 | （精加工 $\phi$54 外圆） |
| N14 U20 W10 | （精加工锥面） |
| N15 Z3 | （精加工 $\phi$74 外圆，精加工轮廓结束） |
| N16 G00 X100 Z80 | （返回对刀点位置） |

N17 M30　　　　　　　　　　（主轴停、主程序结束并复位）

（三）闭环车削复合循环 G73

1. 格式

G73 U（ΔI）W（ΔK）R（r）P（ns）Q（nf）X（Δx）Z（Δz）F（f）S（s）T（t）

2. 说明

该功能在切削工件时刀具轨迹为封闭回路（见图 10-28），刀具逐渐进给，使封闭切削回路逐渐向零件最终形状靠近，最终切削成工件的形状，其精加工路径为 $A \rightarrow A' \rightarrow B' \rightarrow B$。这种指令能对铸造、锻造等粗加工中已初步成形的工件，进行高效率切削。

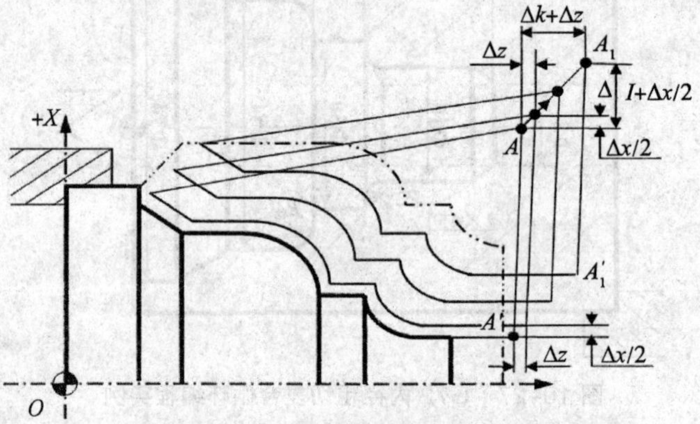


图 10-28　闭环车削复合循环 G73

$\Delta I$：$X$ 轴方向的粗加工总余量。

$\Delta k$：$Z$ 轴方向的粗加工总余量。

$r$：粗切削次数。

$ns$：精加工路径第一程序段的顺序号。

$nf$：精加工路径最后程序段的顺序号。

$\Delta x$：X 方向精加工余量。

$\Delta z$：Z 方向精加工余量。

$f$，$s$，$t$：粗加工时 G71 中编程的 $F$、$S$、$T$ 有效，而精加工时处于 $ns$ 到 $nf$ 程序段之间的 $F$、$S$、$T$ 有效。

3. 注意

$\Delta I$ 和 $\Delta K$ 表示粗加工时总的切削量，粗加工次数为 $r$，则每次 $X$,$Z$ 方向的切削量为 $\Delta I/r$，$\Delta K/r$；

按 G73 段中的 P 和 Q 指令值实现循环加工，要注意 $\Delta x$ 和 $\Delta z$，$\Delta I$ 和 $\Delta K$ 的正负号。

4. 举例

编制零件的加工程序（见图 10-29）：设切削起始点在（$X60$，$Z5$）位置；$X$、$Z$ 方向粗加工余量分别为 3mm、0.9mm；粗加工次数为 3；$X$、$Z$ 方向精加工余量分别为 0.6mm、0.1mm。其中点划线部分为工件毛坯。

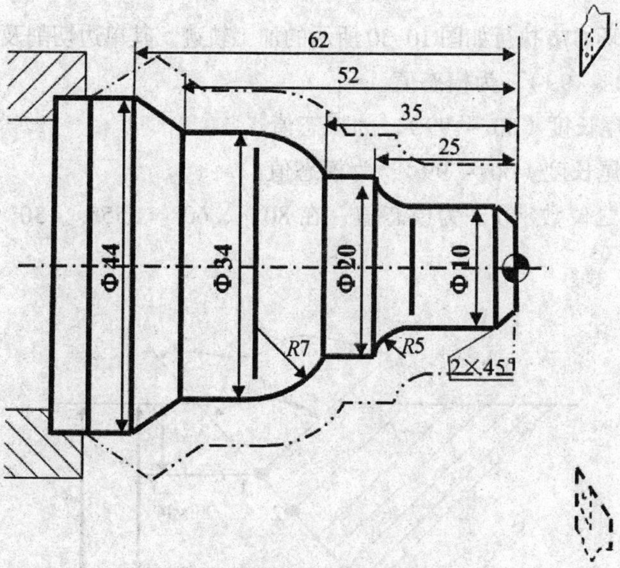


图 10-29　G73 编程实例

| | |
|---|---|
| %3335 | |
| N1 G58 G00 X80 Z80 | （选定坐标系，到程序起点位置） |
| N2 M03 S400 | （主轴以 400r/min 正转） |
| N3 G00 X60 Z5 | （到循环起点位置） |
| N4 G73U3W0.9R3P5Q13X0.6Z0.1F120 | （闭环粗切循环加工） |
| N5 G00 X0 Z3 | （精加工轮廓开始，到倒角延长线处） |
| N6 G01 U10 Z-2 F80 | （精加工倒 2×45° 角） |
| N7 Z-20 | （精加工 $\phi$10 外圆） |
| N8 G02 U10 W-5 R5 | （精加工 R5 圆弧） |
| N9 G01 Z-35 | （精加工 $\phi$20 外圆） |
| N10 G03 U14 W-7 R7 | （精加工 R7 圆弧） |
| N11 G01 Z-52 | （精加工 $\phi$34 外圆） |
| N12 U10 W-10 | （精加工锥面） |
| N13 U10 | （退出已加工表面，精加工轮廓结束） |
| N14 G00 X80 Z80 | （返回程序起点位置） |
| N15 M30 | （主轴停、主程序结束并复位） |

### （四）螺纹切削复合循环 G76

1. 格式

G76C（c）R（r）E（e）A（a）X（x）Z（z）I（i）K（k）U（d）V（Δdmin）Q（Δd）P（p）F（L）

2.说明

螺纹切削固定循环 G76 执行如图 10-30 所示的加工轨迹。其单边切削及参数如图 10-31 所示。

$c$：精整次数（1 ~ 99），为模态值。

$r$：螺纹 $Z$ 向退尾长度（00 ~ 99），为模态值。

$e$：螺纹 $X$ 向退尾长度（00 ~ 99），为模态值。

$a$：刀尖角度（二位数字），为模态值，在 80°、60°、55°、30°、29° 和 0° 六个角度中选一个。

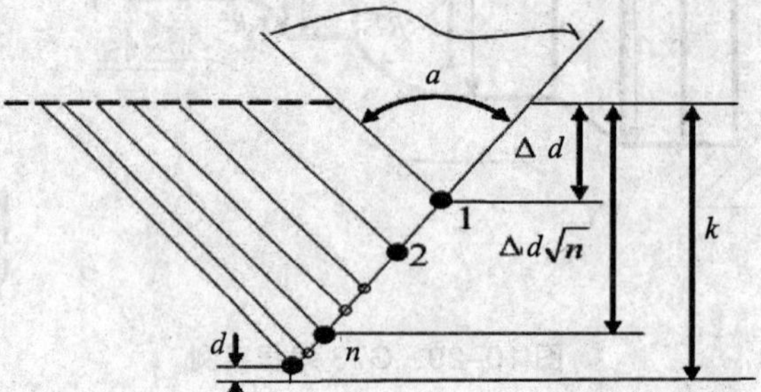


图 10-30 螺纹切削复合循环 G76

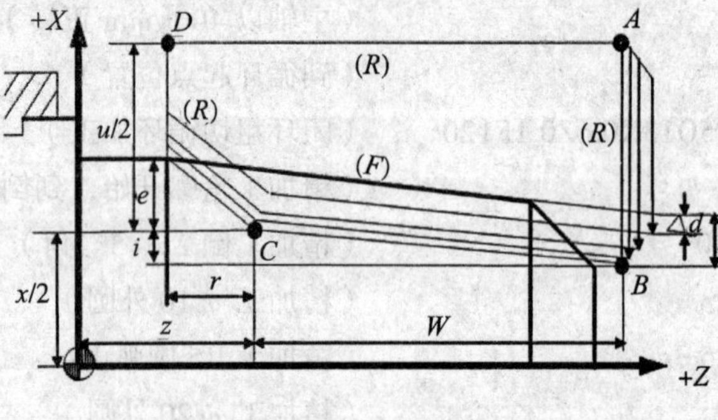


图 10-31 G76 循环单边切削及其参数

$x$，$z$：绝对值编程时，为有效螺纹终点 $C$ 的坐标；增量值编程时，为有效螺纹终点 $C$ 相对于循环起点 $A$ 的有向距离；（用 G91 指令定义为增量编程，使用后用 G90 定义为绝对编程。）

$i$：螺纹两端的半径差；

如 $i$=0，为直螺纹（圆柱螺纹）切削方式；

$k$：螺纹高度；

该值由 $x$ 轴方向上的半径值指定；

Δ dmin：最小切削深度（半径值）；

当第 $n$ 次切削深度（$\Delta d\sqrt{n}-\Delta d\sqrt{n-1}$），小于 Δdmin 时，则切削深度设定为 Δdmin；

$d$：精加工余量（半径值）；

Δ $d$：第一次切削深度（半径值）；

$p$：主轴基准脉冲处距离切削起始点的主轴转角；

$L$：螺纹导程（同 G32）；

3. 举例

用螺纹切削复合循环 G76 指令编程，加工螺纹为 ZM60×2，工件尺寸（见图 10-32），其中括弧内尺寸根据标准得到。

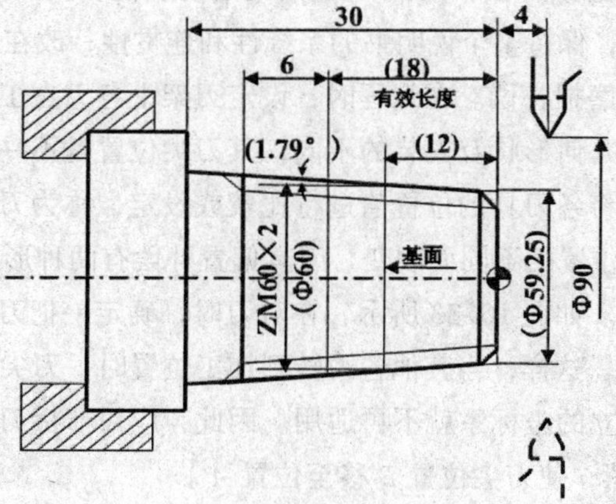


图 10-32　G76 循环切削编程实例

```
%3338
N1 T0101                        （换一号刀，确定其坐标系）
N2 G00 X100 Z100                （到程序起点或换刀点位置）
N3 M03 S400                     （主轴以 400r/min 正转）
N4 G00 X90 Z4                   （到简单循环起点位置）
N5 G80 X61.125 Z-30 I-0.94 F80  （加工锥螺纹外表面）
N6 G00 X100 Z100 M05            （到程序起点或换刀点位置）
N7 T0202                        （换二号刀，确定其坐标系）
N8 M03 S300                     （主轴以 300r/min 正转）
N9 G00 X90 Z4                   （到螺纹循环起点位置）
N10 G76C2R-3E1.3A60X58.15Z-24I-0.94K1.299U0.1V0.1Q0.9F2
N11 G00 X100 Z100               （返回程序起点位置或换刀点位置）
N12 M05                         （主轴停）
N13 M30                         （主程序结束并复位）
```

**（五）复合循环指令注意事项**

G71，G72，G73 复合循环中地址 P 指定的程序段，应有准备机能 01 组的 G00 或 G01 指令，否则产生报警。在 MDI 方式下，不能运行 G71，G72，G73 指令，可运行 G76 指令。在复合循环 G71，G72，G73 中由 P，Q 指定顺序号的程序段之间，不应包含 M98 子程序调用及 M99 子程序返回指令。

## 十一、刀具补偿功能指令

### （一）基本知识

刀具的补偿包括刀具的偏置和磨损补偿，刀尖半径补偿。

声明：刀具的偏置和磨损补偿，是由 T 代码指定的功能，而不是由 G 代码规定的准备功能，但为了方便用户阅读，保持整个说明书的系统性和连贯性，改在此处描述。

刀具偏置补偿和刀具磨损补偿。在编程时，设定刀架上各刀在工作位时，其刀尖位置是一致的。但是，由于刀具的几何形状及安装的不同，其刀尖位置是不一致的，其相对于工件原点的距离也不同。因此需要将各刀具的位置值进行比较或设定，称为刀具偏置补偿。刀具偏置补偿可使加工程序不随刀尖位置的不同而改变。刀具偏置补偿有两种形式：

第一，相对补偿形式。如图 10-33 所示，在对刀时，确定一把刀为标准刀具，并以其刀尖位置 *A* 为依据建立坐标系。这样，当其他各刀转到加工位置时，刀尖位置 *B* 相对标刀刀尖位置 *A* 就会出现偏置，原来建立的坐标系就不再适用。因此，应对非标刀具相对于标准刀具之间的偏置值△ *x*、△ *z* 进行补偿，使刀尖位置 *B* 移至位置 *A* 。

标刀偏置值为机床回到机床零点时，工件坐标系零点相对于工作位上标刀刀尖位置的有向距离。

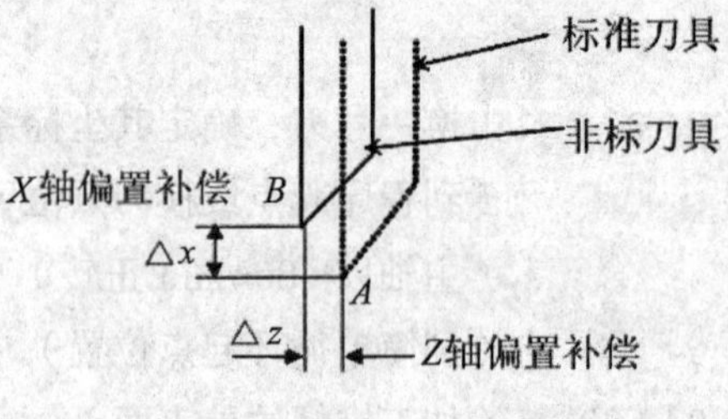


图 10-33　刀具偏置的相对补偿形式

第二，绝对补偿形式。即机床回到机床零点时，工件坐标系零点相对于刀架工作位上各刀刀尖位置的有向距离。当执行刀偏补偿时，各刀以此值设定各自的加工坐标系（见图 10-34）。

刀具使用一段时间后磨损，也会使产品尺寸产生误差，因此需要对其进行补偿。该补偿与刀具偏置补偿存放在同一个寄存器的地址号中。各刀的磨损补偿只对该刀有效（包括标刀）。

刀具的补偿功能由 T 代码指定，其后的 4 位数字分别表示选择的刀具号和刀具偏置补偿号。T 代码的说明如下：

| TXX | + | XX |
| --- | --- | --- |
| 刀具号 | | 刀具补偿号 |

刀具补偿号是刀具偏置补偿寄存器的地址号，该寄存器存放刀具的 *X* 轴和 *Z* 轴偏置补偿值、刀具的 *X* 轴和 *Z* 轴磨损补偿值。

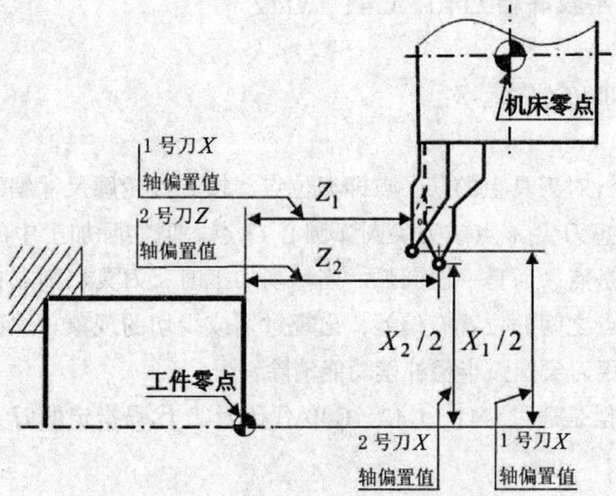


图 10–34　刀具偏置的绝对补偿形式

T 加补偿号表示开始补偿功能。补偿号为 00 表示补偿量为 0，即取消补偿功能。

系统对刀具的补偿或取消都通过拖板的移动实现。

补偿号可以和刀具号相同，也可以不同，即一把刀具可以对应多个补偿号（值）。

如图 10–35 所示，如果刀具轨迹相对编程轨迹具有 X、Z 方向上补偿值（由 X，Z 方向上的补偿分量构成的矢量称为补偿矢量），那么程序段中的终点位置加或减由 T 代码指定的补偿量（补偿矢量）即为刀具轨迹段终点位置。

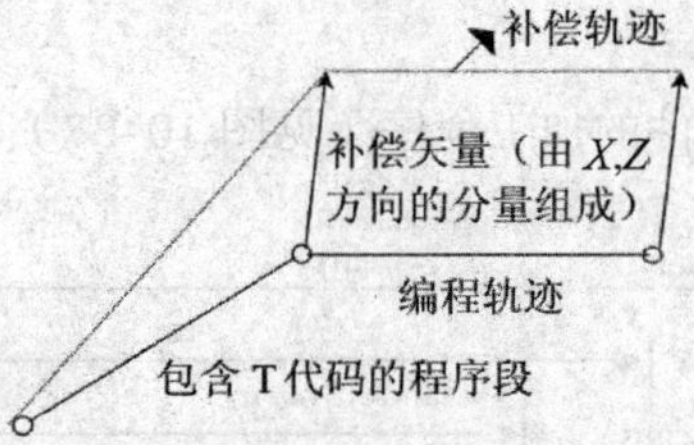


图 10–35　经偏置磨损补偿后的刀具轨迹

举例：，先建立刀具偏置磨损补偿，后取消刀具偏置磨损补偿（见图 10–36）。

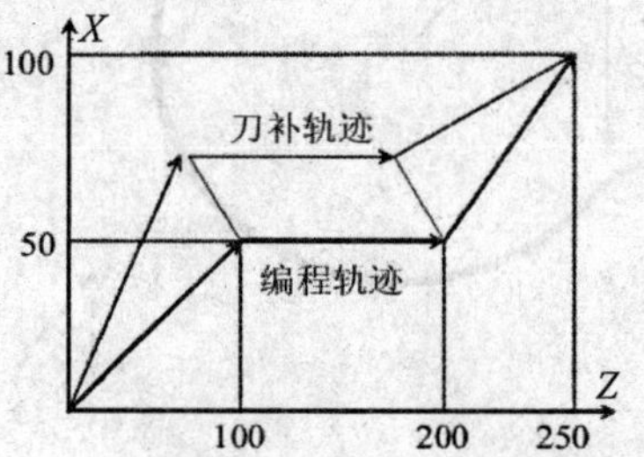


```
T0202
G01 X50 Z100
Z200
X100 Z250 T0200
M30
```

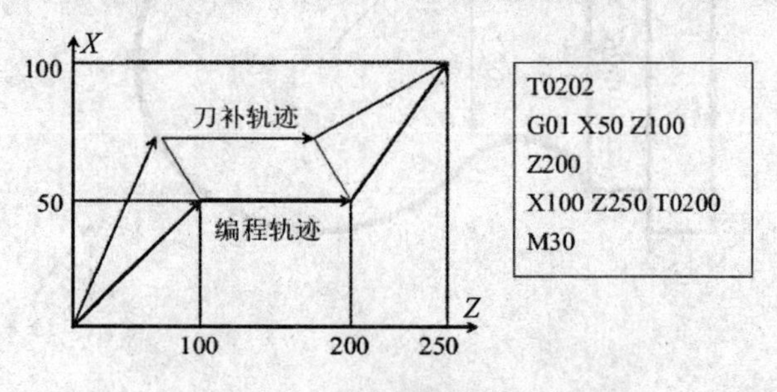

图 10–36　刀具偏置磨损补偿编程

（二）刀尖圆弧半径补偿 G40，G41，G42

1. 格式

{G40/G41/G42}{G00/G01}X _ Z _。

2. 说明

数控程序一般是针对刀具上的某一点即刀位点，按工件轮廓尺寸编制的。车刀的刀位点一般为理想状态下的假想刀尖 *A* 点或刀尖圆弧圆心 *O* 点。但实际加工中的车刀，由于工艺或其他要求，刀尖往往不是点，而是一段圆弧。当切削加工时，刀具切削点在刀尖圆弧上变动，造成实际切削点与刀位点之间的位置有偏差，出现过切或少切的现象。这种由于刀尖是一段圆弧造成的加工误差，可用刀尖圆弧半径补偿功能消除。

刀尖圆弧半径补偿是通过 G41、G42、G40 代码及 T 代码指定的刀尖圆弧半径补偿号，加入或取消半径补偿。

G40：取消刀尖半径补偿

X，Z：G00/G01 的参数，即建立刀补或取消刀补的终点；

3. 注意

G40，G41，G42 都是模态代码，可相互注销。

（1）G41/G42 不带参数，其补偿号（代表所用刀具对应的刀尖半径补偿值）由 T 代码指定。刀尖圆弧补偿号与刀具偏置补偿号对应。

（2）刀尖半径补偿的建立与取消只能用 G00 或 G01 指令，不能用 G02 或 G03。在刀尖圆弧半径补偿寄存器中，定义了车刀圆弧半径及刀尖的方向号。车刀刀尖的方向号定义了刀具刀位点与刀尖圆弧中心的位置关系，其从 0 ~ 9 有十个方向。

4. 举例

考虑刀尖半径补偿，编制零件的加工程序（见图 10-37）。

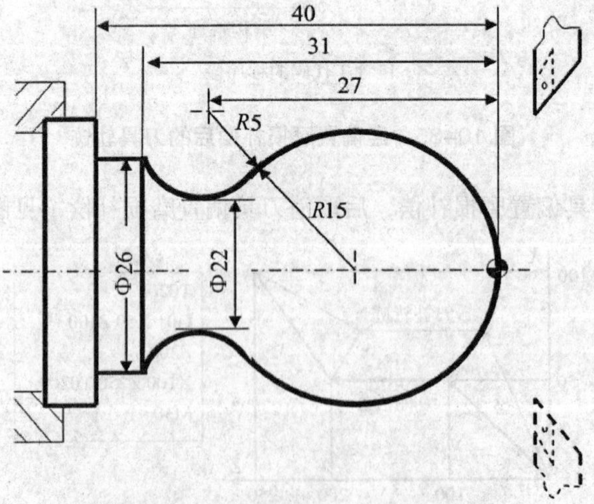


图 10-37 刀具圆弧半径补偿编程实例

```
%3345
N1 T0101                  （换一号刀，确定其坐标系）
N2 M03 S400               （主轴以 400r/min 正转）
N3 G00 X40 Z5             （到程序起点位置）
N4 G00 X0                 （刀具移到工件中心）
N5 G01 G42 Z0 F60         （加入刀具圆弧半径补偿，工进接触工件）
N6 G03 U24 W-24 R15       （加工 R15 圆弧段）
N7 G02 X26 Z-31 R5        （加工 R5 圆弧段）
N8 G01 Z-40               （加工 φ26 外圆）
N9 G00 X30                （退出已加工表面）
N10 G40 X40 Z5            （取消半径补偿，返回程序起点位置）
N11 M30                   （主轴停、主程序结束并复位）
```

## 十二、进给速度单位的设定 G94、G95

1. 格式

G94 [ F_ ]

G95 [ F_ ]

2. 说明

G94 为每分钟进给。对于线性轴，*F* 的单位依 G20/G21 的设定而为 mm/min 或 in/min；对于旋转轴，*F* 的单位为度 / 分钟。

G95 为每转进给，即主轴转一周时刀具的进给量。*F* 的单位依 G20/G21 的设定而为 mm/r 或 in/r。这个功能只在主轴装有编码器时才能使用。

G94、G95 为模态功能，可相互注销，G94 为缺省值。

## 十三、绝对值编程 G90 与相对值编程 G91

1. 格式

G90/G91 X _ Z _

2. 说明

G90：绝对值编程，每个编程坐标轴上的编程值是相对于程序原点的。

G91：相对值编程，每个编程坐标轴上的编程值是相对于前一位置而言的，该值等于沿轴移动的距离。

在绝对编程时，用 G90 指令后面的 *X*，*Z* 表示 *X* 轴、*Z* 轴的坐标值。

在增量编程时，用 *U*、*W* 或 G91 指令后面的 *X*，*Z* 表示 *X* 轴、*Z* 轴的增量值。

其中表示增量的字符 U、W 不能用于循环指令 G80，G81，G82，G71，G72，G73，G76 程序段中，但可用于定义精加工轮廓的程序中 G90，G91 为模态功能，可相互注销，G90 为缺省值。

## 十四、坐标系设定 G92

1.格式

G92 X _ Z _

2.说明

$X$，$Z$：对刀点到工件坐标系原点的有向距离。

当执行 G92 Xα Zβ 指令后，系统内部即对（$\alpha$，$\beta$）进行记忆，并建立一个使刀具当前点坐标值为（$\alpha$，$\beta$）的坐标系，系统控制刀具在此坐标系中按程序进行加工。执行该指令只建立一个坐标系，刀具并不产生运动。G92 指令为非模态指令。

# 第十一章　综合编程实例

例：编制零件的加工程序（见图 11-1）。工艺条件：工件材质为 45# 钢或铝；毛坯为直径 $\phi$54mm，长 200mm 的棒料；刀具选用：1 号端面刀加工工件端面，2 号端面外圆刀粗加工工件轮廓，3 号端面外圆刀精加工工件轮廓，4 号外圆螺纹刀加工导程为 3mm，螺距为 1mm 的三头螺纹。

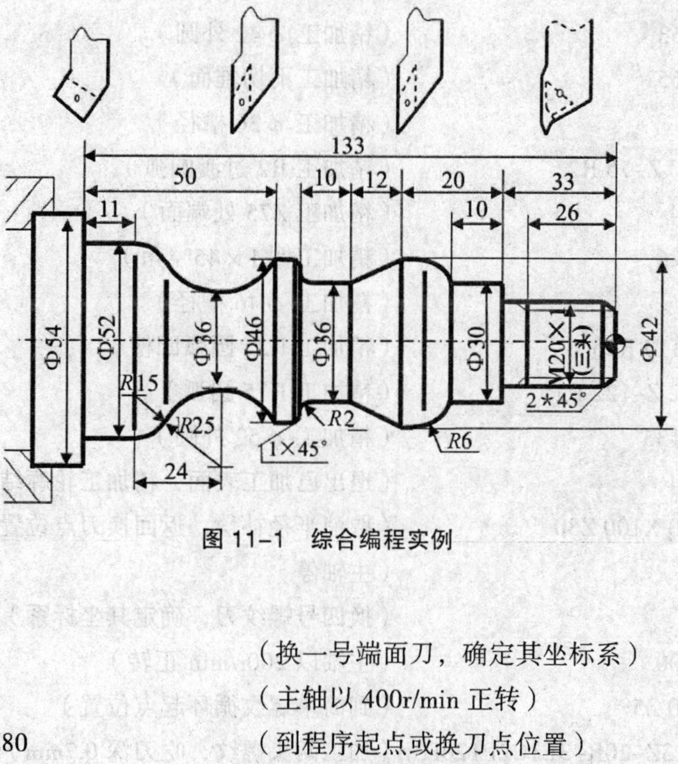


图 11-1　综合编程实例

```
%3346
N1 T0101                  （换一号端面刀，确定其坐标系）
N2 M03 S500               （主轴以 400r/min 正转）
N3 G00 X100 Z80           （到程序起点或换刀点位置）
N4 G00 X60 Z5             （到简单端面循环起点位置）
N5 G81 X0 Z1.5 F100       （简单端面循环，加工过长毛坯）
N6 G81 X0 Z0              （简单端面循环加工，加工过长毛坯）
N7 G00 X100 Z80           （到程序起点或换刀点位置）
N8 T0202                  （换二号外圆粗加工刀，确定其坐标系）
N9 G00 X60 Z3             （到简单外圆循环起点位置）
N10 G80 X52.6 Z-133 F100  （简单外圆循环，加工过大毛坯直径）
```

```
N11 G01 X54                         （到复合循环起点位置）
N12 G71 U1 R1 P16 Q32 E0.3          （有凹槽外径粗切复合循环加工）
N13 G00 X100 Z80                    （粗加工后，到换刀点位置）
N14 T0303                           （换三号外圆精加工刀，确定其坐标系）
N15 G00 G42 X70 Z3                  （到精加工始点，加入刀尖圆弧半径补偿）
N16 G01 X10 F100                    （精加工轮廓开始，到倒角延长线处）
N17 X19.95 Z-2                      （精加工倒 2×45° 角）
N18 Z-33                            （精加工螺纹外径）
N19 G01 X30                         （精加工 Z33 处端面）
N20 Z-43                            （精加工 φ30 外圆）
N21 G03 X42 Z-49 R6                 （精加工 R6 圆弧）
N22 G01 Z-53                        （精加工 φ42 外圆）
N23 X36 Z-65                        （精加工下切锥面）
N24 Z-73                            （精加工 φ36 槽径）
N25 G02 X40 Z-75 R2                 （精加工 R2 过渡圆弧）
N26 G01 X44                         （精加工 Z75 处端面）
N27 X46 Z-76                        （精加工倒 1×45° 角）
N28 Z-84                            （精加工 φ46 槽径）
N29 G02 Z-113 R25                   （精加工 R25 圆弧凹槽）
N30 G03 X52 Z-122 R15               （精加工 R15 圆弧）
N31 G01 Z-133                       （精加工 φ52 外圆）
N32 G01 X54                         （退出已加工表面，精加工轮廓结束）
N33 G00 G40 X100 Z80                （取消半径补偿，返回换刀点位置）
N34 M05                             （主轴停）
N35 T0404                           （换四号螺纹刀，确定其坐标系）
N36 M03 S200                        （主轴以 200r/min 正转）
N37 G00 X30 Z5                      （到简单螺纹循环起点位置）
N38G82X19.3Z-20R-3E1C2P120F3        （加工两头螺纹，吃刀深 0.7mm）
N39G82X18.9Z-20R-3E1C2P120F3        （加工两头螺纹，吃刀深 0.4mm）
N40G82X18.7Z-20R-3E1C2P120F3        （加工两头螺纹，吃刀深 0.2mm）
N41G82X18.7Z-20R-3E1C2P120F3        （光整加工螺纹）
N42 G76C2R-3E1A60X18.7Z-20 K0.65U0.1V0.1Q0.6P240F3
N43 G00 X100 Z80                    （返回程序起点位置）
N44 M30                             （主轴停、主程序结束并复位）
```

# 第十二章 华中数控车床系统操作

## 一、机床面板

机床面板整体图形如图 12–1 所示。

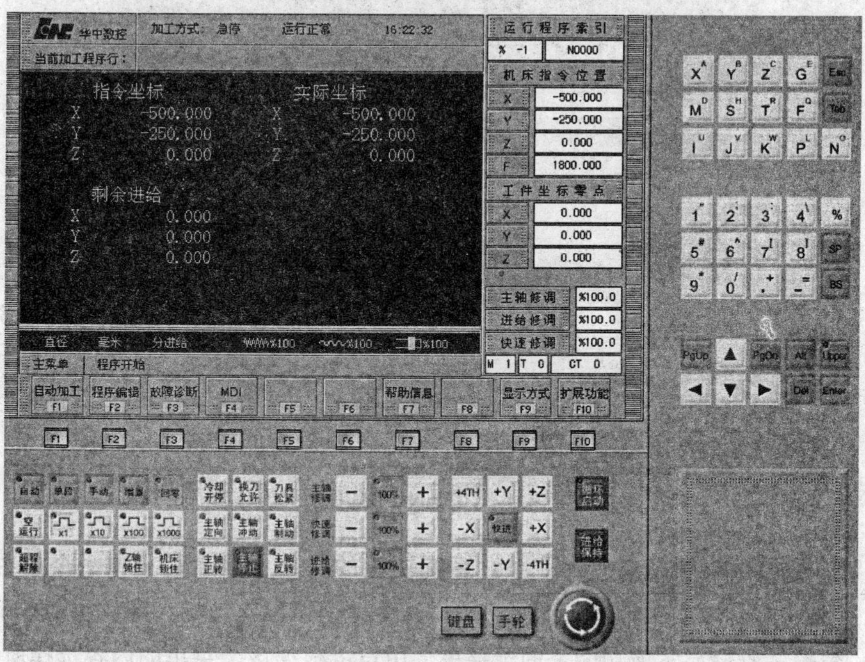

图 12–1 机床面板

### （一）软件操作面板

华中世纪星 HNC–21T 的软件操作界面如图 12–2 所示，其界面由如下几个部分组成。

（1）图形显示窗口。可以根据需要，用功能键 F9 设置窗口的显示内容。

（2）菜单命令条。通过菜单命令条中的功能键 F1 ~ F10 完成系统功能的操作。

（3）运行程序索引。自动加工中的程序名和当前程序段行号。

（4）选定坐标系下的坐标值。坐标系可在机床坐标系 / 工件坐标系 / 相对坐标系之间切换；显示值可在指令位置 / 实际位置 / 剩余进给 / 跟踪误差 / 负载电流 / 补偿值之间切换。

（5）工件坐标零点。工件坐标系零点在机床坐标系下的坐标。

（6）辅助功能。自动加工中的 M、S、T 代码。

（7）当前加工程序行。当前正在或将要加工的程序段。

（8）当前加工方式、系统运行状态及当前时间。系统工作方式根据机床控制面板上相应按键的状态可在自动运行、单段运行、手动、增量、回零、急停、复位等之间切换；系统工作状态在“运行正常”和“出错”之间切换；系统时钟显示当前系统时间。

（9）机床坐标、剩余进给。机床坐标显示刀具当前位置在机床坐标系下的坐标；剩余进给指当前程序段的终点与实际位置之差。

（10）直径 / 半径编程、公制 / 英制编程、每分进给 / 每转进给、快速修调、进给修调、主轴修调。

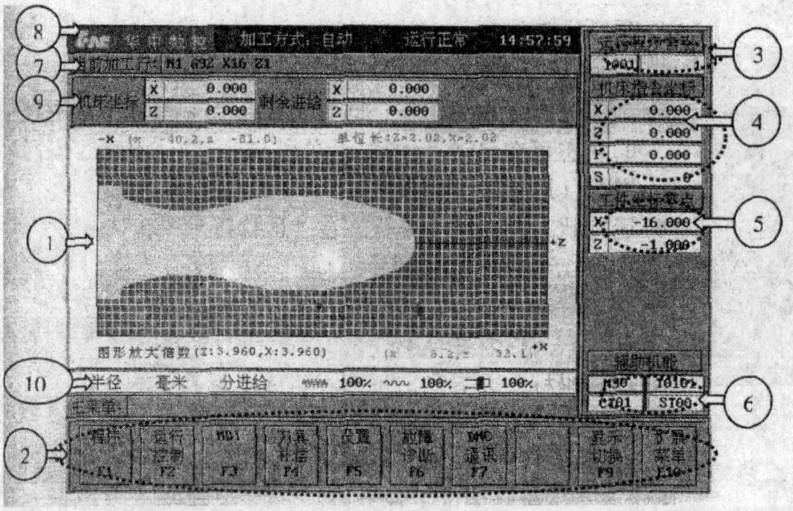


图 12-2　华中世纪星 HNC-21T 软件操作界面

操作界面中最重要的是菜单命令条。系统功能的操作主要通过菜单命令条中的功能键 F1 ~ F10 完成。由于每个功能包括不同的操作，菜单采用层次结构，即在主菜单下选择一个菜单项后，数控装置会显示该功能下的子菜单，用户可根据该子菜单的内容选择所需的操作，如图 12-3 所示。当要返回主菜单时，按子菜单下的 F10 键即可。

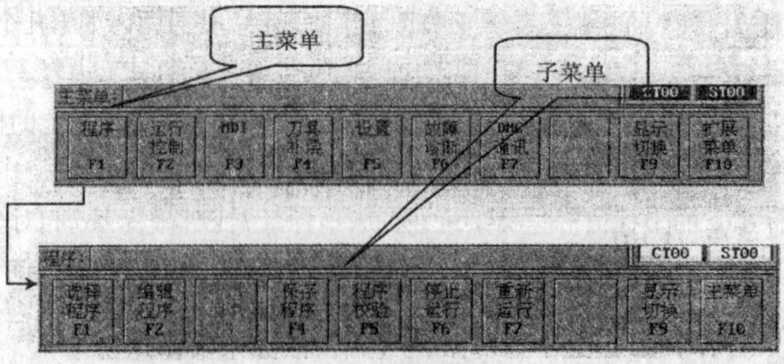


图 12-3　菜单层次

## （二）机床控制面板

机床手动操作主要由机床控制面板完成，机床控制面板如图 12-4 所示。

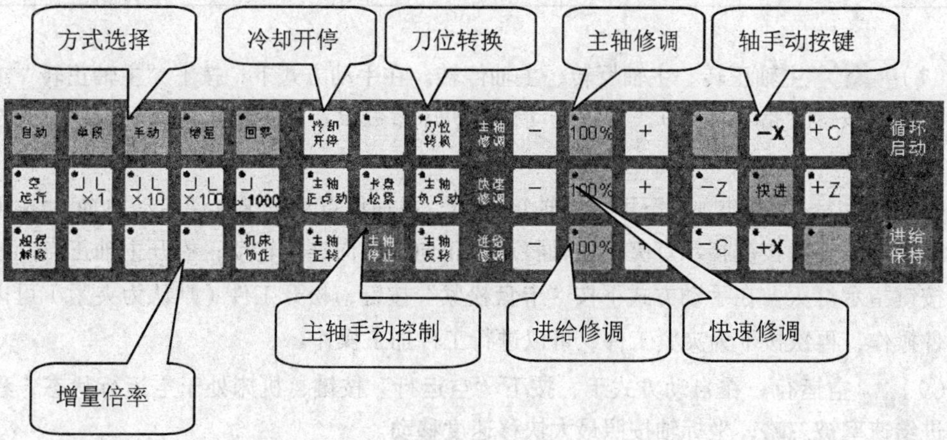


图 12-4 机床控制面板

（1）按下“手动”按键（指示灯亮），系统处于手动运行方式，可点动移动机床坐标轴。

（2）手动进给时，若同时按下“快进”按键，则产生相应轴的正向或负向快速运动。

（3）方向键。以移动 *X* 轴为例，当按下“+ X”或“- X”按键，*X* 轴将产生正向或负向连续移动；松开“+ X”或“- X”按键，*X* 轴即减速停止。用同样的操作方法，可使 Z 轴产生正向或负向连续移动。在手动（快速）运行方式下，同时按下 *X*，*Z* 方向的轴手动按键，能同时手动控制 *X*，*Z* 坐标轴连续移动。

（4）按下“进给修调”按键可以调整手动进给速度、快速进给速度、主轴旋转速度。按一下“+”或“-”按键，修调倍率是递增或递减 2%，按下“100%”按键（指示灯亮），修调倍率被置为“100%”。机械齿轮换挡时，主轴速度不能修调。

（5）增量进给。当按下控制面板上的“增量”按键（指示灯亮），系统处于增量进给方式，可增量移动机床坐标轴。以增量进给 *X* 轴为例：按一下“+ X”或“- X”按键（指示灯亮），*X* 轴将向正向或负向移动一个增量值，再按一下按键，*X* 轴将继续移动一个增量值。用同样的操作方法，可使 *Z* 轴向正向或负向移动一个增量值。同时按下 *X*，*Z* 方向的轴手动按键，能同时增量进给 *X*，*Z* 坐标轴。

（6）增量值选择。增量进给的增量值由机床控制面板的“×1”，“×10”，“×100”，“×1000”四个增量倍率按键控制。增量倍率按键和增量值的对应关系见表 12-1。这几个按键互锁，即按一下其中一个（指示灯亮），其余几个会失效（指示灯灭）。

表 12-1　按键和增量值的关系

| 增量倍率按键 | ×1 | ×10 | ×100 | ×1000 |
|---|---|---|---|---|
| 增量值（mm） | 0.001 | 0.01 | 0.1 | 1 |

（7）主轴正转、主轴反转、主轴停转。在手动方式下，按下“主轴正转”或“主轴反转”按键按键（指示灯亮），主轴电动机以机床参数设定的转速正转或反转，直到按下“主轴停止”按键。

（8）在手动方式下可用主轴正点动、主轴负点动按键点动转动主轴。按下主轴正点动或主轴负点动按键指示灯亮，主轴将产生正向或负向连续转动；松开主轴正点动或主轴负点动按键指示灯灭。在手动方式下按“卡盘松紧”按键，松开工件（默认为夹紧）可以进行更换工件操作，再次按下为夹紧工件，可以进行工件加工操作。

（9）空运行。在自动方式下，按下“空运行”按键，机床处于空运行状态，程序中编制的进给速率被忽略，坐标轴按照最大快移速度移动。

（10）机床锁住。在手动运行方式下或在自动加工前，按下“机床锁住”按键（指示灯亮），此时再进行手动操作或按“循环启动”键让系统执行程序，显示屏上的坐标轴位置信息变化，但不输出伺服轴的移动指令。“机床锁住”按键在自动加工过程中按下无效，每次执行此功能后要再次进行返回参考点操作。

（11）刀位转换。在手动方式下，按一下“刀位选择”按键，系统会预先计数转塔刀架将转动一个刀位，依次类推，按几次“刀位选择”键，系统就预先计数转塔刀架将转动几个刀位，接着按“刀位转换”键，转塔刀架才真正转动至指定的刀位。

（12）冷却启动与停止。在手动方式下，按一下“冷却开停”按键，冷却液开（默认值为冷却液关），再按一下为冷却液关，如此循环。

（13）当工件已装夹好，对刀已完成、程序调试没有错误后按此键，系统进入自动运行状态。

（14）循环启动。自动加工模式中按下“循环启动”键后程序开始执行。

（15）进给保持。自动加工模式中按下“进给保持”键后机床各轴的进给运动停止，S，M，T 功能保持不变。若要继续加工，按下“循环启动”键。

（16）自动加工模式中单步运行，即每执行一个程序段后程序暂停执行下一个程序段，当再按一次“循环启动”键后程序再执行一个程序段。该功能常用于初次调试程序，它可减少因编程错误而造成的事故。

（17）超程解除。

（18）返回机床参考点。

## 二、机床操作

### （一）操作准备

1. 上电

（1）检查机床状态是否正常。

（2）检查电源电压是否符合要求，接线是否正确。

（3）按下“急停”按钮。

（4）机床上电。

（5）数控上电。

（6）检查风扇电动机运转是否正常。

（7）检查面板上的指示灯是否正常。

接通数控装置电源后，HNC-21 系统自动运行系统软件。此时，液晶显示器显示如 4-2 软件操作界面。

2. 复位

系统上电进入软件操作界面时，系统的工作方式为“急停”。为控制系统运行，需左旋并拔起操作台右上角的“急停”按钮使系统复位，并接通伺服电源。系统默认进入“回参考点”方式，软件操作界面的工作方式变为“回零”。

3. 机床回参考点

控制机床运动的前提是建立机床坐标系，因此，系统接通电源复位后首先应进行机床各轴回参考点操作。

检查操作面板上回零指示灯是否亮，若指示灯亮，则已进入回零模式；若指示灯不亮，则点击按钮，使回零指示灯亮，转入回零模式。

在回零模式下，点击控制面板上的 +X 按钮，此时 $X$ 轴将回零，CRT 上的 $X$ 坐标变为“0.000”。同样再点击 +Z，可以将 $Z$ 轴回零。此时 CRT 界面如图 12-5 所示。

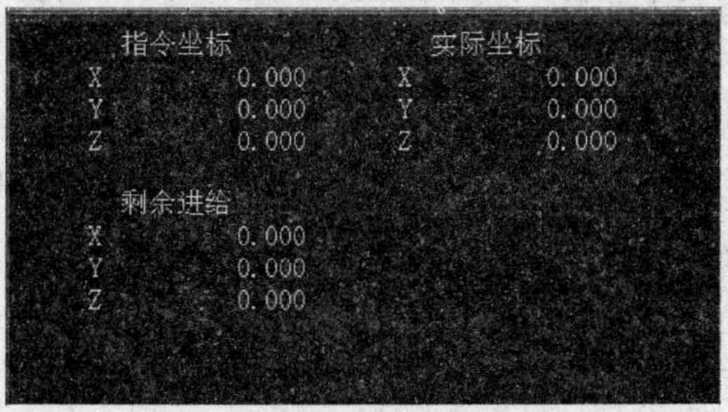


图 12-5　CRT 界面上的显示值

4. 急停

在机床运行过程中，遇到危险或紧急的情况，按下“急停”接钮，CNC 即进入急停状态，伺服进给及主轴运转立即停止工作。松开“急停”按钮，CNC 进入复位状态。

解除紧急停止前，先确定故障原因是否排除。在紧急停止解除后，应重新执行回参考点操作，以确保坐标位置的正确性。

在启动和退出系统之前，按下“急停”按钮，以减少设备电冲击。

5. 超程解除

在伺服轴行程的两端各有一个极限开关，作用是防止伺服机构碰撞而损坏。每当伺服机构碰到行程极限开关时，就会出现超程。当某轴出现超程（“超程解除”按键内指示灯亮）时，系统视其状况为紧急停止，要退出超程状态时，必须按以下步骤操作。

（1）松开“急停”按钮，置工作方式为“手动”或“手摇”方式。

（2）一直按压着“超程解除”按键（控制器会暂时忽略超程的紧急情况）。

（3）在手动（手摇）方式下，使该轴向相反方向退出超程状态。

（4）松开“超程解除”按键。

若显示屏上运行状态栏“运行正常”取代了“出错”，表示恢复正常，可以继续操作。

6. 关机

（1）按下控制面板上的“急停”按钮，断开伺服电源，以减少设备电冲击。

（2）断开数控电源。

（3）断开机床电源。

**（二）机床手动操作**

1. 手动 / 连续方式

点击按钮，切换机床进入手动模式。

按住 *X*、*Z* 的控制按钮 -X +X、-Z +Z，迅速准确地将机床移动到指定位置，根据需要加工零件。

点击按钮，控制主轴的转动、停止。

2. 手动 / 增量方式

在手动 / 连续加工时，需精确调节机床，可用增量方式调节机床。具体操作有以下方式。

用点动方式精确控制机床移动，点击增量按钮，切换机床进入增量模式，x1 x10 x100 x1000 表示点动的倍率，分别代表 0.001 毫米，0.01 毫米，0.1 毫米，1 毫米，同样也是配合移动按钮 -X +X、-Y +Y、-Z +Z 移动机床，

采用手轮方式精确控制机床移动，点击手轮按钮，显示手轮，选择旋钮和手轮移动量旋钮，调节手轮，进行微调使机床移动达到精确。

点击按钮，控制主轴的转动、停止。

注：使用点动方式移动机床时，手轮的选择旋钮需置于 OFF 档。

3. 对刀

（1）试切法对刀。按 MDI F4 软键，在弹出的下级子菜单中按软键 刀偏表 F2，进入刀偏数据设置页面，如图 12-6 所示。

| | | | | | | |
|---|---|---|---|---|---|---|
| #XX0 | 0.000 | 0.000 | 0.000 | 0.000 | 0.000 | 0.000 |
| #XX1 | 0.000 | 0.000 | 0.000 | 0.000 | 0.000 | 0.000 |
| #XX2 | 0.000 | 0.000 | 0.000 | 0.000 | 0.000 | 0.000 |
| #XX3 | 0.000 | 0.000 | 0.000 | 0.000 | 0.000 | 0.000 |
| #XX4 | 0.000 | 0.000 | 0.000 | 0.000 | 0.000 | 0.000 |
| #XX5 | 0.000 | 0.000 | 0.000 | 0.000 | 0.000 | 0.000 |
| #XX6 | 0.000 | 0.000 | 0.000 | 0.000 | 0.000 | 0.000 |
| #XX7 | 0.000 | 0.000 | 0.000 | 0.000 | 0.000 | 0.000 |
| #XX8 | 0.000 | 0.000 | 0.000 | 0.000 | 0.000 | 0.000 |
| #XX9 | 0.000 | 0.000 | 0.000 | 0.000 | 0.000 | 0.000 |
| #XX10 | 0.000 | 0.000 | 0.000 | 0.000 | 0.000 | 0.000 |
| #XX11 | 0.000 | 0.000 | 0.000 | 0.000 | 0.000 | 0.000 |
| #XX12 | 0.000 | 0.000 | 0.000 | 0.000 | 0.000 | 0.000 |

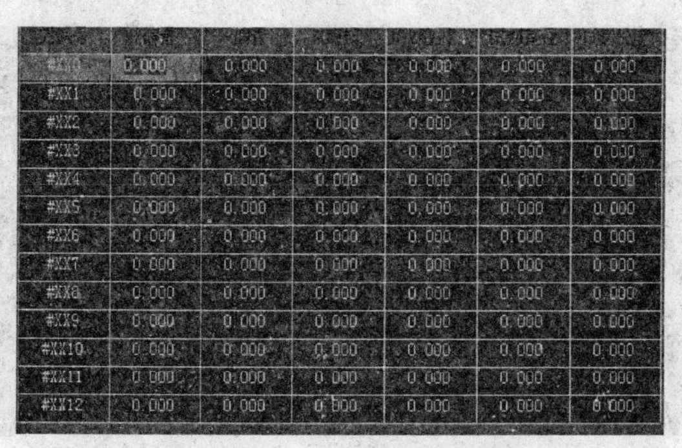

图 12-6　刀偏数据设置

①对 *Z* 方向：用车刀将材料试切一段长度，调出数控系统里的刀偏表，在【试切长度】中输入数值 0.000（即工件坐标系的 *Z* 方向原点在工件的右端面上。注意平端面后，输入数值前车刀不要向 Z 方向移动）。

②对 *X* 方向：用车刀将材料的外圆切去一定长度，再用游标卡尺测量外圆直径，得到数值，输入刀偏表中的【试切直径】里（注意试切外圆后，输入数值前车刀不要向 *X* 方向移动）。

对刀完成后即工件右端面中心为工件坐标系的原点，也为编程的起点。

对于切断刀：对 *Z* 方向时只需将刀靠入端面即可，输入 0.000，不能再去切端面。对于对 *X* 方向可以再试切，再测量。

（2）自动设置坐标系法。自动设置坐标系法对刀采用的是在刀偏表中设定试切直径和试切长度，选择需要的工件坐标系，机床自动计算出工件端面中心点在机床坐标系中的坐标值。

按【MDI F4】软键，在弹出的下级子菜单中按软键【刀偏表 F2】，进入刀偏数据设置页面，如图 12-7 所示。

| 刀具号 | X偏置 | Z偏置 | X磨损 | Z磨损 | 试切直径 | 试切长度 |
|---|---|---|---|---|---|---|
| #XX0 | 0.000 | 0.000 | 0.000 | 0.000 | 0.000 | 0.000 |
| #XX1 | 0.000 | 0.000 | 0.000 | 0.000 | 0.000 | 0.000 |
| #XX2 | 0.000 | 0.000 | 0.000 | 0.000 | 0.000 | 0.000 |
| #XX3 | 0.000 | 0.000 | 0.000 | 0.000 | 0.000 | 0.000 |
| #XX4 | 0.000 | 0.000 | 0.000 | 0.000 | 0.000 | 0.000 |
| #XX5 | 0.000 | 0.000 | 0.000 | 0.000 | 0.000 | 0.000 |
| #XX6 | 0.000 | 0.000 | 0.000 | 0.000 | 0.000 | 0.000 |
| #XX7 | 0.000 | 0.000 | 0.000 | 0.000 | 0.000 | 0.000 |
| #XX8 | 0.000 | 0.000 | 0.000 | 0.000 | 0.000 | 0.000 |
| #XX9 | 0.000 | 0.000 | 0.000 | 0.000 | 0.000 | 0.000 |
| #XX10 | 0.000 | 0.000 | 0.000 | 0.000 | 0.000 | 0.000 |
| #XX11 | 0.000 | 0.000 | 0.000 | 0.000 | 0.000 | 0.000 |
| #XX12 | 0.000 | 0.000 | 0.000 | 0.000 | 0.000 | 0.000 |

图 12-7　偏数据设置

用方位键【▲▼】将亮条移动到要设置为标准刀具的行，按软键【标刀选择 F5】设置标准刀具，绿色亮条所在行变为红色，此行被设为标准刀具，如图 12-8 所示。

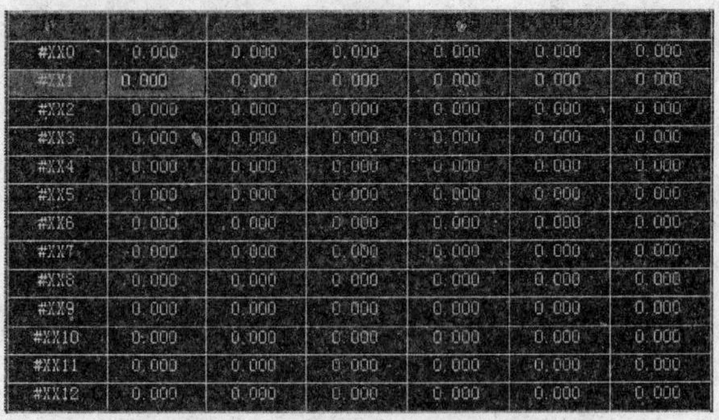

| | | | | | | |
|---|---|---|---|---|---|---|
| #XX0 | 0.000 | 0.000 | 0.000 | 0.000 | 0.000 | 0.000 |
| #XX1 | 0.000 | 0.000 | 0.000 | 0.000 | 0.000 | 0.000 |
| #XX2 | 0.000 | 0.000 | 0.000 | 0.000 | 0.000 | 0.000 |
| #XX3 | 0.000 | 0.000 | 0.000 | 0.000 | 0.000 | 0.000 |
| #XX4 | 0.000 | 0.000 | 0.000 | 0.000 | 0.000 | 0.000 |
| #XX5 | 0.000 | 0.000 | 0.000 | 0.000 | 0.000 | 0.000 |
| #XX6 | 0.000 | 0.000 | 0.000 | 0.000 | 0.000 | 0.000 |
| #XX7 | 0.000 | 0.000 | 0.000 | 0.000 | 0.000 | 0.000 |
| #XX8 | 0.000 | 0.000 | 0.000 | 0.000 | 0.000 | 0.000 |
| #XX9 | 0.000 | 0.000 | 0.000 | 0.000 | 0.000 | 0.000 |
| #XX10 | 0.000 | 0.000 | 0.000 | 0.000 | 0.000 | 0.000 |
| #XX11 | 0.000 | 0.000 | 0.000 | 0.000 | 0.000 | 0.000 |
| #XX12 | 0.000 | 0.000 | 0.000 | 0.000 | 0.000 | 0.000 |

图 12-8　用方位键设置标准刀具

用标准刀具试切零件外圆，然后沿 Z 轴方向退刀。

主轴停止转动后，点击菜单“工艺分析 / 测量”，在弹出的对话框中点击刀具所切线段，线段由红色变为黄色，记下下面对话框中对应的 X 的值，此为试切后工件的直径值，将 X 填入刀偏表中“试切直径”栏。

用标准刀具试切工件端面，然后沿 X 轴方向退刀。

刀偏表中“试切长度”栏输入工件坐标系 Z 轴零点到试切端面的有向距离。

按软键，在弹出的下级子菜单中用方位键▲▼选择所需的工件坐标系，如图 12-9 所示。

图 12-9　选择工件坐标系

按键确认，设置完毕。

注：采用自动设置坐标系对刀前，机床必须先回机械零点。

试切零件时主轴需转动。

Z 轴试切长度有正有负之分。

试切零件外圆后，未输入试切直径时，不得移动 X 轴；试切工件端面后，未输入试切长度时，不得移动 Z 轴。

试切直径和试切长度都需输入，确认。打开刀偏表试切长度和试切直径均显示为“0.000”，即使实际的试切长度或试切直径也为零，仍然必须手动输入“0.000”，按键确认。

采用自动设置坐标系对刀后，机床根据刀偏表中输入的“试切直径”和“试切长度”，经过计算自动确定选定坐标系的工件坐标原点，在数控程序中可直接调用。

（3）设置偏置值完成多把刀具对刀。车床的刀架上可以同时放置 4 把刀具，选择其中一把刀为标准刀具，采用试切法或自动设置坐标系法完成对刀后，可通过设置偏置值完成其他刀具的对刀。

选定的标刀试切工件端面，将刀具当前的 $Z$ 轴位置设为相对零点（设零前不得有 $Z$ 轴位移）记下此时 $Z$ 轴坐标值，记为 $Z$。

标刀试切零件外圆，将刀具当前 $X$ 轴的位置设为相对零点（设零前不得有 $X$ 轴的位移）记下此时 $X$ 轴的坐标值，记为 $X$；此时标刀在工件上已切出一个基准点。当标刀在基准点位置时，即在设值的相对零点位置。

按软键MDI F4，进入 MDI 参数设置界面，按软键坐标系 F3，进入自动坐标系设置界面，点击PgUp或PgDn按钮选择坐标系“当前相对值零点”，如图 12-10 所示，将得到的相对零点位置（$X$，$Z$）输入。

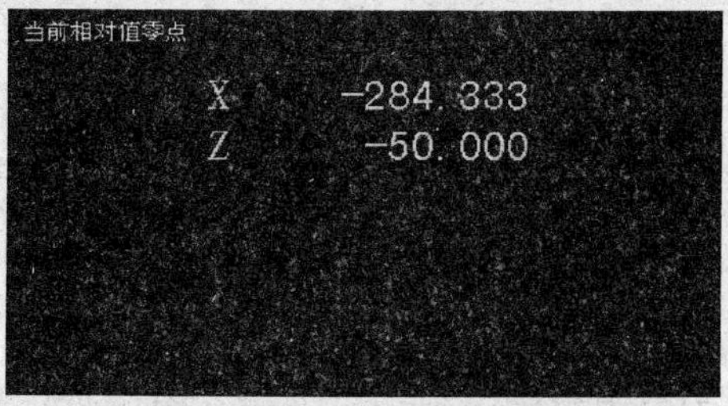


图 12-10 MDI 参数设置界面

注:“当前相对零点”坐标系中的默认值为机床坐标系的原点位置坐标值“X0.000Z0.000”。

按软键显示方式 F9，在弹出的下级子菜单中选择“坐标系”，在接着弹出的下级子菜单中选择“相对坐标系”。此时，CRT 界面右侧的“选定坐标系下的坐标值”显示栏显示“相对实际位置”。退出换刀后，将下一把刀移到工件上基准点的位置上，此时“选定坐标系下的坐标值”显示栏中显示的相对值，即为该刀相对于标刀的偏置值。如图 12-11 所示（为保证刀准确移到工件的基准点上，可采用增量进给方式或手轮进给方式）。

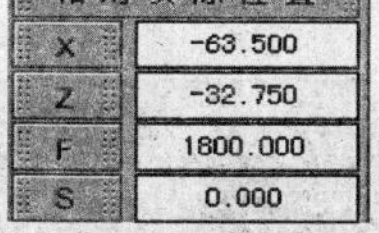


图 12-11 CRT 界面选择坐标系

按MDI F4软键，在弹出的下级子菜单中按软键刀偏表 F2，进入刀偏数据设置方式。

将“刀偏值”输入到对应刀号的“X 偏置”和“Z 偏置”栏中，设置完毕。

注：机床自身可以通过获取刀具偏置值，确定其他刀具的在加工零件时的工件坐标原点。

4. 坐标系对数设置

（1）按软键MDI F4，进入 MDI 参数设置界面。

（2）在弹出的下级子菜单中按软键坐标系 F3，进入自动坐标系设置界面，如图 12-12 所示。

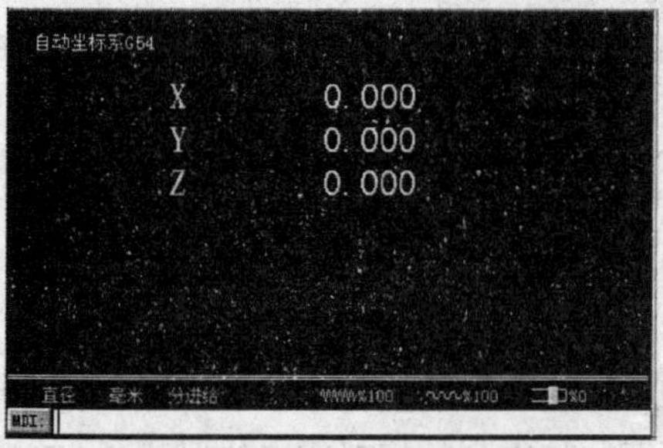

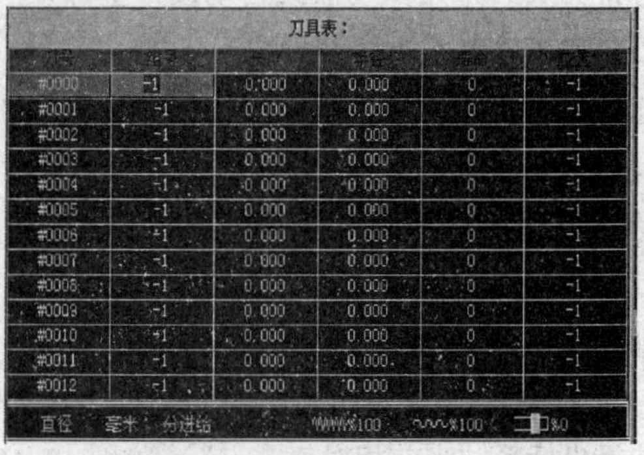
刀具表:
#0000
#0001
#0002
#0003
#0004
#0005
#0006
#0007
#0008
#0009
#0010
#0011
#0012
直径 毫米 分进给

图 12-12　自动坐标系设置界面

（3）用按键或选择自动坐标系 G54 ~ G59，当前工件坐标系，当前相对值零点。

（4）在控制面板的 MDI 键盘上按字母和数字键，输入地址字（*X*、*Z*）和通过对刀得到的工件坐标系原点在机床坐标系中的坐标值（见对刀）。设通过对刀得到的工件坐标系原点在机床坐标系中的坐标值为（-100，-300），需采用 G54 编程，则在自动坐标系 G54 下按如下格式输入“X-100Z-300”。

（5）按键，将输入域中的内容输入到指定坐标系中。此时 CRT 界面上的坐标值发生变化，对应显示输入域中的内容；按键，逐字删除输入域中的内容。

5. 车床刀具补偿参数

车床的刀具补偿包括在刀偏表中设定的刀具的偏置补偿、磨损量补偿和在刀补表里设定的刀尖半径补偿，可在数控程序中调用。

（1）输入磨损量补偿参数。刀具使用一段时间后磨损，会使产品尺寸产生误差，因此需要对刀具设定磨损量补偿。步骤如下：

在起始界面下按软键，进入 MDI 参数设置界面。

按软键进入参数设定页面；如图 12-13 所示。

刀偏表:
#XX0
#XX1
#XX2
#XX3
#XX4
#XX5
#XX6
#XX7
#XX8
#XX9
#XX10
#XX11
#XX12

图 12-13　MDI 参数设置界面

用以及将光标移到对应刀偏号的磨损栏中，按键后，此栏可以输入字符，可通过控制面板上的 MDI 键盘输入磨损量补偿值。

修改完毕，按Enter键确认，或按Esc键取消。

（2）输入刀具偏置量补偿参数。按软键刀偏表F2，进入参数设定界面，如图 12-13 所示，将 $X$，$Z$ 的偏置值分别输入对应的补偿值区域（方法同输入磨损量补偿参数）。

注：偏置值可以用车床对刀介绍的“设置偏置值完成多把刀具对刀”的方法获得。

（3）输入刀尖半径补偿参数。按软键刀补表F3进入参数设定页面；如图 12-14 所示。

图 12-14　刀尖半径补偿参数设置界面

用▲▼◄►以及PgUp PgDn将光标移到对应刀补号的半径栏中，按Enter键后，此栏可以输入字符，可通过控制面板上的 MDI 键盘输入刀尖半径补偿值。

修改完毕，按Enter键确认，或按Esc键取消。

（4）输入刀尖方位参数。车床中刀尖共有九个方位，如图 12-15 所示。

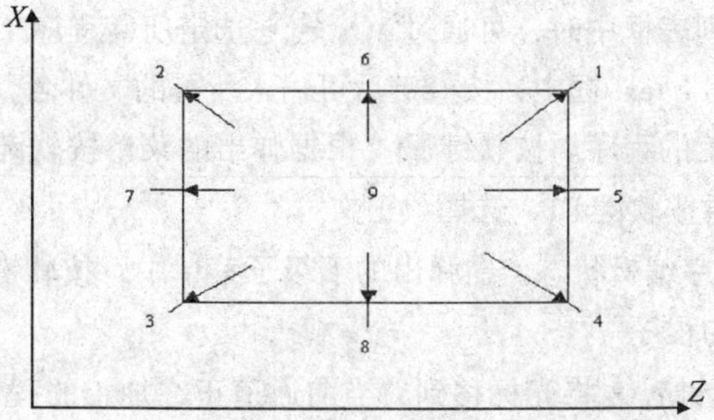


图 12-15　刀尖方位参数

数控程序中调用刀具补偿命令时，需在刀补表中设定所选刀具的刀尖方位参数值。刀尖方位参数值根据所选刀具的刀尖方位得到，输入方法同输入刀尖半径补偿参数。

注：刀补表和刀偏表从 #XX1 至 #XX99 行可输入有效数据，可在数控程序中调用。

刀补表和刀偏表中 #XX0 行虽然可以输入补偿参数，但在数控程序调用时数据被取消。

6. 数控程序处理

（1）选择编辑数控程序。

①选择磁盘程序。按软键，根据弹出的菜单按软键 F1，选择“显示模式”，根据弹出的下一级子菜单再按软键 F1，选择“正文”。

按软键，进入程序编辑状态。在弹出的下级子菜单中，按软键，弹出菜单“磁盘程序；当前通道正在加工的程序”，按软键 F1 或用方位键将光标移到“磁盘程序”上，再按确认，则选择了“磁盘程序”，弹出对话框（见图 12-16）。

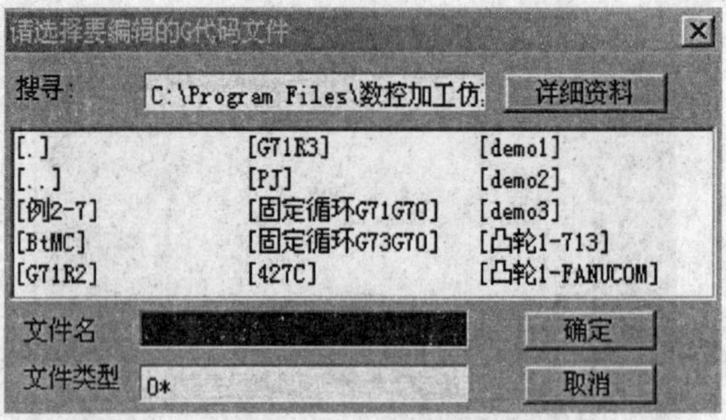


图 12-16　选择磁盘对话框

点击控制面板上的键，使光标在各 text 框和命令按钮间切换。

光标聚焦在“文件类型”text 框中，点击按钮，可在弹出的下拉框中通过选择所需的文件类型，也可按键可输入所需的文件类型；光标聚焦在“搜寻”text 框中，点击按钮，可在弹出的下拉框中通过选择所需搜寻的磁盘范围，此时文件名列表框中显示所有符合磁盘范围和文件类型的文件名。

光标聚焦在文件名列表框中时，可通过选定所需程序，再按键确认所选程序；也可将光标聚焦“文件名”text 框中，按键后可输入所需的文件名，再按键确认所选程序。

②选择当前正在加工的程序。按软键，根据弹出的菜单按软键 F1，选择“显示模式”，根据弹出的下级子菜单再按软键 F1，选择“正文”。

按软键，进入程序编辑状态。在弹出的下级子菜单中，按软键，弹出菜单“磁盘程序；当前通道正在加工的程序”。

按软键 F2 或用方位键将光标移到“当前通道正在加工的程序”上，再按确认，则选择了“当前通道正在加工的程序”，此时 CRT 界面上显示当前正在加工的程序。

如果当前没有正在加工的程序，则弹出对话框（见图 12-17），按确认。

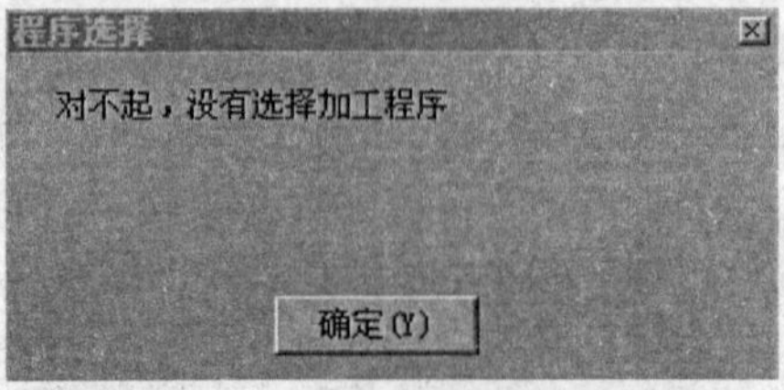


图 12-17　选择加工程序对话框

③新建一个数控程序。若要创建一个新的程序，则在“选择编辑程序”的菜单中选择“磁盘程序”，在文件名栏输入新程序名（不能与已有程序名重复），按键即可，此时 CRT 界面上显示一个空文件，可通过 MDI 键盘输入所需程序。

7. 程序编辑

选择了一个需要编辑的程序后，在“正文”显示模式下，可根据需要对程序进行插入、删除、查找、替换等编辑操作。

（1）移动光标。选定了需要编辑的程序，光标停留在程序首行首字符前，点击方位键，使光标移动到所需的位置。

（2）插入字符。将光标移到所需位置，点击控制面板上的 MDI 键盘，可将所需的字符插在光标所在位置。

（3）删除字符。在光标停留处，点击按钮，可删除光标前的一个字符；点击按钮，可删除光标后的一个字符；按软键，可删除当前光标所在行。

（4）查找。按软键，在弹出的对话框中通过 MDI 键盘输入所需查找的字符，按键确认，立即开始进行查找。

若找到所需查找的字符，则光标停留在找到的字符前面；若没有找到所需查找的字符串，则弹出“没有找到字符串 xxx”的对话框，按确认。

（5）替换。按软键，在弹出的对话框中输入需要被替换的字符，按键确认，在接着弹出的对话框中输入需要替换成的字符，按键确认，弹出对话框（见图 12-18（a）），点击键则进行全文替换；点击键则根据对话框（见图 12-18（b））选择是否进行光标所在处的替换。

注：如果没有找到需要替换的字符串，将弹出“没有找到字符串 xxx”的对话框，按确认。

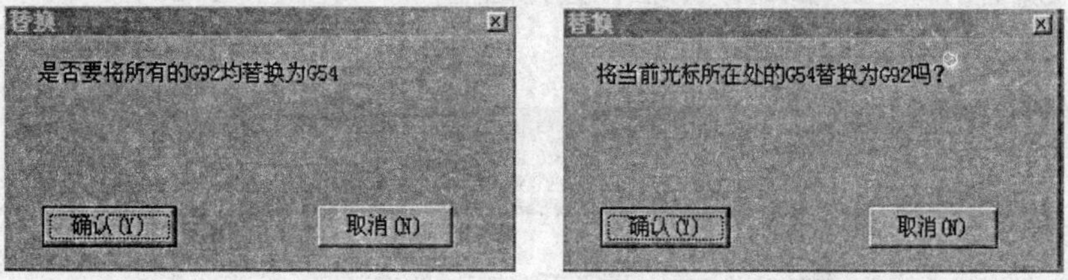


(a)　(b)

图 12-18

8. 保存程序

编辑好的程序需要进行保存或另存为操作，以便再次调用。

（1）保存文件。对数控程序做修改后，软键“保存文件”变亮，按软键，将程序按原文件名、原文件类型、原路径保存。

（2）另存为文件。按软键，弹出对话框，如图 12-19。

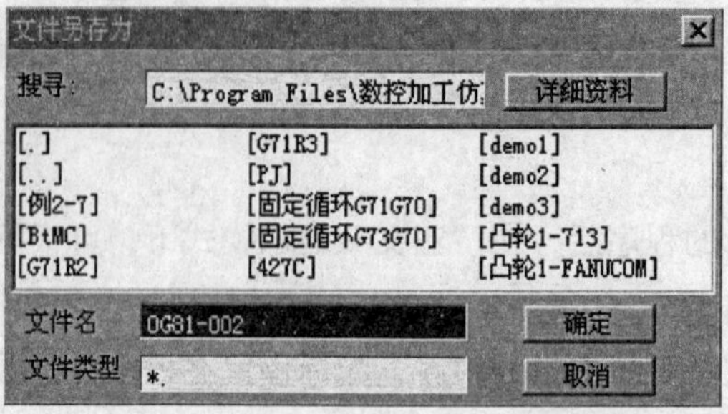


图 12-19　另存文件的对话框

点击控制面板上的键，使光标在各 text 框和命令按钮间切换。

光标聚焦在“文件名”的 text 框中，按键后，通过控制面板上的键盘输入另存为的文件名。

光标聚焦在“文件类型”的 text 框中，按键后，通过控制面板上的键盘输入另存为的文件类型；或者点击按钮，可在弹出的下拉框中通过选择所需的文件类型。

光标聚焦在“搜寻”的 text 框中，点击按钮，可在弹出的下拉框中通过选择另存为的路径。

按键确定后，此程序按输入的文件名、文件类型、路径进行保存。

9. 文件管理

按软键，可在弹出的菜单中选择对文件进行新建目录、更改文件名、删除文件、拷贝文件的操作。

（1）新建目录。按软键，根据弹出的菜单，按软键 F1，选择“新建目录”，在弹出的对话框中输入所需的新建的目录名（方法同选择磁盘程序）（见图 12-20）。

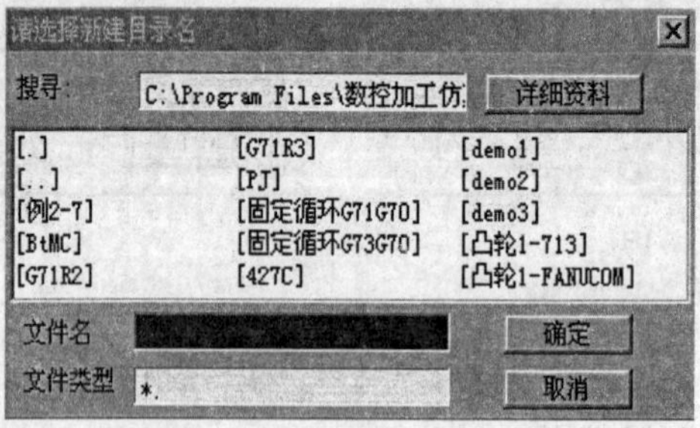


图 12-20　新建目录对话框

（2）更改文件名。按软键，根据弹出的菜单，按软键 F2，选择“更改文件名”，弹出对话框，如图 12-21 所示。

点击控制面板上的键，使光标在各 text 框和命令按钮键切换，光标聚焦在文件名列表框中时，可通过选定所需改名的程序；光标聚焦在“文件名”text 框中，按键可输入所需更改的文件名，输入完成后按Enter键确认。

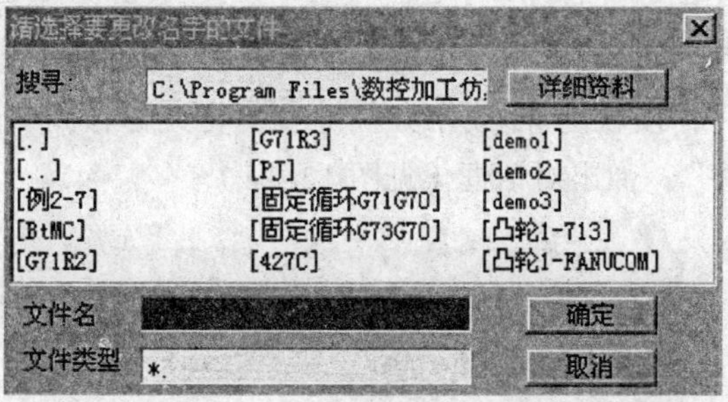


图 12-21　选择更改文件名对话框

在接着弹出的对话框中（见图 12-22），在控制面板上按Tab键，使光标在各 text 框和命令按钮间切换，光标聚焦在“文件名”的 text 框中，按Enter键后，通过控制面板上的键盘输入更改后的文件名，按Enter键确认，即完成更改文件名。

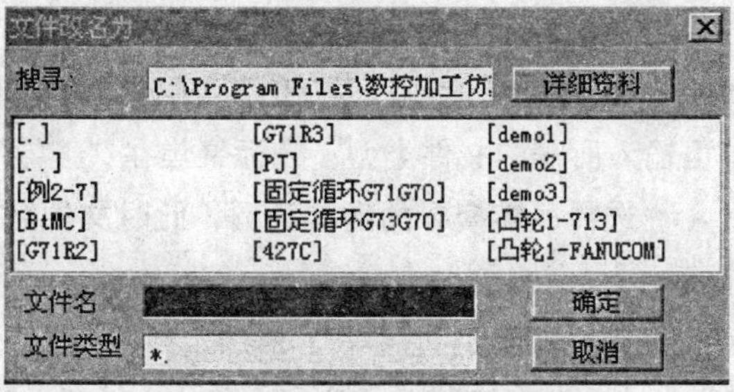


图 12-22　更改文件名对话框

（3）拷贝文件。按软键文件管理 F1，根据弹出的菜单，按软键 F3，选择“拷贝文件”在弹出的对话框中输入所需拷贝的源文件名，按Enter键确认，在接着弹出的对话框中，输入要拷贝的目标文件名，按Enter键确认，即完成拷贝文件（操作类似更改文件名）。

（4）删除文件。按软键文件管理 F1，根据弹出的菜单，按软键 F4，选择“删除文件”在弹出的对话框中（见图 12-23），输入所需删除的文件名，按Enter键确认，弹出如下图所示的确认的对话框，按Y确认；按N取消。

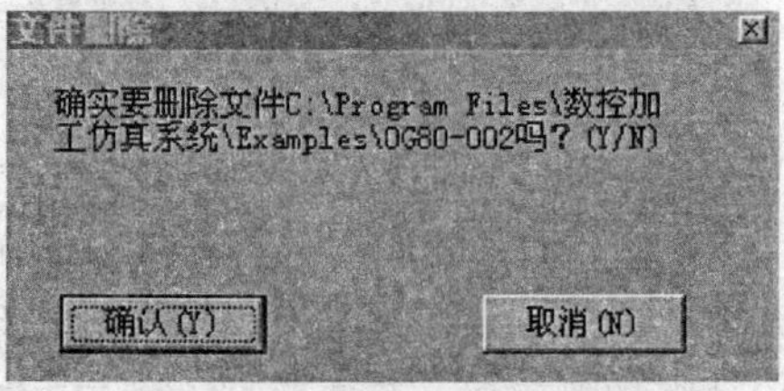


图 12-23　删除文件对话框

10. 自动加工方式

（1）选择供自动加工的数控程序。

①选择磁盘程序。按软键，在弹出的下级子菜单中按软键，弹出下级子菜单“磁盘程序；正在编辑的程序”，按软键 F1 或用方位键▲▼将光标移到“磁盘程序”上，再按确认，则选择了“磁盘程序”，弹出对话框（见图 12-24）。

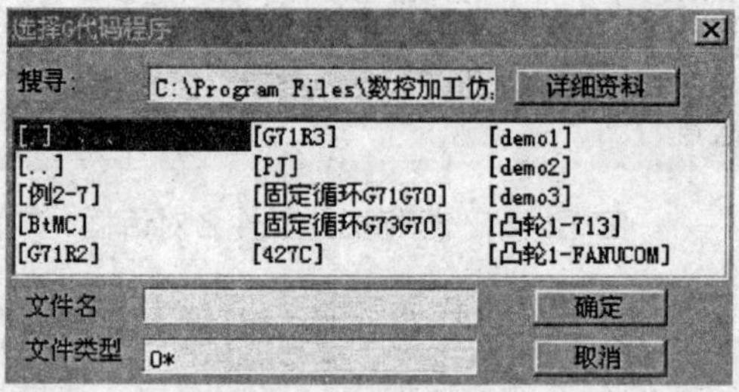


图 12-24　磁盘程序对话框

在对话框中选择所需要的程序，点击控制面板上的键，使光标在各 text 框和命令按钮间切换。

光标聚焦在“文件类型”text 框中，点击▼按钮，可在弹出的下拉框中通过▲▼选择所需的文件类型，也可按键可输入所需的文件类型；光标聚焦在“搜寻”text 框中，点击▼按钮，可在弹出的下拉框中通过▲▼选择所需搜寻的磁盘范围，此时文件名列表框中显示所有符合磁盘范围和文件类型的文件名。

光标聚焦在文件名列表框中时，可通过▲▼◄►选定所需程序，再按键确认所选程序；也可将光标聚焦“文件名”text 框中，按键可输入所需的文件名，再按键确认所选程序。

②选择正在编辑的程序。按软键，在弹出的下级子菜单中按软键，弹出下级子菜单“磁盘程序；正在编辑的程序”，按软键 F2 或用方位键▲▼将光标移到“正在编辑的程序”上，再按确认，则选择了“正在编辑的程序”，已经调用了正在编辑的数控程序。

如果当前没有正在编辑的程序，则弹出对话框（见图 12-25），按确认。

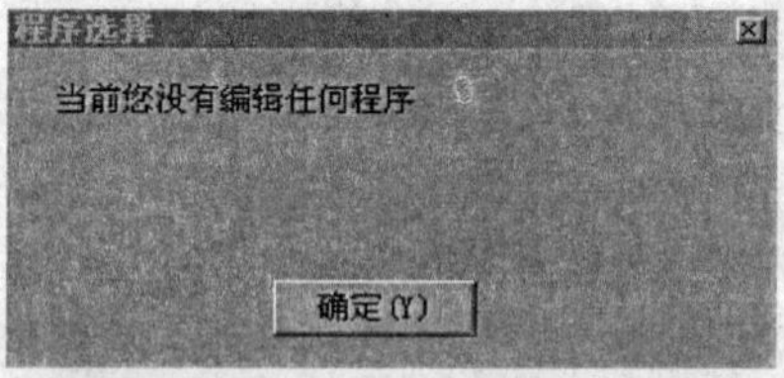


图 12-25　无程序编辑对话框

（2）自动 / 连续方式。

①自动加工流程。检查机床是否回零，若未回零，先将机床回零。

检查控制面板上按钮指示灯是否变亮，若未变亮，点击按钮，使其指示灯变亮，进入自动加工模式。

按软键，切换到自动加工状态。在弹出的下级子菜单中按软键，可选择磁盘程序或正在编辑的程序，在弹出的对话框中选择需要的数控程序。

点击按钮，开始进行自动加工。

②中断运行。按软键，可使数控程序暂停运行。同时弹出对话框（见图 12-26），按表示确认取消当前运行的程序，退出当前运行的程序；按表示当前运行的程序不被取消，当前程序仍可运行，点击按钮，数控程序从当前行接着运行。

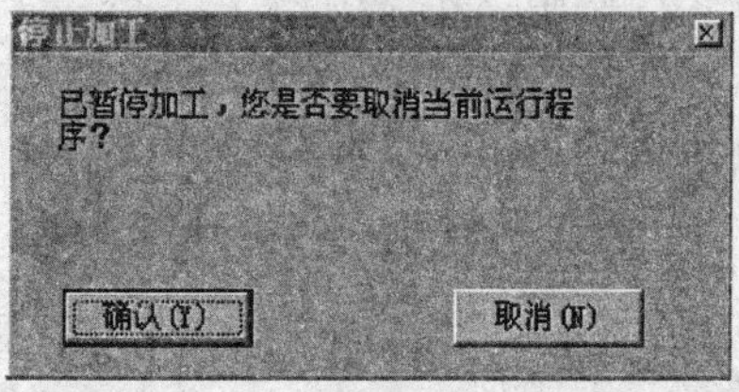


图 12-26　中断运行对话框

注：停止运行在程序校验状态下无效。

退出了当前运行的程序后，需按软键，根据弹出的对话框，如图 12-27 所示，按或，确认或取消，确认后，点击按钮，数控程序从开始重新运行。

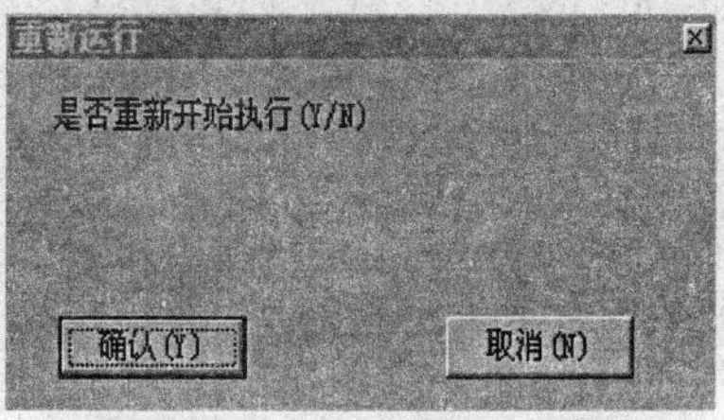


图 12-27　重新运行对话框

③急停。按下急停按钮，数控程序中断运行，继续运行时，先将急停按钮松开，再按按钮，余下的数控程序从中断行开始作为一个独立的程序执行。

注：在调用子程序的数控程序中，程序运行到子程序时按下急停按钮，数控程序中断运行，主程序运行环境被取消。将急停按钮松开，再按按钮，数控程序从中断行开始执行，执行到子程序结束处停止。相当于将子程序视作独立的数控程序。

④自动 / 单段方式。跟踪数控程序的运行过程可以通过单段执行实现。

检查机床是否回零，若未回零，先将机床回零。

检查控制面板上按钮指示灯是否变亮，若未变亮，点击按钮，使其指示灯变亮，进入自动加工模式。

按软键，切换到自动加工状态。在弹出的下级子菜单中按软键，可选择磁盘程序或正在编辑的程序，在弹出的对话框中选择需要的数控程序。

点击按钮，开始进行自动 / 单段加工。

注：自动/单段方式执行每一行程序均需点击一次按钮

11. 查看轨迹

在选择了一个数控程序后，需要查看程序是否正确，可以通过查看程序轨迹是否正确判定。

检查控制面板上的或指示灯是否亮，若未亮，点击或按钮，使其指示灯变亮，进入自动加工模式。

在自动加工模式下，选择了一个数控程序后，软键变亮，点击控制面板上的软键。

此时，点击操作面板上的运行控制按钮，即可观察程序的运行轨迹，还可通过“视图”菜单中的动态旋转、动态放缩、动态平移等方式对运行轨迹进行全方位的动态观察。

注：红线代表刀具快速移动的轨迹，绿线代表刀具正常移动的轨迹。

12. MDI 模式

检查控制面板上按钮指示灯是否变亮，若未变亮，点击按钮，使其指示灯变亮，进入自动加工模式。

起始状态下按软键，进入 MDI 编辑状态。

在下级子菜单中按软键，进入 MDI 运行界面（见图 12-28）。如下图所示。

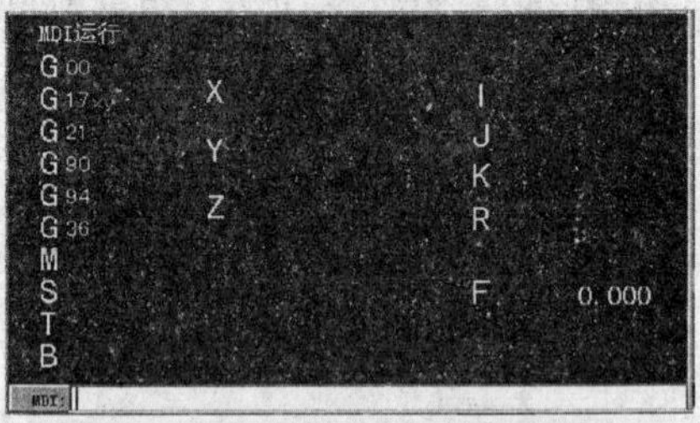


图 12-28　MDI 运行界面

点击 MDI 键盘将所需内容输入到输入域中，可以进行取消、插入、删除等修改操作。

输入指令字信息后按键，对应数据显示在窗口内输入数据后，软键变为有效，按此键可清除当前输入的所有字段，清除后此软键无效，

输入完后，按“循环启动”按键，系统开始运行输入的 MDI 指令，界面变成如图 12-29 所示的界面，其中显示区根据选择显示模式的不同显示不同的内容。

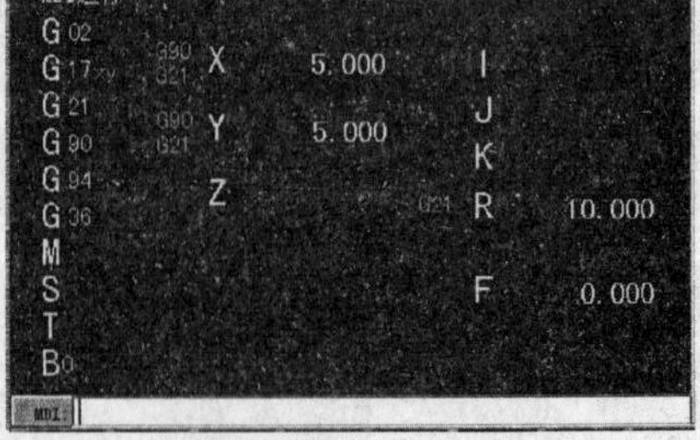


图 12-29　MDI 循环启动界面

运行完毕后，或在运行指令过程中按软键中止运行后，返回到上一界面图，且清空数据。

按软键可退回到 MDI 主菜单。

注：可重复输入多个指令字，若重复输入同一指令字，后输入的数据将覆盖前输入的数据，重复输入 M 指令也会覆盖以前的输入。

若输入无效指令，系统显示警告对话框，按回车或 ESC 或取消警告。

# 第六篇　数控车床仿真加工

# 第十三章　仿真加工的基本步骤

数控加工仿真系统是基于虚拟现实的仿真软件。通过使用数控加工仿真系统，可以降低成本，避免新产品开发的风险，也可用“虚拟设备”增加员工的操作熟练程度。目前使用的数控仿真系统软件很多，如上海宇龙、北京斐克、南京斯沃和南京宇航等加工仿真软件，各有特色。本书以“上海宇龙数控加工仿真软件”为例，介绍数控加工仿真系统（FANUC 0iT 系统）的各个功能。

例如：如图 13-1 所示的零件，毛坯尺寸为 $\phi$65mm × $\phi$20mm × 82mm，材料为 45 钢，试用上海宇龙数控仿真软件进行仿真加工。

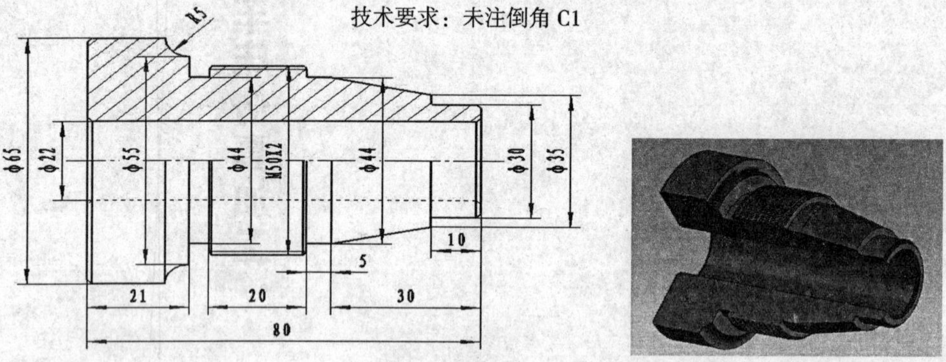


**图 13-1　仿真加工实例**

仿真加工的基本步骤：

（1）启动数控加工仿真系统。

（2）仿真加工基本操作。

（3）加工程序的检验。

（4）刀偏设置。

（5）自动加工。

（6）测量检查。

## 一、仿真软件的启动

### （一）启动加密锁管理程序

启动加密锁管理程序时，可以用鼠标左键依次点击“开始”→“程序”→“数控加工仿真系统”→“加密锁管理程序”，如图 13–2。也可在桌面上直接双击加密锁图标启动。加密锁管理程序启动后，屏幕右下方的工具栏中将出现图标。

### （二）设置数控加工仿真系统的运行状态

用鼠标右键单击屏幕右下角控制台上“加密锁管理程序”的小图标，将弹出如图 13–3 所示的菜单，选择“练习”。

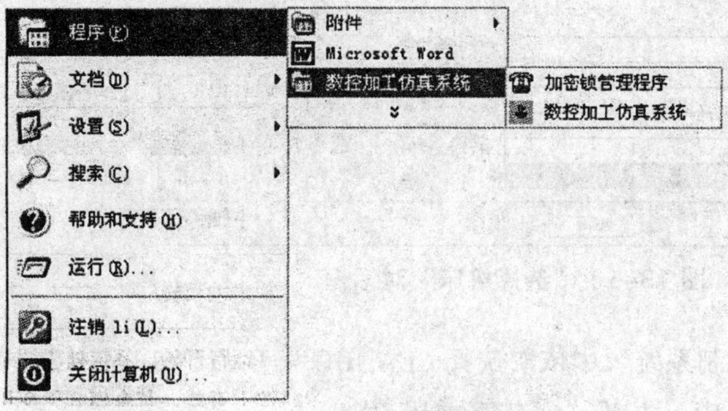


图 13–2　启动加密锁管理程序

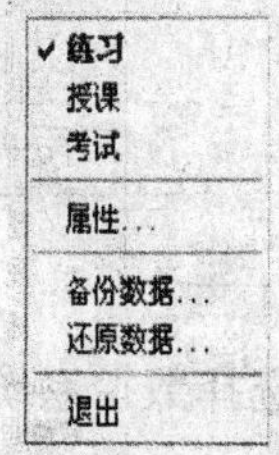


图 13–3　选择仿真系统的运行状态

### （三）启动数控加工仿真系统

（1）运行数控加工仿真系统时，依次点击“开始”→“程序”→“数控加工仿真系统”→“数控加工仿真系统”，系统将弹出“用户登录”界面（见图 13–4）。也可在桌面上直接双击数控加工仿真系统图标启动。

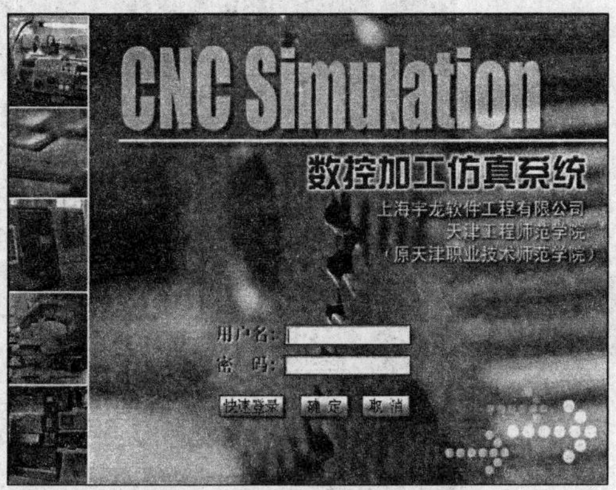


图 13–4　“用户登录”界面

（2）在“用户登录”界面中点击“快速登录”按钮，进入数控加工仿真系统的操作界面。或通过输入用户名和密码，再点击“登录”按钮，进入数控加工仿真系统。

### （四）选择机床类型

（1）打开菜单“机床 / 选择机床”或在工具条上选择，弹出“选择机床”对话框，如图 13–5 所示。

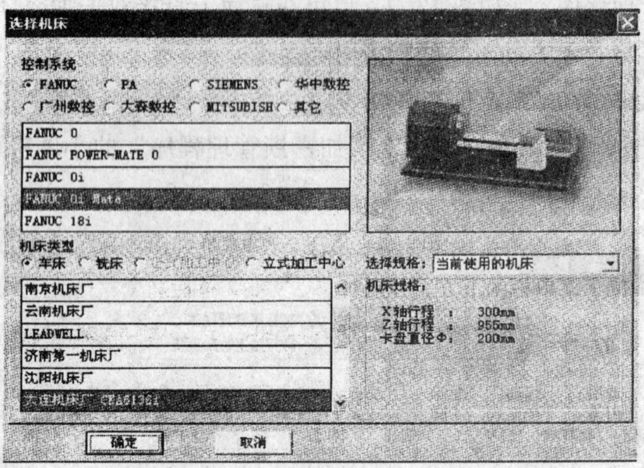


图 13-5 “选择机床”对话框

（2）选择数控系统，在“控制系统”中依次选择“FANUC → FANUC 0i Mate”。选择车床，在“机床类型”中依次选择“车床→ 标准（平床身前置刀架）”。

（3）点击“确定”按钮，弹出“车床仿真操作”界面，如图 13-6 所示。

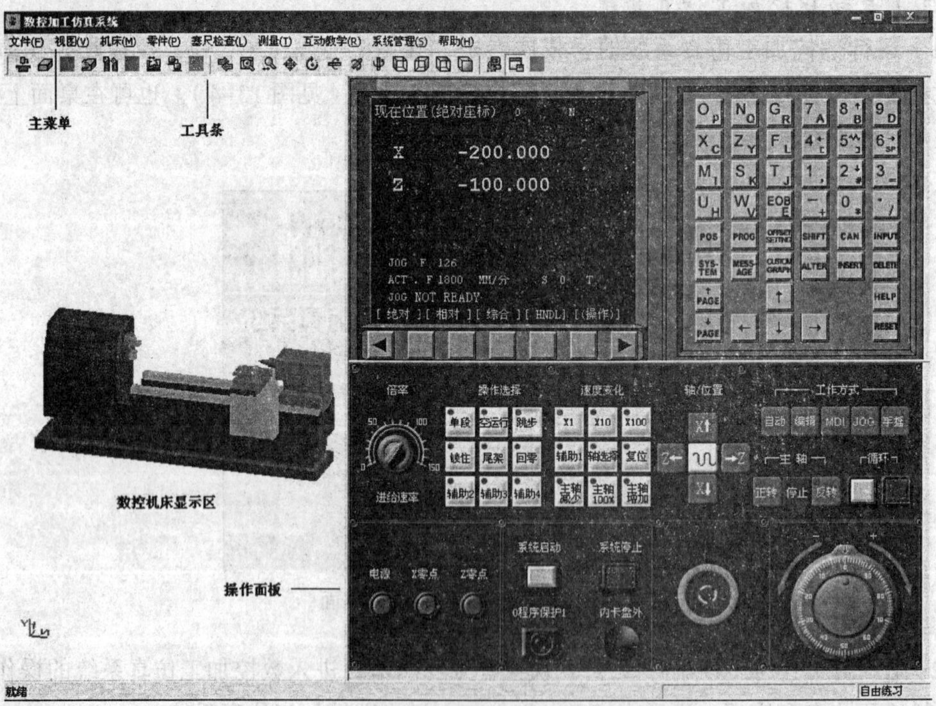


图 13-6 “数控车床仿真操作”界面

## （五）数控加工仿真系统机床操作界面简介

（1）主菜单是一个下拉式菜单，如图 13-7 所示，可以根据需要进行选择。

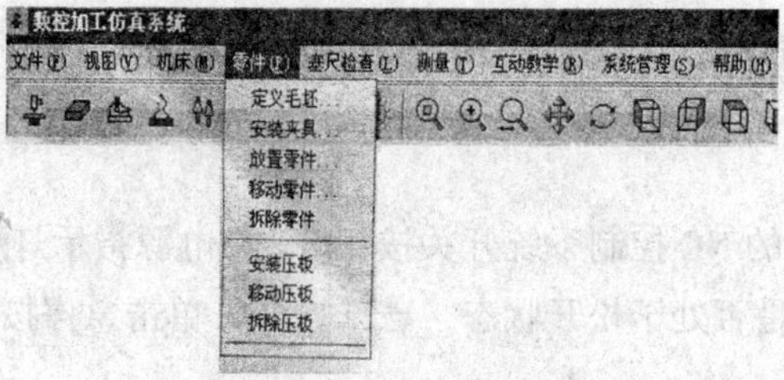


图 13-7　下拉式主菜单

（2）工具条位于菜单栏的下方，分别对应不同的菜单栏选项，如图 13-8 所示。

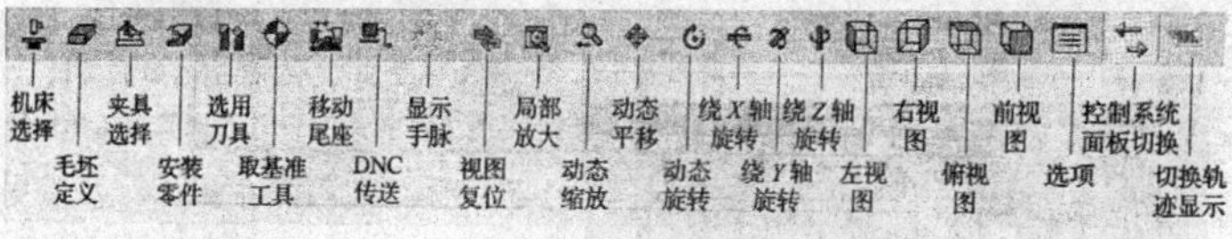


图 13-8　工具条

（3）数控机床显示区。数控机床显示区是一台模拟的机床，它可以显示操作者在装夹工件、刀具选择、对刀过程、零件加工等方面的操作。

（4）数控操作面板。数控操作面板主要由数控装置操作面板和机床操作面板两部分组成。

### （六）修改 FANUC 属性

单击菜单中的“系统管理”，在弹出的“系统设置”对话框中选择 FANUC 属性，如图 13-9 所示，单击“应用”按钮。

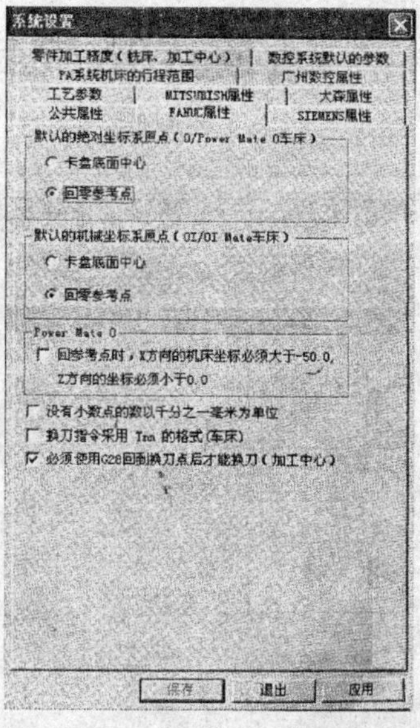


图 13-9　“系统设置”对话框

## 二、仿真加工基本操作

### （一）激活机床

（1）单击操作面板上的 NC 控制系统开关按钮，使电源指示灯变亮。

（2）检查急停按钮是否处于松开状态，若未松开，单击急停按钮，将其松开。

### （二）机床回参考点

（1）单击工作方式中的按钮 JOG，使操作选择中的回零功能有效，如图 13-10 所示。

（2）回零操作同 FANUC 回零，回零后屏幕显示如图 13-11 所示。

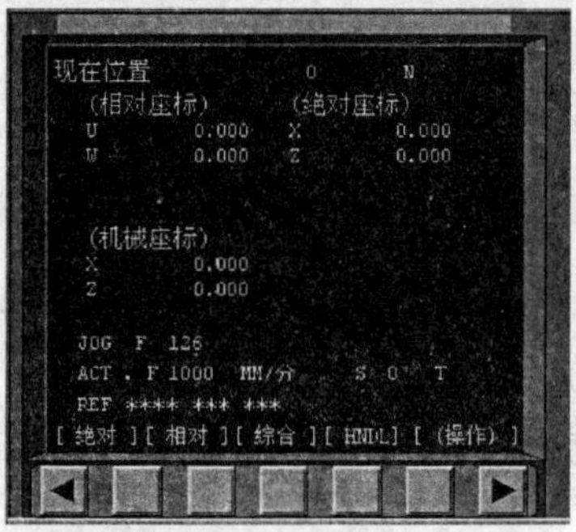

图 13-10 操作选择　　图 13-11 机床回零坐标显示

### （三）刀具操作

1. 安装刀具

（1）打开菜单“机床 / 选择刀具”或者单击工具条中的选择刀具图标，系统弹出“刀具选择”对话框（见图 13-12）。

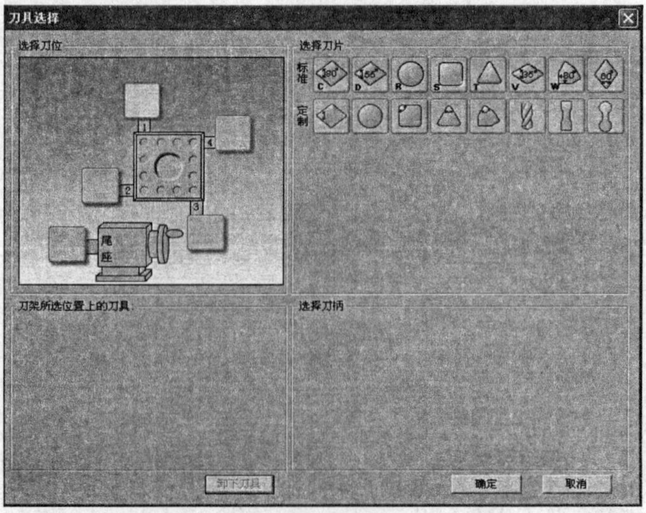


图 13-12 “刀具选择”对话框

（2）对于前置刀架数控车床，允许同时安装 4 把刀具，具体装刀过程如下：选择刀位→选择刀片类型——选择刀片参数——选择刀柄类型——选择主偏角——定义刀具长度——定义刀尖半径——点击确定按钮，则所选择的刀具装到刀架上，注意尾座上只能装钻头。

（3）对于后置刀架数控车床，允许同时安装 8 把刀具，具体装刀过程与前置刀架数控车床的装刀过程相同。

2. 拆除刀具

（1）若要拆除刀架上的所有刀具，具体过程如下：打开菜单“机床 / 拆除刀具”，刀架上安装的所有刀具被拆除掉。

（2）若要拆除刀架上的某把刀具，具体过程如下：打开菜单“机床 / 选择刀具”，在刀具选择对话框中进行如下操作，选择要拆除刀具所在刀位——点击卸下刀具按钮，则该刀位上安装的刀具被拆除。

3. 加工本章实例所用车刀的安装

（1）建立和安装 T01 号 93° 外圆车刀。

① 在“选择刀位”中点击选中“1”号刀位。

② 根据加工工艺参数在“选择刀片”中选 55° ，在弹出的刀片参数对话框中选序号“2”，如图 13-13 所示。

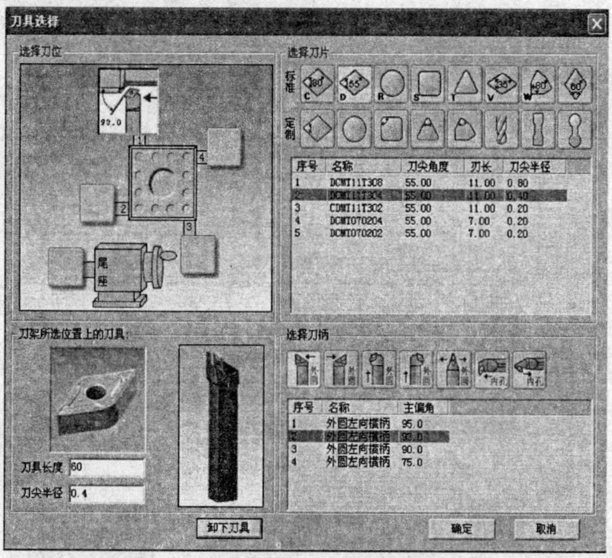


图 13-13　T01 号 93° 外圆车刀参数

③ 在“选择刀柄”中选，刀柄窗口显示外圆车刀的具体参数，选序号“2”。

④ 完成设置后，按“确定”键。

（2）重复上述操作，进行 T02 号 93° 内孔镗刀、T03 号 60° 螺纹车刀、T04 号 3 ㎜切槽车刀的建立和安装。如图 13-14 所示。

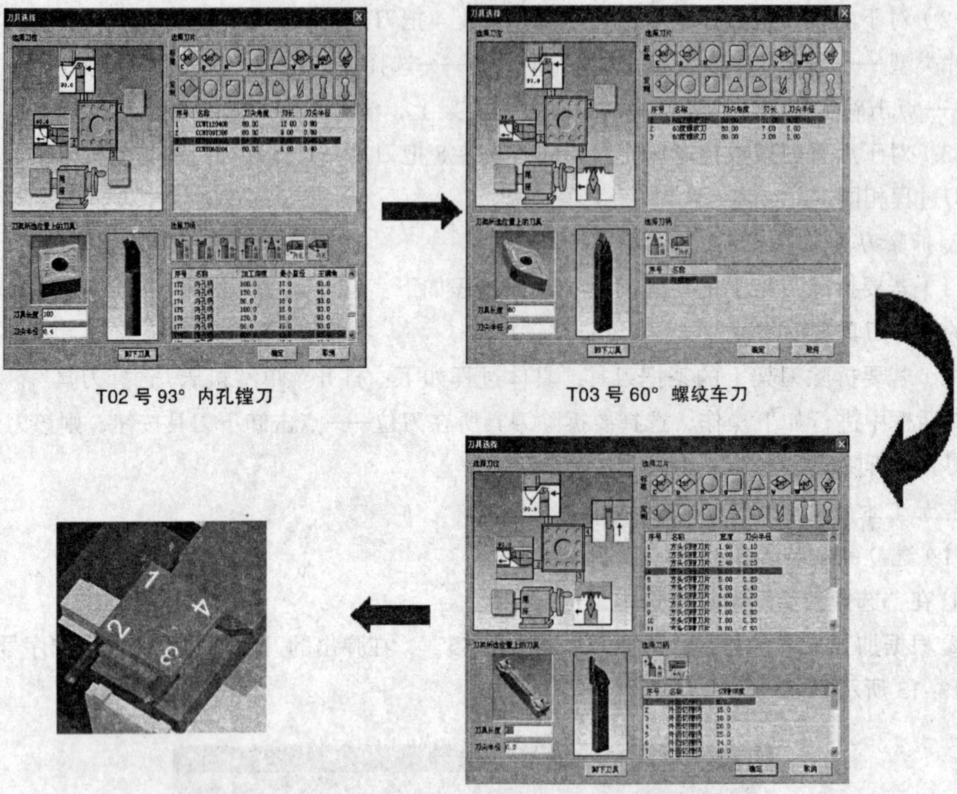

T02 号 93° 内孔镗刀　　T03 号 60° 螺纹车刀

安装刀具完成　　T04 号 3mm 切槽车刀

图 13-14　建立和安装车刀

4. 零件操作

（1）安装零件。

①打开菜单“零件 / 定义毛坯”或在工具条上选择▱，系统打开“定义毛坯”界面（见图 13-15）。

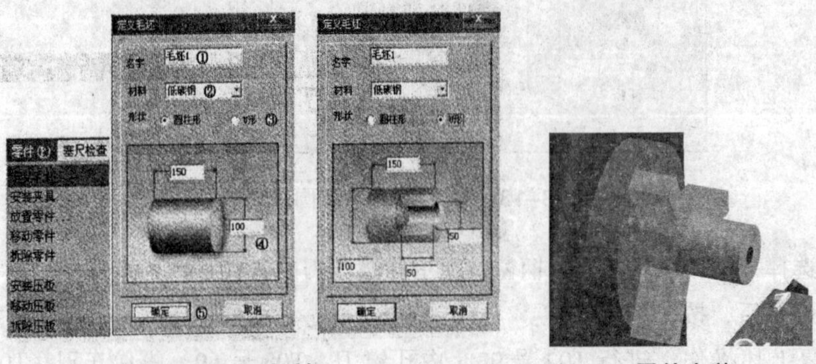

定义毛坯对话框　　零件安装

图 13-15　安装零件

②在毛坯“名字”输入框内输入所定义的毛坯名，也可使用缺省值。

③毛坯材料列表框中提供了多种供加工的毛坯材料，可根据需要点击“材料”后面的下拉按钮 选择毛坯材料。

④在“形状”下拉列表中选择毛坯形状，车床提供实心圆柱形毛坯和带有工艺底孔的圆柱毛坯两种。若选择“圆柱形”，则选择实心圆柱毛坯；若选择“U 形”，则选择带工艺底孔的圆柱毛坯。

⑤在显示的图例中，依次点击各个的尺寸位置，并输入新的尺寸值即可以定义毛坯尺寸，尺寸的单位是毫米。

⑥按“确定”按钮，保存定义的毛坯并且退出本操作；按“取消”按钮，退出本操作。

（2）导出零件模型。导出零件模型功能是把经过部分加工的零件作为成型毛坯予以单独保存，该种毛坯称为零件模型。具体操作步骤如下：

①打开菜单“文件 / 导出零件模型”，系统弹出“另存为”对话框。

②在对话框中依次进行如下操作：更改保存目录——输入文件名——按“保存”按钮（见图 13-16），则零件模型即被保存。注意文件的后缀名为“PRT”，不要更改。

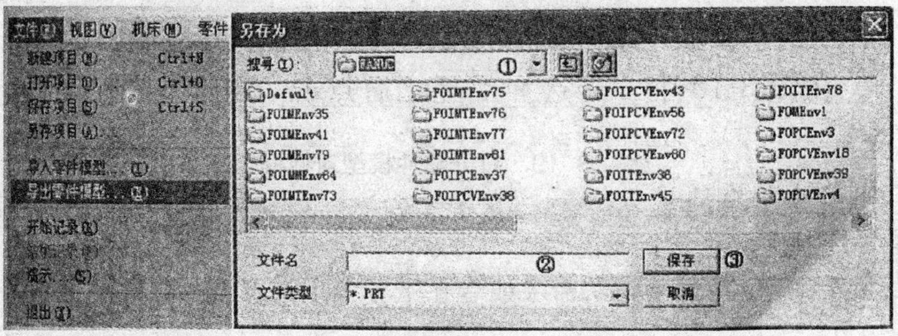


图 13-16　导出零件模型界面

如图 13-17 所示，此毛坯已经过部分加工，通过“导出零件模型”的功能将该零件作为零件模型保存起来，以供后续进一步加工使用。

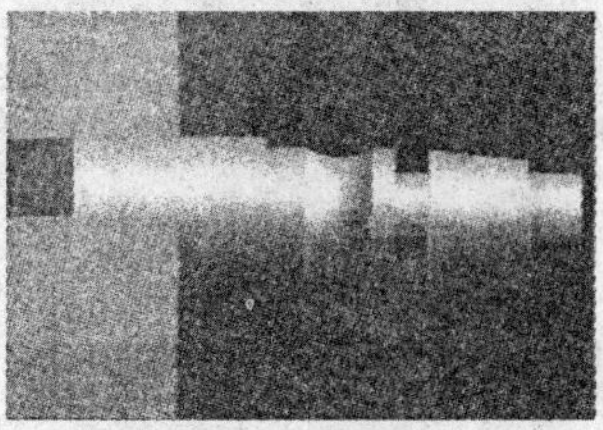

图 13-17　零件毛坯

（3）导入零件模型。机床在加工零件时，除了可以使用原始定义的毛坯，还可以使用零件模型。可以通过导入零件的功能调用零件模型，具体操作步骤如下：

①打开菜单“文件 / 导入零件模型”，弹出“请您决定”对话框（见图 13-18）。

图 13-18　导入零件模型界面

②选择“是”或“否”，若已通过导出零件模型功能保存过成型毛坯，系统将弹出“打开”对话框。

③在“打开”对话框中依次进行如下操作：选择文件目录——选择所要打开的后缀为“PRT”的零件——点击打开按钮（见图 13-19），则选中的零件模型被放置在机床卡盘上。

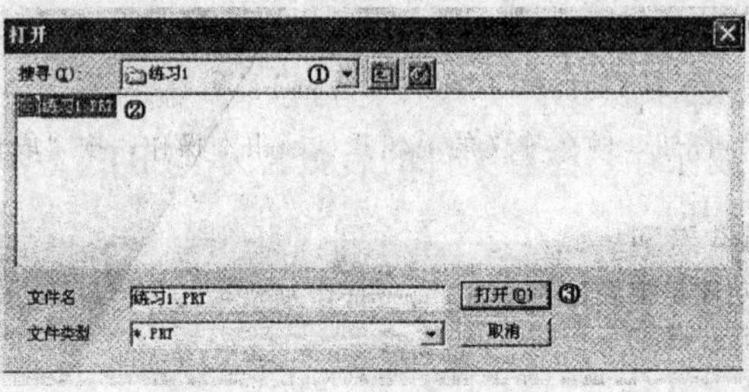


图 13-19　打开零件模型对话框

（4）放置零件。

①打开菜单“零件 / 放置零件”命令或者在工具条上选择图标，系统弹出选择零件对话框。

②若选择自定义毛坯，则按如下步骤操作：在“类型”中点击“选择毛坯”—— 在列表中点击所需的毛坯——点击“安装零件”按钮（见图 13-20），则零件安装在机床主轴上。

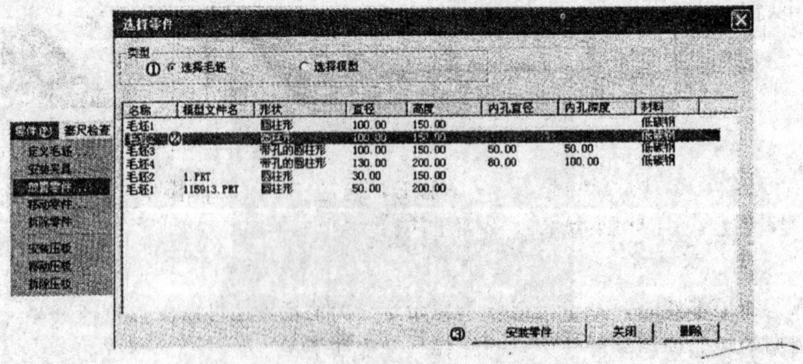


图 13-20　选择自定义毛坯

同时弹出“移动零件”窗口（见图 13-21）。在图 13-20 中，若选择毛坯之后点击“删除”按钮，则删除所选毛坯。

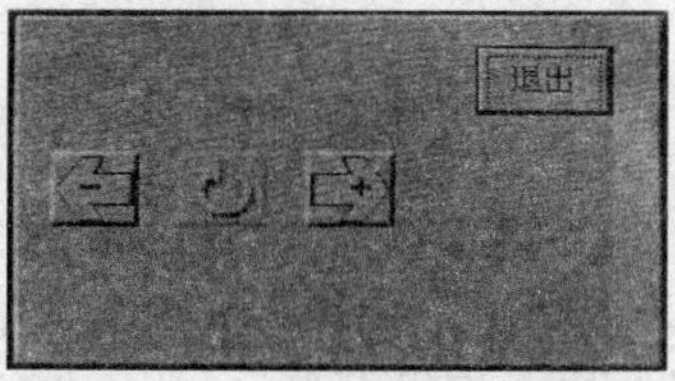


图 13-21　“移动零件”对话框

③在“移动零件”对话框中，按下，零件向左移动；按下，零件向右移动；按下，则零件调头安装；若不需移动或调头操作，点击“退出”按钮。

④若选择零件模型，则需先进行“导入零件模型”的操作，然后进行放置零件。操作如下：在“类型”中点击“选择模型”→ 在列表中点击所需后缀名为 PRT 的零件模型→点击“安装零件”按钮（见图 13-22），选择的零件模型安装到主轴上。

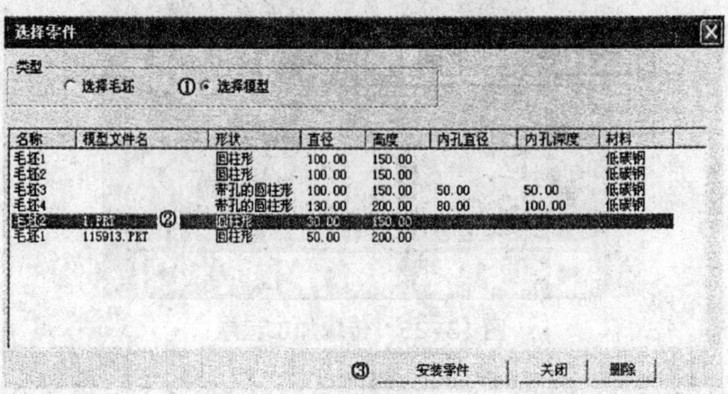


图 13-22　“选择模型”对话框

（5）移动或拆除零件。若要调整零件在卡盘中的位置，则按如下步骤操作：

①打开菜单“零件 / 移动零件”（见图 13-23），系统弹出选择移动零件对话框。

②按照前述方法进行移动零件的操作。

若要拆除卡盘中的零件，则按如下步骤操作：

打开菜单“零件 / 拆除零件”（见图 13-24），则卡盘中的零件被拆除。

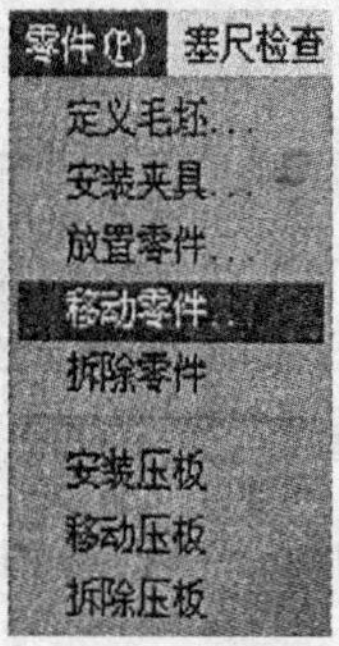


图 13-23　移动零件对话框

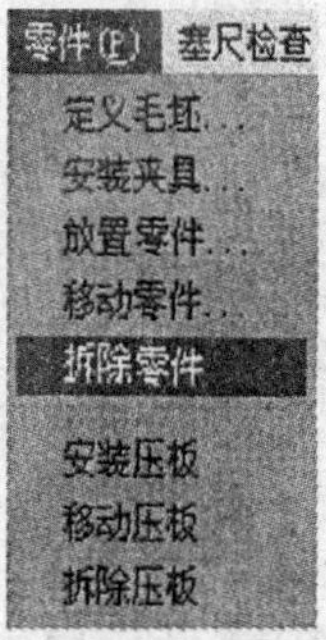


图 13-24　拆除零件对话框

## 三、加工程序的检验

### （一）输入 NC 程序

（1）将操作面板中的工作方式切换到编辑主功能。

（2）单击 MDI 键盘上的键，进入编辑页面。

（3）再通过 MDI 键盘输入“O1234”后，按子功能键“READ”进入下一级菜单，按功能键“EXEC”，系统提示“标头 SKP”，如图 13-25 所示。

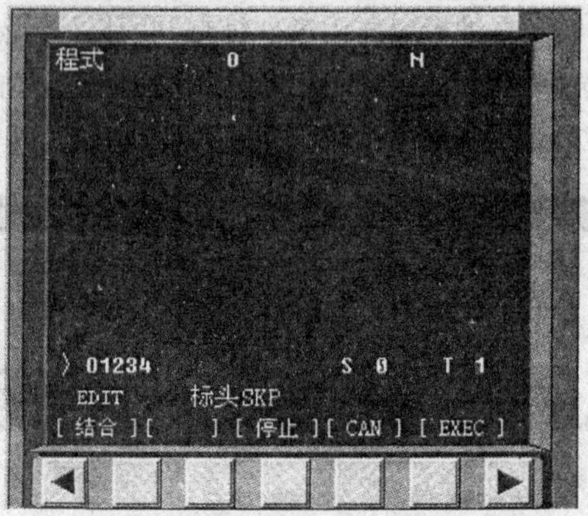


图 13-25　传输加工程序

（4）在菜单栏中选择“机床”——“DNC 传送…”或单击工具条中的图标，在对话框中按路径选取文件（见图 13-26）。

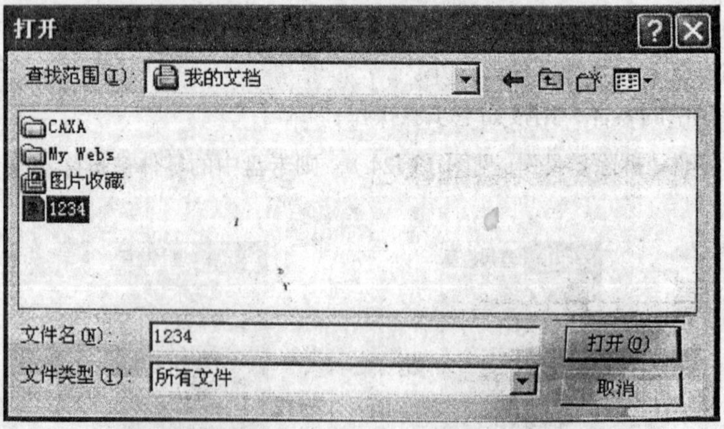


图 13-26　选定加工程序文件

在文件名列表框中选中文件“1234.cut”，按“打开”确认，即可输入加工程序，此时液晶界面上显示选定的加工程序，如图 13-27 所示。

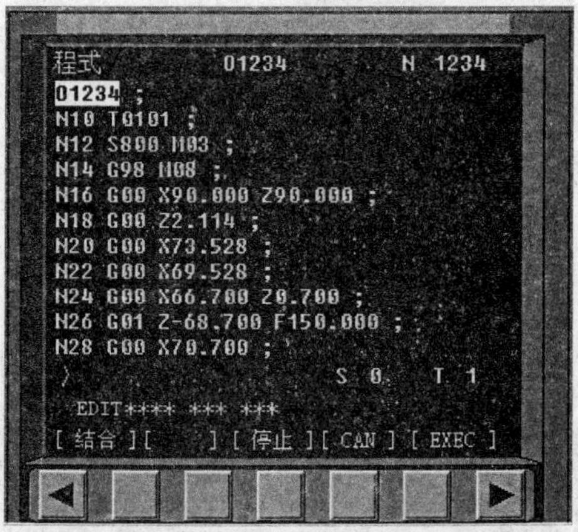


图 13-27 显示输入的加工程序

### （二）检查运行轨迹

将数控机床主功能切换到自动工作方式，单击功能键，再单击操作面板上的启动按钮，即可观察数控程序的运行轨迹。此时，也可通过“视图”菜单中的动态旋转、动态放缩、动态平移等方式对运行轨迹进行全方位的动态观察，运行轨迹如图 13-28 所示，红线代表刀具快速移动的轨迹，绿线代表刀具切削的轨迹。

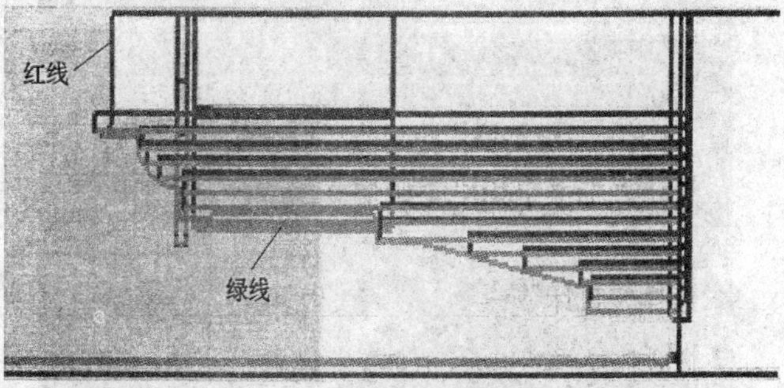


图 13-28 加工程序的运行轨迹

## 四、刀偏设置（试切法）

试切法对刀是用所选的刀具试切零件的外圆和端面，经过测量和计算得到零件右端面中心点的坐标值。

### （一）T01 号 93° 外圆车刀偏移设置

（1）在操作面板中选择 JOG，进入手动操作方式状态。单击 MDI 键盘上的按钮，此时液晶界面上显示坐标值，利用操作面板上的方向按钮，将车刀移动到加工位置附近。

（2）启动主轴正转，先在工件外圆试切一刀长 3 ~ 5mm，如图 13-29 所示，沿 +Z 方向退刀，主轴停转。

图 13-29　试切外圆

（3）在菜单栏中单击“测量”选项，弹出圆弧半径选择保留对话框（见图 13-30）。

图 13-30　圆弧半径选择保留对话框

单击“是”，打开测量工具对话框。单击车削外圆部位，选中的线段由红色变为橙色，测量出试切毛坯直径“56.31”，如图 13-31 所示。

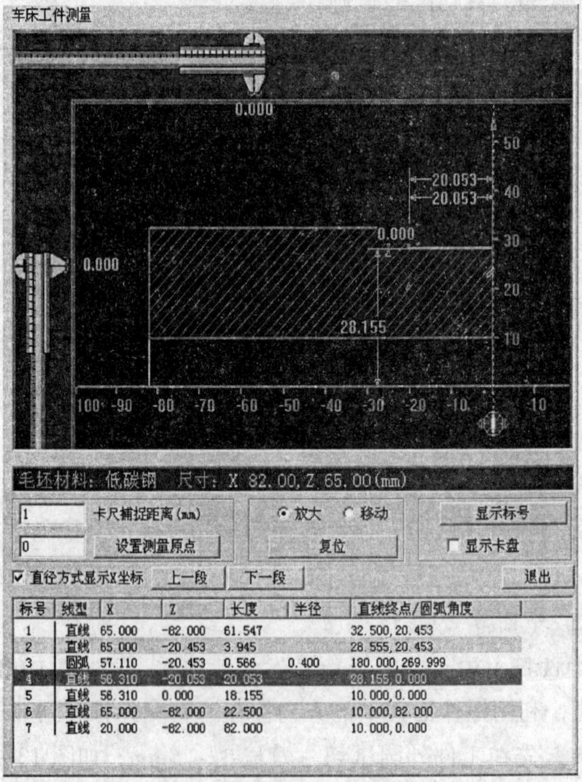


图 13-31　试切测量

（4）单击功能键，然后单击“形状”功能按键，出现如图 13–32 所示的画面，

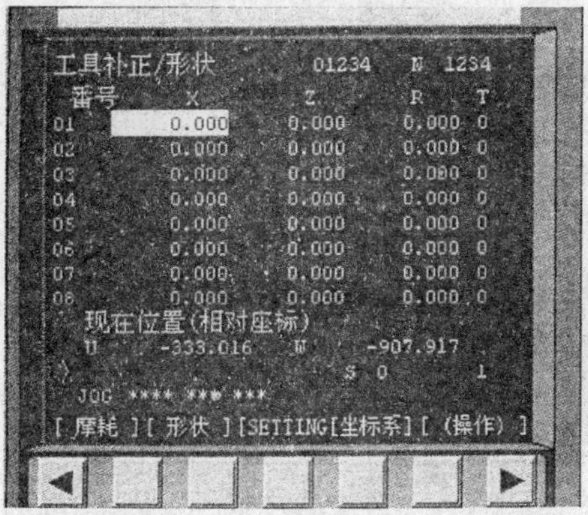

图 13–32 OFFSET 显示画面

单击方向键使光标移动到“01”位置。用 MDI 键输入 [X56.31+0.8（刀尖圆弧半径 0.4）] X57.11，按“测量”键，系统自动计算出 1 号刀 $X$ 轴刀偏值，如图 13–33 所示。

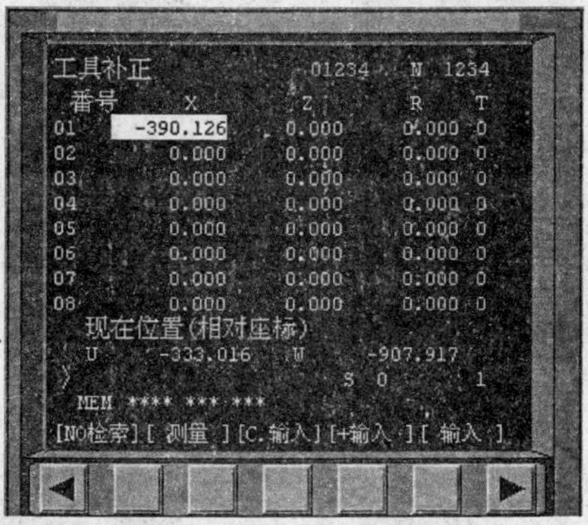

图 13–33 形状输入画面

（5）启动主轴→车端面一刀→沿 +X 向退刀→主轴停转→ MDI 键输入 Z0.4 →测量→系统自动计算出 1 号刀 $Z$ 轴刀偏值。

（二）完成 T02 号刀、T03 号刀、T04 号刀的偏移设置操作。

使用上述方法，注意以下几点：

（1）T02 号 93° 内孔镗刀的刀位点为刀尖圆心。

（2）T03 号 60° 螺纹车刀的刀位点位于刀尖对称中心线与刀刃交点处。

（3）T04 号 3mm 切槽车刀的刀位点为右刀尖。

## 五、自动加工

将工作方式转换为自动加工方式，检查进给倍率和主轴转速按钮，最后开启循环启动按

钮，执行自动加工。仿真演示过程如图 13-34 所示。

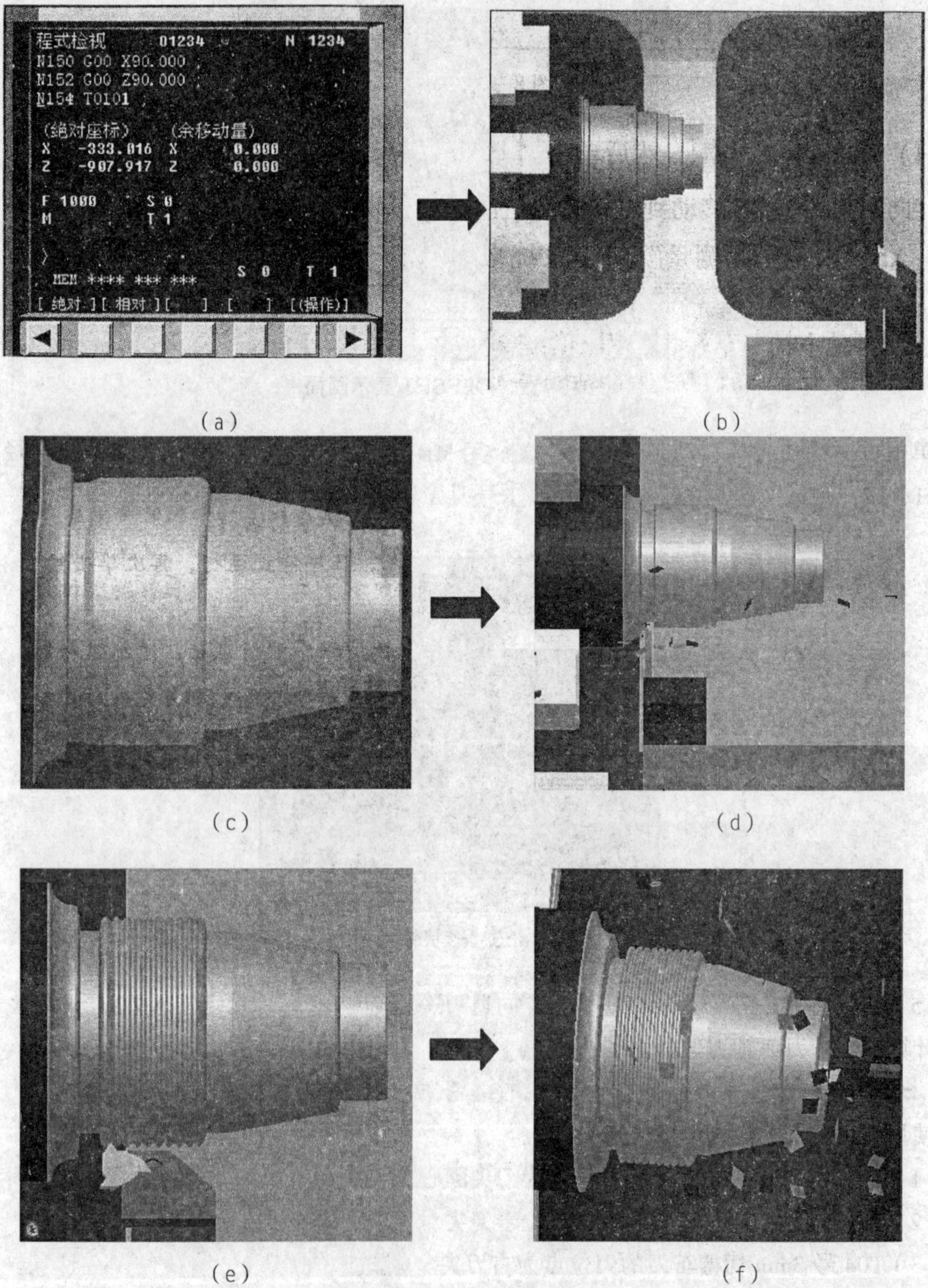


**图 13-34 加工过程**

(a) 屏幕显示 (b) 粗车外圆 (c) 切槽 (d) 车螺纹 (e) 镗孔

仿真结果如图 13-35 所示。

图 13-35　仿真加工效果图

## 六、测量检验

零件加工完成后，在菜单栏中选择“测量”——“剖面图测量”，弹出“车床工件测量”对话框，单击要检查的部位，可以分别观察其轮廓尺寸、检查编程和加工的正确性，如图 13-36 所示。

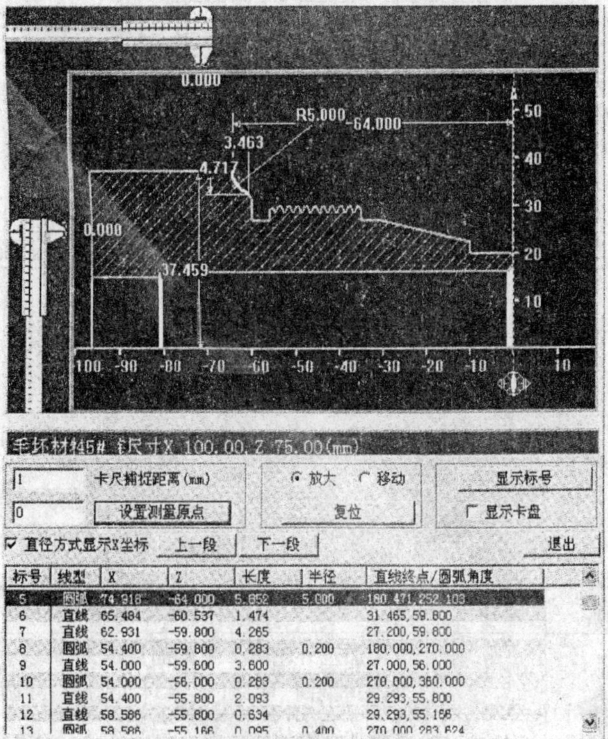


图 13-36　零件测量

# 第十四章　仿真加工实例

## 一、简单外轮廓零件仿真加工

### （一）零件图

如图 14-1，具体加工步骤如下：

（1）用手工编程编制零件的数控加工程序。

（2）在数控加工仿真软件上进行仿真加工。

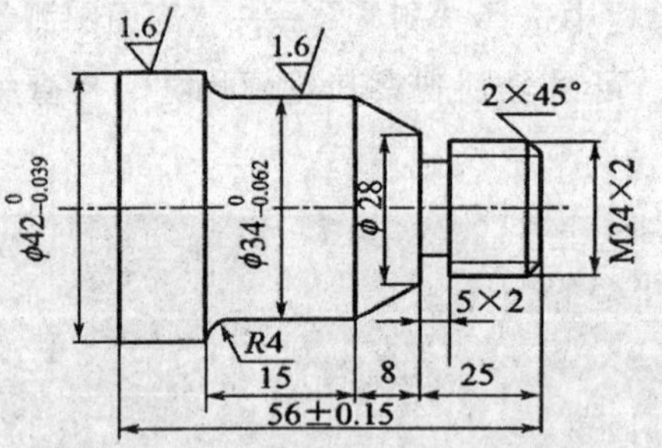

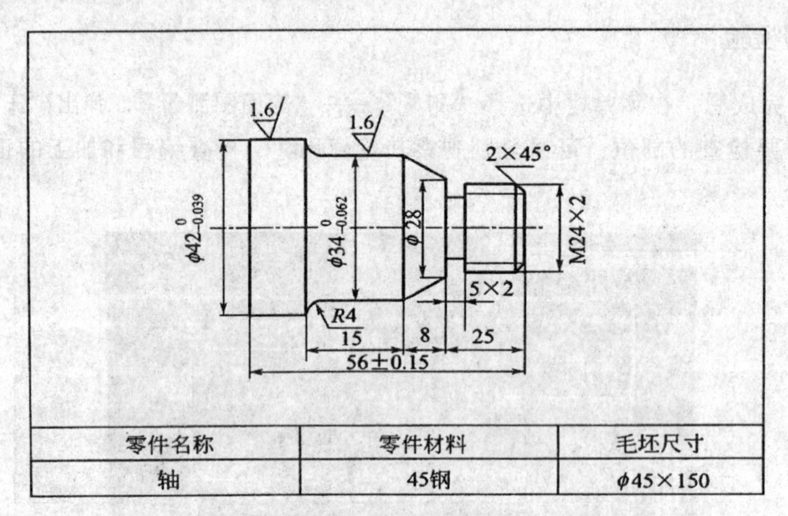

| 零件名称 | 零件材料 | 毛坯尺寸 |
|---|---|---|
| 轴 | 45钢 | $\phi$45×150 |

图 14-1　简单外轮廓零件

### （二）工艺分析

1. 加工工艺路线

加工工艺路线见表 14-1。

表 14-1　加工工艺路线

| 工序号 | 工序内容 | 工步号 | 工步内容 |
|---|---|---|---|
| 1 | 加工零件整个轮廓，包括外圆、槽、螺纹 | 1 | 粗加工外轮廓，平端面后走刀路线为：倒角→ M24×2 螺纹外圆→端面→锥面→ $\phi$34 外圆→ R4 圆弧→ $\phi$42 外圆 |
| | | 2 | 精加工外轮廓，平端面后走刀路线为：倒角→ M24×2 螺纹外圆→端面→锥面→ $\phi$34 外圆→ R4 圆弧→ $\phi$42 外圆 |

（续　表）

| 工序号 | 工序内容 | 工步号 | 工步内容 |
|---|---|---|---|
| 1 | | 3 | 切槽：车 5×2 退刀槽 |
| | | 4 | 车螺纹：车 M24×2 螺纹 |
| 2 | 切断，保证零件总长 | 1 | 切断 |
| | | 2 | 平端面，保证总长 56 |

2. 刀具卡

刀具详见表 14-2。

表 14-2　刀具卡

| 刀具号 | 刀具名称 | 加工表面 | 刀尖半径 R( mm ) | 刀尖方位 T |
|---|---|---|---|---|
| T01 | 95° 外圆车刀 | 粗加工右端外轮廓，切断后平左端端面 | 0.8 | 3 |
| T02 | 95° 外圆车刀 | 精加工右端外轮廓 | 0.4 | 3 |
| T03 | 切槽刀 | 车 5×2 退刀槽，切断 | 0.2（刀宽 5mm） | 3 |
| T04 | 60° 螺纹车刀 | 车 M24×2 螺纹 | 0.2 | 8 |

### （三）加工程序

加工程序见表 14-3。

表 14-3　各加工程序

| 程序号：O0001 平右端端面（程序原点在右端面中心） | | |
|---|---|---|
| 程序段号 | 程序内容 | 程序说明 |
| N0005 | G97 G99 G21； | 程序初始设置 |
| N0010 | T0101； | 调用 T01 号刀具和 1 号刀补 |
| N0015 | S800 M03； | 主轴正转，转速为 800 r/min |
| N0020 | G00 X60.0 Z0.0； | 刀具接近工件 |
| N0025 | G01 X-1.0 F0.2； | 平端面 |
| N0030 | G00 Z50.0； | 退刀 |
| N0035 | M05； | 主轴停转 |
| N0040 | M30； | 程序结束 |

（续 表）

| 程序号：O0002 加工零件整个轮廓（程序原点在右端面中心） | | |
|---|---|---|
| 程序段号 | 程序内容 | 程序说明 |
| N0005 | G97 G99 G21； | 程序初始设置 |
| N0010 | T0101； | 调用 T01 号刀具和 1 号刀补 |
| N0015 | S800 M03； | 主轴正转，转速为 800 r/rmin |
| N0020 | G00 X50.0 Z3.0； | 刀具接近工件 |
| N0025 | G71 U1.5 R1.0； | 粗车循环，背吃刀量 1.5mm，退刀量 1.0mm |
| N0030 | G7l P100 Q200 U0.5 W0.1 F0.2； | 精车路线为 N100 ~ N200，X 向精车余量 0.5mm，Z 向精车余量 0.1mm |
| N0035 | N100 G00 X1 3.8； | 刀具移动至倒角的延长线上 |
| N0040 | G01 X23.8 Z-2.0 F0.1； | 车倒角 |
| N0045 | Z-25.0； | 车螺纹外圆 |
| N0050 | X28.0； | 车端面 |
| N0055 | X34.0 Z-33.0； | 车锥面 |
| N0060 | Z-44.0； | 车 $\phi 34$ 外圆 |
| N0065 | G02 X42.0 Z-48.0 R4.0； | 车 R4 圆弧 |
| N0070 | N200 G01 Z-60.0； | 车 $\phi 42$ 外圆 |
| N0075 | G00 X55.0； | 退刀 |
| N0080 | Z50.0； | |
| N0085 | M05； | 主轴停转 |
| N0090 | T0202； | 调用 T02 号刀具和 2 号刀补 |
| N0095 | S1200 M03； | 主轴正转，转速为 1 200 r/min |
| N0100 | G00 X50.0 Z3.0； | 刀具接近工件 |
| N0105 | G70 P100 Q200； | 精加工循环 |
| N0110 | G00 X55.0； | 退刀 |
| N0115 | Z50.0； | |
| N0120 | M05； | 主轴停转 |
| N0125 | T0303； | 调用 T03 号刀具和 3 号刀补 |

（续 表）

| 程序段号 | 程序内容 | 程序说明 |
| --- | --- | --- |
| N0130 | S600 M03； | 主轴正转，转速为 600 r/min |
| N0135 | G00 X30.0 Z-25.0； | 刀具接近工件 |
| N0140 | G01 X20.0； | 切槽 |
| N0145 | G04X1.0； | 刀具在槽底暂停 1 s |
| N0150 | G00X35.0； | 退刀 |
| N0155 | Z50.0； | |
| N0160 | M05； | 主轴停转 |
| N0165 | T0404； | 调用 T04 号刀具和 4 号刀补 |
| N0170 | S500 M03； | 主轴正转，转速为 500 r/min |
| N0175 | G00 X28.0 Z3.0； | 刀具接近工件 |
| N0180 | G92 X23.1 Z-23.0 F2.0； | 车削螺纹 |
| N0185 | X22.5； | |
| N0190 | X21.9； | 车削螺纹 |
| N0195 | X21.5； | |
| N0200 | X21.4； | |
| N0205 | G00 X30.0； | 退刀 |
| N0210 | Z50.0； | |
| N0215 | M05； | 主轴停转 |
| N0220 | M30； | 程序结束 |

程序号：O0003 切断保证总长（程序原点在左端面中心）

| 程序段号 | 程序内容 | 程序说明 |
| --- | --- | --- |
| N0005 | G97 G99 G2l； | 程序初始设置 |
| N0010 | T0306； | 调用 T03 号刀具和 6 号刀补 |
| N0015 | S800 M03； | 主轴正转，转速为 800 r/min |
| N0020 | G00 X55.0 Z58.0； | 刀具接近工件 |
| N0025 | G01 X-1.0 F0.2； | 切断 |
| N0030 | G00 Z80.0； | 退刀 |

（续　表）

| 程序段号 | 程序内容 | 程序说明 |
|---|---|---|
| N0035 | M05； | 主轴停转 |
| N0040 | T0105； | 调用 T01 号刀具和 5 号刀补 |
| N0045 | S800 M03； | 主轴正转，转速为 800 r/min |
| N0050 | G00 X55.0 Z56.0； | 刀具接近工件 |
| N0055 | G01 X–1.0； | 平端面 |
| N0060 | G00 Z80.0； | 退刀 |
| N0065 | M05； | 主轴停转 |
| N0070 | M30； | 程序结束 |

**（四）仿真加工**

（1）启动仿真系统：点击图标和启动数控加工仿真系统。

（2）选择机床：点击选择机床和数控系统，选择平床身数控车床和 FANUC 0i Mate 数控系统。

（3）启动机床：点击启动数控机床，同时将“急停”按钮松开。

（4）回参考点：点击回参考点。

（5）安装工件：点击定义工件毛坯，毛坯尺寸为 $\phi 45\times 70$，材料为 45 钢。点击，将毛坯放置在机床上。

（6）安装刀具：点击选择并安装刀具，刀位 1 安装 95° 外圆粗车刀，刀位 2 安装 95° 外圆精车刀，刀位 3 安装切槽刀，刀位 4 安装螺纹刀，如图 14–2 所示。

（7）读入程序：点击进入编辑状态，按照前述方法将记事本中的 O0001、O0002、O0003 三个数控程序读入。

（8）对刀：以工件右端面为原点，按照前述方法对 T01、T02、T03、T04 依次对刀，对刀结果分别存入 01、02、03、04 号寄存器，如图 14–3 所示。

（9）程序检查：点击按钮和，分别对程序 O0001 和 O0002 进行轨迹仿真。

（10）自动加工零件轮廓：点击按钮和，先自动运行 O0001 平端面，然后运行 O0002 切削整个零件轮廓。

（11）导出零件模型：按照前述方法导出零件模型。

（12）零件调头安装：按照前述方法将工件调头安装。

（13）重新对刀：以工件左端面为原点，按照前述方法对 T01、T03 对刀，对刀结果分别存入 05、06 号寄存器，如图 14–3 所示。

（14）程序检验及自动加工：验证 O0003 程序的正确后，自动运行程序切断后平端面，保证零件总长，零件加工完成如图 14-4 所示。

（15）保存项目：加工完成后，将整个加工过程作为项目进行保存，具体操作过程如下：

依次点击菜单中的“文件 / 保存项目”，弹出“选择保存类型”的对话框（见图 14-5）。

图 14-2　刀具安装

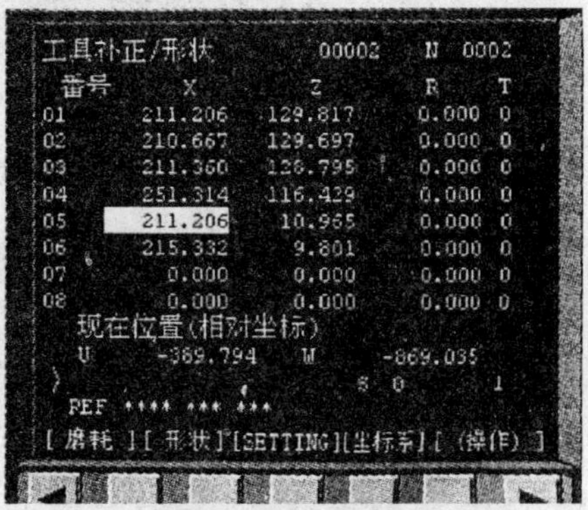


图 14-3　对刀结果

图 14-4　零件加工结果

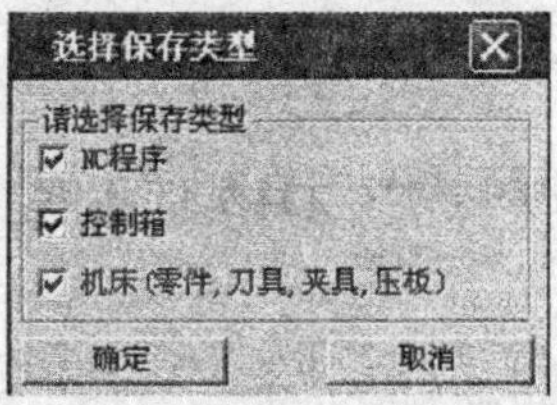


图 14-5　“选择保存类型”对话框

---- 对话框中根据需要选择保存类型，然后点击“确定”按钮，弹出对话框（见图 14-6）。

---- 选择项目保存目录后，输入项目保存名称，然后点击“确定”按钮即可完成项目保存操作。

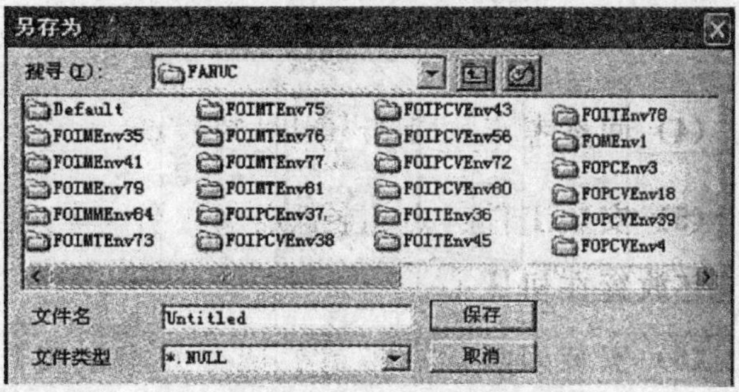


图 14-6　“保存项目”对话框

注意：如需打开项目，可按下述步骤进行操作。

依次点击菜单中的“文件 / 打开项目”，弹出对话框（见图 14-7），在对话框中根据需要点击“是”或“否”按钮，弹出下对话框（见图 14-8），选择项目所在的目录后，选择打开项目的名称，注意文件的后缀名为 .MAC，然后点击“打开”按钮即可。

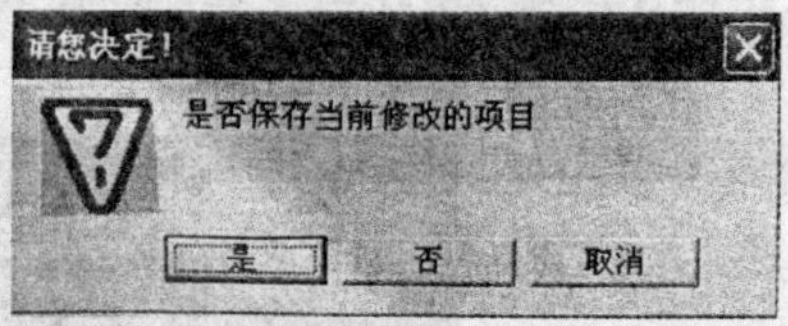


图 14-7　“打开项目”对话框

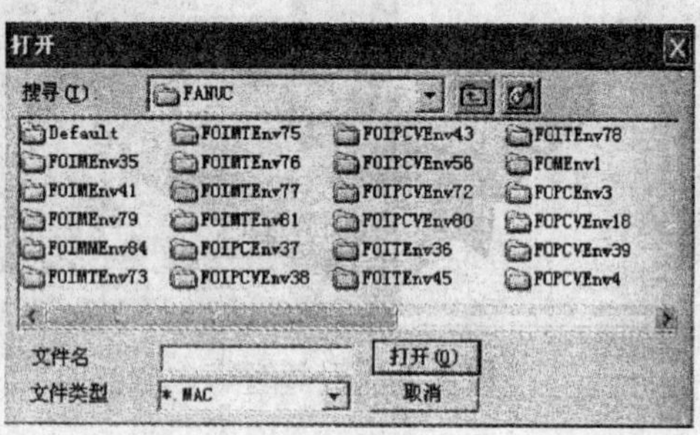


图 14-8　“请您决定”对话框

## 二、简单内轮廓零件仿真加工

### （一）零件图

（1）用手工编程编制零件的数控加工程序。

（2）在数控加工仿真软件上进行仿真加工。

零件图及具体要求如图 14-9 所示。

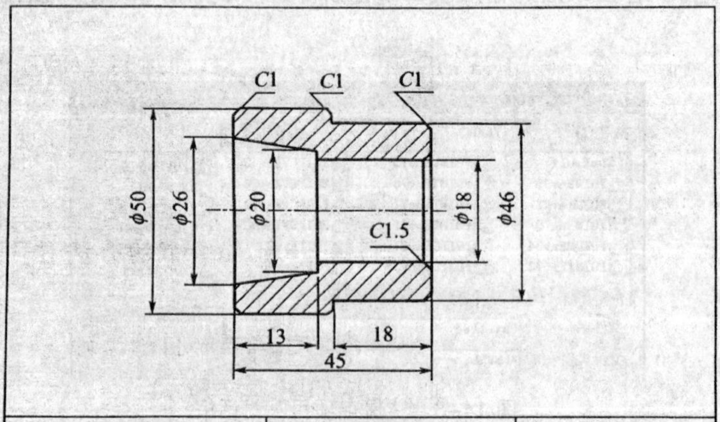


| 零件名称 | 零件材料 | 毛坯尺寸 |
|---|---|---|
| 锥套 | 45钢 | ϕ55×60 |

图 14-9　简单内轮廓零件

### （二）工艺分析

1. 加工工艺路线

加工工艺路线见表 14-4。

表 14-4　工艺路线

| 工序号 | 工序内容 | 工步号 | 工步内容 |
| --- | --- | --- | --- |
| 1 | 加工零件左端轮廓 | 1 | 手动车左端面，钻孔 $\phi 15$ |
| | | 2 | 车 $\phi 50$ 外圆 |
| | | 3 | 车 $\phi 26$ 到 $\phi 20$ 的内锥面 |
| 2 | 加工零件右端轮廓 | 1 | 车 $\phi 46$ 外圆 |
| | | 2 | 车 $\phi 18$ 内孔 |
| | | 3 | 车端面，保证零件总长 |

2. 工件装夹与原点设置

加工左端轮廓时，用三爪卡盘夹住工件右端，选择工件的左端面中心作为工件坐标系的原点，如图 14-10 所示。加工右端轮廓时，用三爪卡盘夹住工件左端，选择工件的左端面中心作为工件坐标系的原点，如图 14-11 所示。

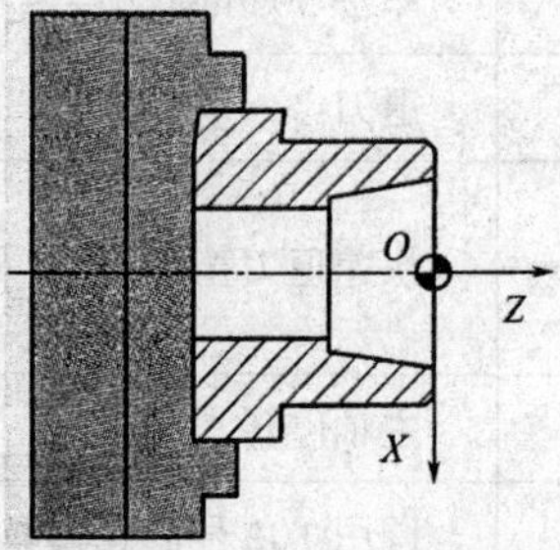


图 14-10　加工工件左端的装夹方案

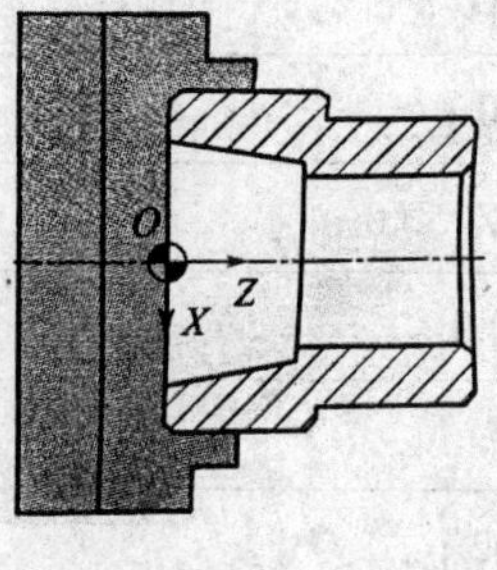


图 14-11　加工工件右端的装夹方案

3. 刀具卡

刀具卡明细见表 14-5。

表 14-5　刀具卡

| 刀具号 | 刀具名称 | 加工表面 | 刀尖半径 $R$/mm | 刀尖方位 $T$ |
| --- | --- | --- | --- | --- |
| T01 | 95° 外圆车刀 | 平左端面，加工 $\phi 50$ 外圆；零件调头安装后，车 $\phi 46$ 外圆，车左端面 | 0.8 | 3 |

（续　表）

| 刀具号 | 刀具名称 | 加工表面 | 刀尖半径 $R$/mm | 刀尖方位 $T$ |
|---|---|---|---|---|
| T02 | 93° 内孔车刀 | 车 $\phi$26 到 $\phi$20 的内锥面；车 $\phi$18 内孔 | 0.8 | 2 |

## （三）加工程序

加工程序见表 14-6。

表 14-6　加工程序

| 程序号：O0001 加工左端轮廓（程序原点在左端面中心） | | |
|---|---|---|
| 程序段号 | 程序内容 | 程序说明 |
| N0005 | G97 G99 G21 ; | 程序初始设置 |
| N0010 | T0101 ; | 调用 T01 号外圆刀具和 1 号刀补 |
| N0015 | S1000 M03 ; | 主轴正转，转速为 1000 r/min |
| N0020 | G00 X42.0 Z3.0 ; | 刀具接近工件 |
| N0025 | G01 X50.0 Z–1 F0.2 ; | 车倒角 |
| N0030 | Z–30.0 ; | 车 $\phi$50 外圆 |
| N0035 | X60.0 ; | 退刀 |
| N0040 | G00 Z150.0 ; | 快速退刀至换刀点 |
| N0045 | X100.0 ; | |
| N0050 | M05 ; | 主轴停转 |
| N0055 | T0202 ; | 调用 T02 号内孔刀具和 2 号刀补 |
| N0060 | S800 M03 ; | 主轴正转，转速为 800 r/min |
| N0065 | G00 X27.38 Z3.0 ; | 刀具接近工件 |
| N0070 | G01 X20.0 Z–13.0 F0.1 ; | 车内锥面 |
| N0075 | X10.0 ; | 退刀 |
| N0080 | G00 Z50.0 ; | 快速退刀 |
| N0085 | M05 ; | 主轴停转 |
| N0090 | M30 ; | 程序结束 |

（续　表）

| 程序号：O0002 加工零件右端轮廓（程序原点在左端面中心） | | |
|---|---|---|
| 程序段号 | 程序内容 | 程序说明 |
| N0005 | G97 G99 G21； | 程序初始设置 |
| N0010 | T0103； | 调用 T01 号外圆刀具和 3 号刀补 |
| N0015 | S1000 M03； | 主轴正转，转速为 1000 r/min |
| N0020 | G00 X65.0 Z50.0； | 刀具接近工件 |
| N0025 | G0l X10.0 F0.2； | 车端面，保证零件总长 50mm |
| N0030 | G00 Z60.0； | 退刀 |
| N0035 | X65.0； | |
| N0040 | Z45.0； | 刀具接近工件 |
| N0045 | G01X10.0 F0.2； | 车端面，保证零件总长 44.8mm |
| N0050 | G00 Z60.0； | 退刀 |
| N0055 | X38.0 Z48.0； | 刀具运动至倒角延长线上 |
| N0060 | G01 X46.0 Z44.0 F0.1； | 倒角 |
| N0065 | W-1 7.0； | 车 $\phi$46 外圆 |
| N0070 | X48.0； | 切端面 |
| N0075 | X54.0 W-3.0； | 沿倒角退出 |
| N0080 | G00 X60.0； | 退刀 |
| N0085 | Z100.0； | |
| N0090 | M05； | 主轴停转 |
| N0095 | T0204； | 调用 T02 号内孔刀具和 4 号刀补 |
| N0100 | G00 X27.0 Z48.0； | 刀具运动至倒角延长线上 |
| N0105 | S800 M03； | 主轴正转，转速为 800 r/min |
| N0110 | G01 X18.0 W-4.5 F0.2； | 车倒角 |
| N0115 | Z11.0： | 车 $\phi$18 内孔 |
| N0120 | X12.0； | 退刀 |
| N0125 | G00 Z50.0； | 快速退刀 |

（续 表）

| 程序段号 | 程序内容 | 程序说明 |
| --- | --- | --- |
| N0130 | M05； | 主轴停转 |
| N0135 | M30； | 程序结束 |

（四）仿真加工

（1）启动仿真系统：点击图标和启动数控加工仿真系统。

（2）选择机床：点击选择机床和数控系统，选择平床身数控车床和 FANUC 0i Mate 数控系统。

（3）启动机床：点击启动数控机床，同时将“急停”按钮松开。

（4）回参考点：点击回参考点。

（5）安装工件：点击定义工件毛坯，毛坯尺寸为 $\phi 55 \times 60$，材料为 45 钢。点击，将毛坯放置在机床上。

（6）安装刀具：点击，选择并安装刀具，刀位 1 安装 95° 外圆车刀，刀位 2 安装 93° 内孔车刀，如图 14-12 所示。

（7）读入程序：点击进入编辑状态，按照前述方法将记事本中的 O0001，O0002 两个数控程序读入。

（8）对刀：加工左端轮廓时，选择工件的左端面中心作为工件坐标系的原点，按照前述方法对 T01、T02 依次对刀，对刀结果分别存入 01，02 号寄存器，如图 14-13 所示。

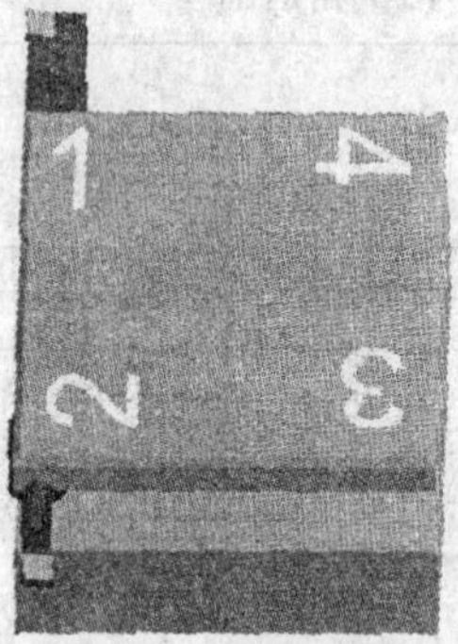

图 14-12　刀具安装位置

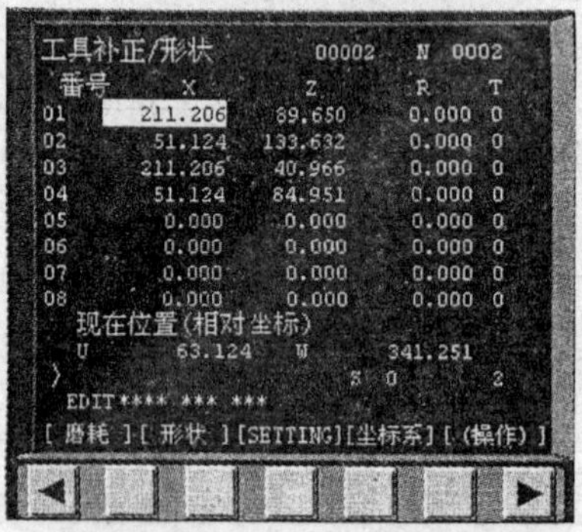

图 14-13　对刀结果

（9）程序检查：点击按钮和，对程序 O0001 和 O0002 进行轨迹仿真。

（10）自动加工零件轮廓：点击按钮和，先自动运行程序 O0001 加工零件左端轮廓。

（11）导出零件模型：按照前述方法导出零件模型，如图 2-14 所示。

（12）零件调头安装：按照前述方法将工件调头安装。

（13）重新对刀：仍然以工件左端面为原点，按照前述方法对 T01、T02 对刀，对刀结果分别存入 03、04 号寄存器。

（14）自动加工零件轮廓：点击按和，自动运行程序 O0002 加工零件右端轮廓。最后加工结果如图 14-15 所示。

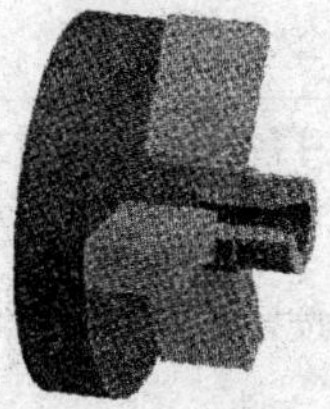

图 14-14　左端加工结果

图 14-15　整个零件加工结果

## 三、复杂零件仿真加工

### （一）零件图

（1）用手工编程编制下列零件的数控加工程序。

（2）在数控加工仿真软件上进行仿真加工。

零件图及具体要求如图 14-16 所示。

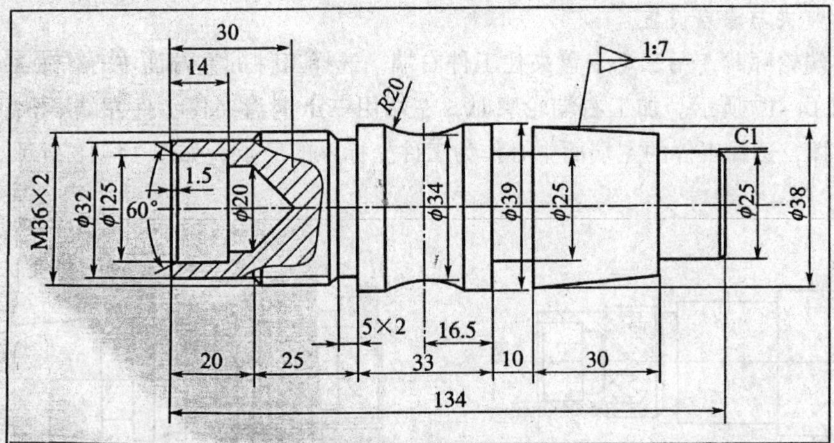

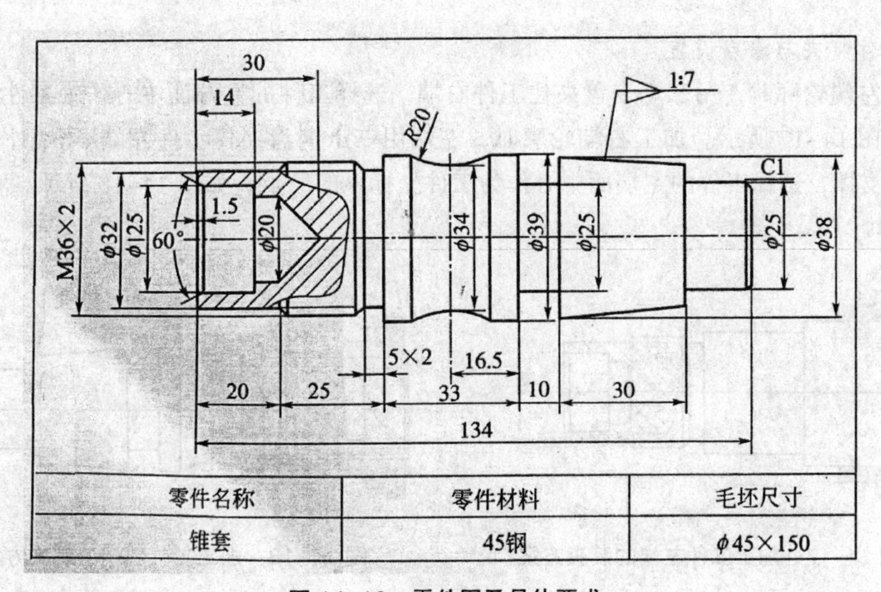

| 零件名称 | 零件材料 | 毛坯尺寸 |
|---|---|---|
| 锥套 | 45钢 | ϕ45×150 |

图 14-16　零件图及具体要求

### （二）工艺分析

1. 加工工艺路线

加工工艺路线见表 14-7。

表 14-7 工艺路线

| 工序号 | 工序内容 | 工步号 | 工步内容 |
|---|---|---|---|
| 1 | 加工零件左端轮廓 | 1 | 手动平端面，钻 $\phi$ 20 内孔 |
| | | 2 | 车外轮廓：车 $\phi$32 外圆→车 $\phi$35.8 螺纹部分外圆→车 $\phi$39 外圆 |
| | | 3 | 车螺纹退刀槽 |
| | | 4 | 车螺纹 |
| | | 5 | 车 $\phi$25 内孔 |
| 2 | 加工零件右端轮廓 | 01 | 手动平端面，保证总长 134，同时打中心孔 |
| | | 1 | 粗车外轮廓：车 C1 倒角→车 $\phi$25 外圆→车端面→车锥面→车端面 |
| | | 2 | 精车外轮廓：车 C1 倒角→车 $\phi$25 外圆→车端面→车锥面→车端面 |
| | | 3 | 车 $R$20 圆弧 |
| | | 4 | 车 $\phi 25 \times 10$ 的槽 |

2. 工件装夹与原点设置

加工左端轮廓时，用三爪卡盘夹住工件右端，选择工件的左端面中心作为工件坐标系的原点，如图 14-17 所示。加工右端轮廓时，左端用三爪卡盘夹住工件左端 $\phi$ 33 外圆处，右端用顶尖支撑，选择工件的左端面中心作为工件坐标系的原点，如图 14-18 所示。

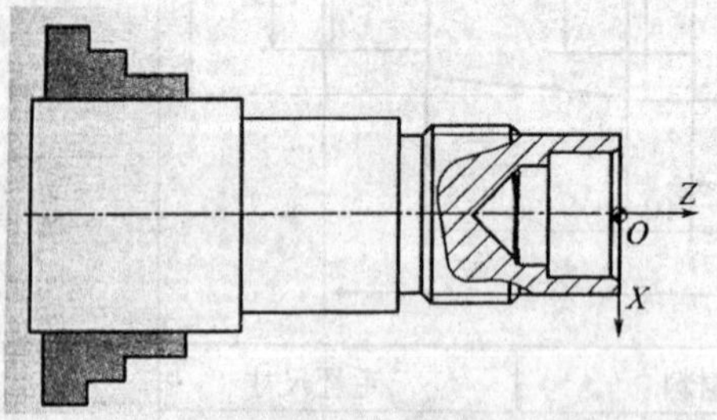

图 14-17 加工工件左端的装夹方案

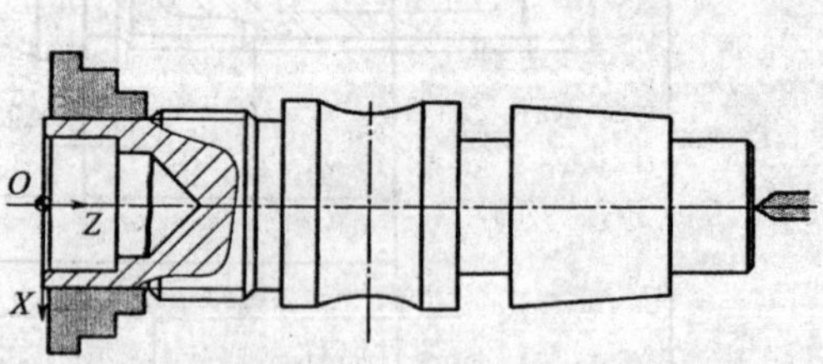

图 14-18 加工工件右端的装夹方案

3. 刀具卡

刀具使用明细见表 14-8。

表 14-8　刀具卡

| 刀具号 | 刀具名称 | 加工表面 | 刀尖半径 $R$/mm | 刀尖方位 $T$ |
|---|---|---|---|---|
| T01 | 95° 外圆车刀 | 粗精车 $\phi$32、$\phi$35.8、$\phi$39 外圆 | 0.4 | 3 |
| T02 | 螺纹刀 | 车螺纹 | 0.2 | 8 |
| T03 | 93° 内孔车刀 | 车内轮廓 | 0.8 | 2 |
| T04 | 5mm 切槽刀 | 车螺纹退刀槽 | 0.1 | 3 |
| T05 | $\phi$20 钻头 | 钻 $\phi$20 孔 | — | — |
| T06 | 外圆尖刀 | 车 $R$20 圆弧 | 0.4 | 8 |

### （三）加工程序

加工程序见表 14-9。

表 14-9　加工程序

| 程序号：O0001 加工左端轮廓（程序原点在左端面中心） | | |
|---|---|---|
| 程序段号 | 程序内容 | 程序说明 |
| N0005 | G97 G99 G2l ; | 程序初始设置 |
| N0010 | T010l ; | 调用 T0l 号外圆刀具和 l 号刀补 |
| N0015 | S1000 M03 ; | 主轴正转，转速为 1000 r/min |
| N0020 | G00 X47.0 Z6.0 ; | 刀具接近工件 |
| N0025 | G7l U1.0 R1.0 ; | 粗车轮廓 |
| N0030 | G71 P100 Q200 U1.0 W0.5 F0.2 ; | |
| N0035 | N100G00 X32.0 Z5.0 ; | |
| N0040 | G01 Z-20.0 F0.1; | |
| N0045 | X35.8; | |
| N0050 | Z-45.0; | |
| N0055 | X39.0; | |
| N0060 | N200 Z-78.0; | |
| N0065 | G00 X100.0 Zl50.0 ; | 退刀 |
| N0070 | M05 ; | 主轴停转 |
| N0075 | S1500 M03 | 主轴正转，转速为 1500 r/min |

（续 表）

| 程序段号 | 程序内容 | 程序说明 |
|---|---|---|
| N0080 | G00 X47.0 Z6.0； | 刀具接近工件 |
| N0085 | G70 P100 Q200； | 精加工外轮廓 |
| N0090 | G00 X100.0 Z150.0； | 退刀 |
| N0095 | M05； | 主轴停转 |
| N0100 | T0404； | 调用切槽刀 |
| N0105 | G00 X46.0 Z-40.0； | 刀具接近工件 |
| N0110 | S800M03； | 主轴正转，转速为 800 r/min |
| N0115 | G01 X31.8 F0.1； | 切槽 |
| N0120 | G04 X1.0； | 在槽底暂停 1 s |
| N0125 | G00 X50.0； | 退刀 |
| N0130 | X100.0 Z150.0； | |
| N0135 | M05； | 主轴停转 |
| N0140 | T0202； | 调用螺纹刀 |
| N0145 | G00 X47.0 Z-1 8.0； | 刀具接近工件 |
| N0150 | S500 M03； | 主轴正转，转速为 500r/min |
| N0155 | G92 X35.1 Z-42.0 F2.0； | 车螺纹 |
| N0160 | X34.5； | |
| N0165 | X33.9； | |
| N0170 | X33.5； | |
| N0175 | X33.4； | |
| N0180 | G00 X100.0 Z150.0； | 退刀 |
| N0185 | M05； | 主轴停转 |
| N0190 | T0303； | 调用内孔车刀 |
| N0195 | S800 M03； | 主轴正转，转速为 800 r/min |
| N0200 | G00 X30.196 Z3.0； | 刀具运动至倒角延长线上 |
| N0205 | G01 X25.0 Z-1.5 F0.1； | 车内轮廓 |
| N0210 | Z-14.0； | |

（续　表）

| 程序段号 | 程序内容 | 程序说明 |
| --- | --- | --- |
| N0215 | X15.0； | 退刀 |
| N0220 | G00 Z50.0； | |
| N0225 | M05； | 主轴停转 |
| N0230 | M30； | 程序结束 |

程序号：O0002 加工零件右端轮廓（程序原点在左端面中心）

| 程序段号 | 程序内容 | 程序说明 |
| --- | --- | --- |
| N0005 | G97 G99 G21； | 程序初始设置 |
| N0010 | T0101； | 调用 1 号外圆车刀 |
| N0015 | S1000 M03； | 主轴正转，转速为 1 000 r/min |
| N0020 | G00 X50.0 Z150.0； | 刀具接近工件 |
| N0025 | G71 U1.0 R1.0； | 粗车外轮廓 |
| N0030 | G7I Pl00 Q200 U0.5 W0.5 F0.2； | |
| N0035 | N100 G00 X18.0 Z137.0； | |
| N0040 | G01 X25.0 Z133.0 F0.1； | |
| N0045 | Z118.0； | |
| N0050 | X29.4； | |
| N0055 | X38.0 W−30.0； | |
| N0060 | X39.0； | |
| N0065 | N200 W−20.0； | |
| N0070 | G00 X50.0 Z150.0； | 退刀 |
| N0075 | M05； | 主轴停转 |
| N0080 | S1500 M03； | 主轴正转，转速为 l 500 r/min |
| N0085 | G70 P100 Q200； | 精车外轮廓 |
| N0090 | G00 X100.0 Z250.0； | 退刀 |
| N0095 | M05； | 主轴停转 |
| N0100 | T0303； | 调用 3 号外圆尖刀 |
| N0105 | S1000 M03； | 主轴正转，转速为 1 000 r/min |

（续 表）

| 程序段号 | 程序内容 | 程序说明 |
|---|---|---|
| N0110 | G00 X48.0 Z71.2； | 车圆弧 |
| N0115 | G01 X39.0 F0.1； | |
| N0120 | G02 X39.0 Z51.8 R20.0； | |
| N0125 | G0l X48.0； | |
| N0130 | G00 Z250.0 | 退刀 |
| N0135 | M05； | 主轴停转 |
| N0140 | T0202； | 调用 2 号切槽刀 |
| N0145 | S600 M03； | 主轴正转，转速为 600 r/min |
| N0150 | G00 X48.0 Z78.0； | 切槽 |
| N0155 | G01 X25.0； | |
| N0160 | G04 X1.0； | 切槽 |
| N0165 | G00 X48.0； | |
| N0170 | G01 Z83.0； | |
| N0175 | X25.0； | |
| N0180 | G04 X1.0； | |
| N0185 | G00 X50.0； | 退刀 |
| N0190 | Z250.0； | |
| N0195 | M05； | 主轴停转 |
| N0200 | M30； | 程序结束 |

（四）仿真加工

（1）启动仿真系统：点击图标和启动数控加工仿真系统。

（2）选择机床：点击选择机床和数控系统，选择平床身数控车床和 FANUC 0i Mate 数控系统。

（3）启动机床：点击启动数控机床，同时将“急停”按钮松开。

（4）回参考点：点击回参考点。

（5）安装工件：点击定义工件毛坯，毛坯尺寸为 $\phi 45\times 150$，材料为 45 钢。点击，将毛坯放置在机床上。

（6）安装刀具：点击选择并安装刀具，刀位 1 安装 95° 外圆车刀，刀位 2 安装螺纹刀，刀位 3 安装 93° 内孔车刀，刀位 4 安装切槽刀，尾座安装钻头，如图 14–19 所示。

（7）读入程序：点击进入编辑状态，按照前述方法将加工左端的程序 O0001 读入。

（8）对刀：加工左端轮廓时，选择工件的左端面中心作为工件坐标系的原点，按照前述方法对 T01、T02、T03、T04 依次对刀，对刀结果分别存入 01、02、03、04 号寄存器，如图 14–20 所示。

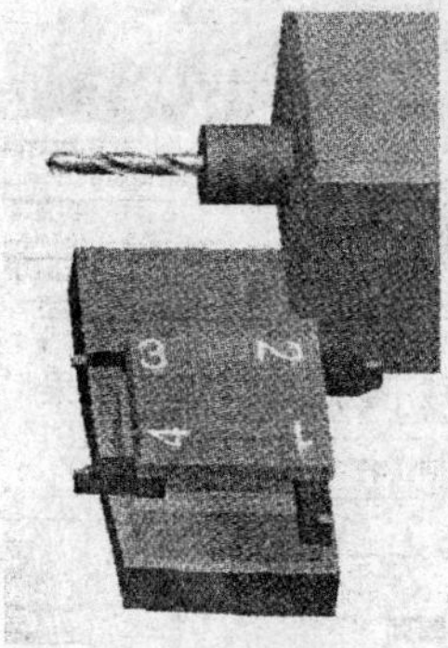

图 14–19　加工左端时的刀具

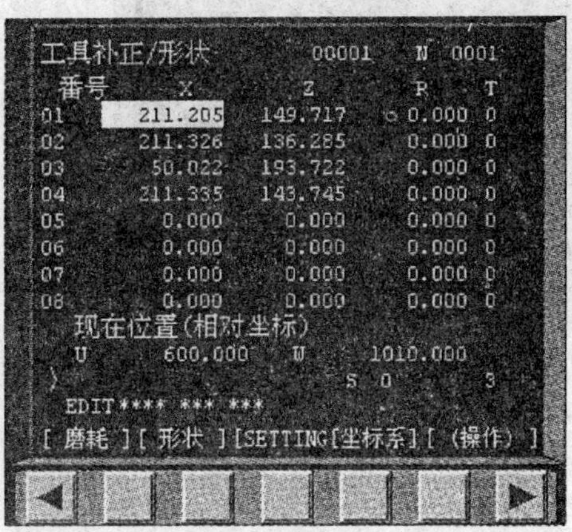


图 14–20　加工左端时对刀结果

（9）程序检查：点击按钮和，对程序 O0001 进行轨迹仿真。

（10）自动加工零件轮廓：点击按钮和，自动运行程序 O0001 加工零件左端轮廓，加工结果如图 14–21 所示。

（11）导出零件模型并保存。

（12）新建项目准备加工零件右端轮廓，导入零件模型，装刀。刀位 1 安装 95° 外圆车刀，刀位 2 安装切槽刀，刀位 3 安装外圆尖刀，如图 14–22 所示。

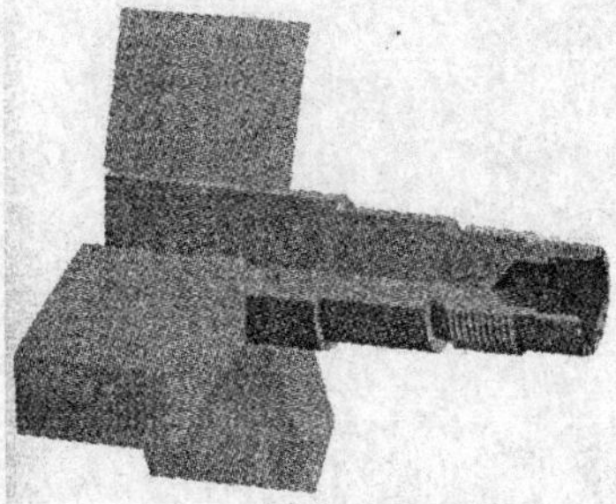

图 14–21　左端加工结果

图 14–22　加工右端时的刀具

（13）对刀：仍然以工件左端面为原点，按照前述方法对 T01、T02、T03 对刀，对刀结果分别存入 01，02，03 号寄存器，如图 14–23 所示。

（14）读入程序并校验：点击进入编辑状态，按照前述方法将加工右端的程序 O0002 读入，并校验程序的正确性。

（15）自动加工零件轮廓：点击按钮和，自动运行程序 O0002 加工零件右端轮廓，最后加工结果如图 14-24 所示。

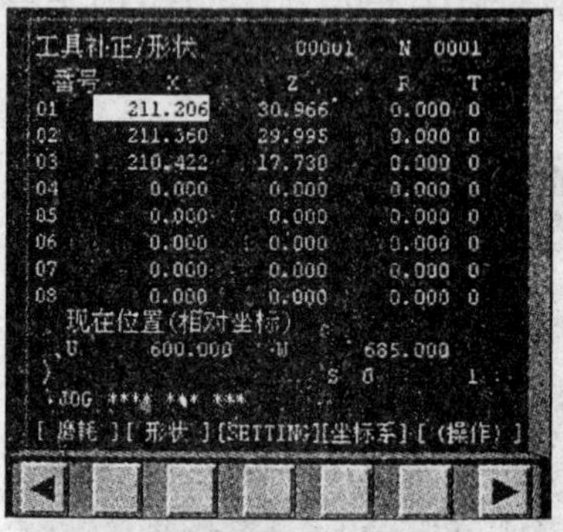


图 14-23　加工右端时对刀结果

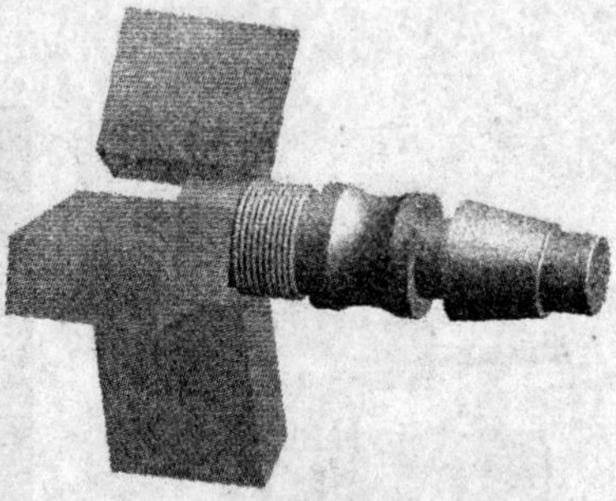

图 14-24　零件最终加工结果

# 参考文献


[1] 陈光伟 . 数控车编程与加工技术 [M]. 北京：北京理工大学出版社，2018.

[2] 周保牛，黄俊桂 . 数控编程与加工技术 [M]. 北京：机械工业出版社，2009.

[3] 赵金凤，井新文，王振宝 . 数控车床编程与加工 [M]. 北京：中国轻工业出版社，2016.

[4] 李兴凯 . 数控车床编程与操作 [M]. 北京：北京理工大学出版社，2016.

[5] 查正卫 . 数控车编程与操作教程实训部分 [M]. 合肥：安徽科学技术出版社，2018.

[6] 段建辉 . 数控车床编程与加工项目教程 [M]. 北京：机械工业出版社，2018.

[7] 朱虹 . 数控机床编程与操作第 2 版 [M]. 北京：化学工业出版社，2018.

[8] 唐娟 . 数控车床编程与操作 [M]. 北京：机械工业出版社，2018.

[9] 崔陵 . 数控车床编程与加工技术第 2 版 [M]. 北京：高等教育出版社，2017.

[10] 许志才 . 数控车床编程与操作 [M]. 武汉：华中科技大学出版社，2017.